太平洋戦争大全
[陸上戦編]

平塚柾緒[編]
太平洋戦争研究会[著]

ビジネス社

はじめに

なぜ日本は米英に宣戦布告をしたのか
東南アジアの植民地再編成をめぐる列強の角逐とは

ナショナリズム運動が高揚する中国社会

一九三一年（昭和六）九月十八日、中国東北部の奉天（現・瀋陽）郊外の柳条湖で満鉄線が爆破された。満鉄とは南満州鉄道株式会社の略称で、実質的な経営者は日本政府だった。この満鉄線の爆破事件を発端に起こったのが満州事変で、やがて日中戦争（日本は「支那事変」と称した）へと拡大し、「一五年戦争」の始まりとなる。その拡大のきっかけとなったのが、一九三七年（昭和十二）七月七日に北京郊外の盧溝橋の近くで起きた日本軍と中国軍との偶発的な武力衝突だった。いわゆる「盧溝橋事件」である。

広大な中国大陸を戦場とする日中戦争は、いつ果てるとも知れない泥沼の戦いとなる。そこにドイツのポーランド侵攻で第二次世界大戦が起こった。日本は快進撃を続けるヒトラーのナチス・ドイツの行動に幻惑され、ファシズムのイタリアとともに日独伊三国同盟を締結した。ここに日中戦争とヨーロッパ戦線はドッキングし、日本は第二次世界大戦の大きなうねりの中に呑み込まれていくのである。

この日本の行動はドイツを敵に戦っている連合国と、それを支援するアメリカの反発を招き、太平洋戦争へと突入するのである。それにしてもなぜ、米英という世界の大国を敵に、無資源国・日本は戦争を仕掛けたのだろうか――。

日露戦争の勝利によって、日本はロシアが租借していた大連・旅順を含む中国の遼東半島（関東州）と、ロシアが敷設した東清鉄道（旅順～奉天～長春）とその付属地を譲渡させ、念願の満州（中国東北部）への進出を果たし、本格的な植民地経営に乗り出していた。時は大正に入り、第一次世界大戦が起こるや、日本は同盟国イギリスの参戦呼びかけをチャンスととらえ、連合国の一員としてドイツに宣戦布告した。その結果、日本は戦後の講和条約でドイツ領だったミクロネシア（国連信託統治領）を委任統治という形で手に入れ、植民地の拡大に成功した。

当時の日本はすでに世界の五大国に数えられ、国際連盟の常任理事国にもなっていた。第一次世界大戦後の軍備競争を抑えるためのワシントンとロンドンにおける軍縮会議で、日本はその保有海軍力を対米英五・五・三の比率を受け入れた。しかし、それでもフランスやイタリア（共に保有比率は対米英一・六八）よりは上で、世界では米英に次ぐ海軍力を持つ軍事大国で、アジアでは欧米列強と覇を競える唯一の国であった。

ところがアジア最大の帝国・日本も、その軍事力を支える石油や石炭、銑鉄、銅などの重要資源の過半は覇を競う欧米からの輸入に頼っていた。資源だけではなく、日本の唯一最大の輸出品である生糸の輸出先も、約九〇パーセントがアメリカという有り様だった。

第一次世界大戦後、こうした欧米列強依存の経済体質から脱却し、自給自足の態勢を築かなければ日本の発展は望めないという機運が急速に強まる。ことに陸軍を中心に、一部政友会などの政治家も交えて動きが活発化していった。そのためには米英との対決も辞さないという、現状打破論が力を増していた。

おりしも中国では、帝国主義列強による半植民地支配からの脱却をめざすナショナリズム運動が急成長していた。第一次世界大戦後も北京など中国北部では、張作霖や段祺瑞、呉佩孚など軍閥同士が抗争に明け暮れていたが、中国南部では毛沢東の共産党と国共合作を成立させた孫文（一九二五年三月十二日死去）の三民主義を綱領とする国民党（広東政府）が、全国統一

まだ爆薬の煙が消えやらぬ関東軍による張作霖爆殺の現場。

をめざして北洋軍閥打倒戦争＝北伐を開始していた。

一九二六年（大正十五）七月、蔣介石を総司令官とする約一〇万の北伐軍（国民革命軍）が北上を開始した。理想に燃える北伐軍は北洋軍閥を次々撃破し、一九二七年（昭和二）三月には南京を陥落し、上海にも迫った。民衆の支持を受けた北伐軍は各地で大歓迎を受け、新たな参加者や軍閥軍からの投降・帰順者も増えて、その兵力は二〇万を超えていた。だが、北伐軍の北上は長江流域にさまざまな利権や租界を持つ英米仏や日本に警戒心を与え、南京や上海では英米仏日の軍隊と軍艦が北伐軍と対峙する事態も招いた。

満蒙問題と張作霖爆殺事件

一方、国民革命軍が北伐を開始したとき、北京の中央政府は張作霖と呉佩孚の連立によって保たれていた。張と呉は北伐軍を迎え撃つため、張作霖を総司令にした安国軍を編成した。そして張作霖は一九二七年六月に自ら大元帥に就任し、その権力を不動のものにするため、それまでの対日依存政策を自立路線に切り替えようとしていた。それには多額の資金が要る。張作霖が満鉄と並行する打通線（打虎山〜通遼）と海吉線（海竜〜吉林）を敷設したのはその手だての一つで、奉天省の収入増を見込んでのものだった。

　だが、張作霖の満鉄並行線の建設は、満州に駐屯する日本の関東軍司令部を怒らせた。日本政府は、できることなら張作霖と奉天軍を満州に無事帰らせ、満州を華北から分離して親日政権をつくらせてはと考えていた。しかし、関東軍の参謀たちは別の方法を考えていた。この際、東三省（遼寧省、吉林省、黒龍江省）の支配者・張作霖を殺して中国人の犯行に見せかけ、それを口実に部隊を出動させて満州全土を一挙に占領しようというものである。その謀略の中心になっていたのが関東軍の高級参謀河本大作大佐だった。

　謀略は一九二八年（昭和三）六月四日午前五時二十三分に実行された。北京を出発した張作霖大元帥とその一行を乗せた特別列車が、奉天郊外の満鉄線と京奉線がクロスする皇姑屯にさしかかったとき、列車は大音響を発して爆発した。もちろん河本大佐の指示で奉天独立守備第二大隊中隊長の東宮鉄男大尉らが爆破したものである。

　張作霖は重傷を負って奉天城内の自邸に運ばれ、まもなく死亡した。しかし、奉天省長の臧式毅は日本軍の謀略と見てとり、張作霖の死亡を伏せて「負傷」とだけ発表し、部隊の動きをいっさい封じて日本軍に出兵の口実を与えなかった。このため河本らの「事件の混乱に乗じて出兵し、満州全土を一挙に占領する」という計画は、見事に失敗した。

　この張作霖爆殺事件の直後、三〇万の軍隊を率いて北京に入った蔣介石は北伐完成を宣言した。こうした情勢を見て、父の地位を世襲した張学良は軍閥として生きる道を捨て、国民政府の統治下に入ることを申し出た。

　一九二八年（昭和三）十二月二十九日、蔣介石から東北辺防総司令官に任命された張学良は、公然と排日政策を掲げた。日系工場に閉鎖を命じたり、勝手に日本人経営の農場を横断する鉄道を敷設したり、さらには大連港に対抗する貿易港を築き、満鉄線を包囲する鉄道の増設計画もぶちあげた。すでに父の張作霖が敷設した前記の鉄道も営業を始めており、そこに折からの世界恐慌も重なって満鉄の収益はがた落ちになった。のちに外相となり、日独伊三国同盟の推進者になる松岡洋右が、一九三一年（昭和六）一月二十三日の衆院本会議で、政友会を代表して幣原喜重郎外相を糾弾して勇名をはせたのはこのころである。

「満蒙問題はわが国の存亡にかかわる問題である。これは実にわが国の生命線であると、かように承知しておる。しかるに現内閣（民政党の浜口雄幸内閣）成立以来ここに一年半、この間現内閣は満蒙で何をなさったか……」

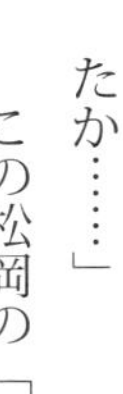
奉天軍閥の統領・張作霖。

この松岡の「満蒙はわが国の生命線である」という言葉は、当時の流行語にもなった。それだけ「満蒙問題」は国民の関心が高かったのである。

満州国建設と国際連盟脱退で孤立化へ

張作霖爆殺事件で更迭された河本大佐の後任として関東軍の首席（高級）参謀に赴任した板垣征四郎大佐と作戦参謀の石原莞爾中佐らも危機感を募らせ、「満州問題解決方策の大綱」をまとめて、河本大佐たち同様、武力による満州制圧を密かに画策し始めた。

一九三一年六月から八月にかけて、長春近郊の万宝山で朝鮮系と中国系農民の衝突や、中村震太郎陸軍大尉殺害などの事件が発生した。板垣大佐や石原中佐ら関東軍参謀は、これらの事件を満蒙問題解決の好機到来と考えた。石原中佐らは九月十八日の夜半、奉天の独立守備隊を使って奉天郊外の柳条湖付近の満鉄線を自ら爆破した。

爆破成功の報告を受けるや、奉天にいた板垣大佐はすかさず張学良軍の兵営と奉天省政府、張学良軍司令部のある奉天城攻撃を命じた。こうして始まったのが満州事変である。報告を受けた日本政府は「事件」の

関東軍は清朝の廃帝・愛新覚羅溥儀を、満州帝国の皇帝にまつりあげた。写真は皇帝陛下の登極式の模様。

不拡大方針を通達したが、関東軍司令部は政府の方針など無視して戦線をどんどん拡大していった。そして吉林を取り、張学良の拠点・錦州を爆撃し、さらには北満のチチハル、ハルビンを占領して満州全土を手中にした。

翌一九三二年一月、戦火は上海に飛び火した。これは満州国設立を画策する関東軍首席参謀の板垣大佐が、列国の関心を満州から逸らすために上海公使館付武官の田中隆吉少佐に依頼して起こした謀略だった。ところが、中国軍の思わぬ反撃で日本の海軍陸戦隊は苦戦に陥った。日本軍は陸軍部隊約七万を急派して対抗した。

二月十六日、国際連盟は日本に対して戦闘行為の中止を勧告し、三月四日に総会にかける旨決定した。日本がその非難を回避するためにどうにか戦況を有利に導き、戦闘中止命令を出したのは三月三日だった。だが、そのときすでに満州国は誕生していた。板垣や石原の思惑は成功したのである。戦闘中止命令が出る二日前の三月一日、吉林省の長春（満州建国後は「新京」

と改称）では、清朝の廃帝・愛新覚羅溥儀を執政に擁立、満州国の建国宣言を行っていたのだ。

関東軍が満州で暴威をふるっているとき、列国は国内の不況脱出に懸命で、満州問題に関心を払うどころではなかった。国際連盟も中国政府の提訴を受けて日本軍撤退勧告案を討議したが、日本の拒否権にあうとそれ以上の積極姿勢は見せなかった。かろうじて国際連盟イギリス代表のリットン卿を団長とする調査団を、極東に派遣するのがやっとだった。

それでもアメリカは関東軍が錦州爆撃をしたころから、九カ国条約や不戦条約に違反するとして、日本軍の行動を非難しはじめていた。そして日本を牽制する意味もあってか、太平洋艦隊の主力をハワイのパールハーバーに進出させた。

この年の十月二日、リットン調査団の報告書が国際連盟で公表された。報告書は、事変は日本軍の正当な自衛手段ではなく、満州国も自発的な独立ではなく日本軍の軍事占領の結果であると断定した。そして年が変わった一九三三年（昭和八）一月に、関東軍が熱河地方へ進撃するや、連盟加盟国は態度を硬化させた。

二月十九日、国際連盟総会は日本軍の満鉄付属地への撤退と、満州における中国の統治権を確認する勧告案を四二対一（日本）で採択した。棄権はタイだけだった。日本代表の松岡洋右は総会場から退席し、三月末、日本政府（斎藤実内閣）は連盟からの脱退を通達し、国際的孤立の道を歩き始めた。

軍部独裁で進む日中戦争の泥沼化

孤立化の道を歩く日本が選んだのは、そのゴールに「敗戦」が待つ軍事路線だった。

関東軍は日本が国際連盟を脱退した直後の一九三三年四月、長城を越えて華北地方に進入し、北平（北京）に迫った。毛沢東の共産軍と戦闘中の国民党はやむなく日本軍と停戦し、五月三十一日に塘沽停戦協定に署名した。この協定で満州国と中華民国の国境が確定し、長城線以南の一定地域は非武装地帯とされた。

国内では一九三四年（昭和九）七月八日に岡田啓介海軍大将を首班に新内閣が発足した。この岡田内閣でも軍部の独走はやまなかった。海軍部内ではロンドン軍縮会議以来、艦隊派と呼ばれる軍備増強グループが主流となり、それに押されて政府はワシントン海軍軍縮条約の破棄をアメリカに通告し、一九三六年（昭和十一）一月にはロンドン海軍軍縮会議からも脱退した。

　一方の陸軍でも二派が抗争を尖鋭化させていた。国防国家建設を叫ぶ幕僚中心の「統制派」が、天皇親政による国家改造をめざす青年将校たちを中心とする「皇道派」を押さえ込もうとしていた。これに反発して起こったのが、皇道派将校たちによる元老や重臣、政権中枢の閣僚、統制派軍人へのテロ、いわゆる二・二六事件である。

　この二・二六事件によって岡田内閣は瓦解し、一九三六年三月九日に広田弘毅首班の内閣が誕生した。しかし軍事路線はますますエスカレートし、この五月には寺内寿一陸相が「軍部大臣現役武官制」を復活させて、以後の内閣の生殺与奪権を握ってしまう。こうして日本はひたすら戦争の道を歩む。三六年十一月二十五日、広田内閣は日独防共協定を締結してドイツと急接近していく。

　時を同じくして、中国では西安事件（一九三六年十二月）を契機に国民党と共産党の対日統一戦線が形成され、日中の間は次第に緊迫の度合いを増していく。そして近衛文麿内閣が登場して間もない一九三七年七月七日深夜、北京郊外の盧溝橋で日中両軍の小競り合いが起きた。当初、日本政府と軍部は局地解決をはかろうとしたが、中国の対決姿勢は予想外に強く、七月十八日、蒋介石は「最後の関頭に立ちいたった」と徹底抗戦を声明、全面戦争へと拡大していった。

　戦火は八月には上海に飛び、日本の兵力増強が相次いだ。そして一〇〇万の兵力を投入した日本軍は、一九三八年（昭和十三）十月末までに武漢三鎮と広東を占領した。だが、重慶に後退した蒋介石の国民政府は、焦土戦術で徹底抗戦の姿勢を崩さなかった。しかしこれ以上の兵力投入は、日本の国力の限界を超えていた。

　以後、日本は戦略的守勢・政略的攻勢へと方針を転換して、重慶政権ナンバー2の反共親日派の汪兆銘を引っ張り出して、南京に日本の傀儡政権を樹立したが、汪兆銘に合流する重慶政府の重要人物はいなかった。

三国同盟締結で一挙に対決状態に

一九三九年（昭和十四）五月十一日、満蒙国境のノモンハン地区で関東軍とソ連・モンゴル軍との間に武力衝突事件が発生した。戦闘は日本軍の惨敗で終わるのだが、このノモンハン事件も、泥沼化した日中戦争も、当初は日本と中国、日本とソ連の紛争で、米英をはじめヨーロッパ列強の関心はそれほど高いものではなかった。ところが三九年九月一日、ドイツが突然ポーランドに侵攻して第二次世界大戦が始まるや、ドイツの同盟国日本に対する米英の態度は一変する。

一九四〇年（昭和十五）に入ると、ドイツ軍の進撃は目を見張り、英仏軍は地滑り的惨敗を繰り返していた。イギリス軍はダンケルクから蹴落（けお）とされ、フランスは降服した。日本軍の中枢部には、ドイツ軍の勝利は確実なものに映っていた。そして、このドイツの快勝はアジアにおいてイギリス、フランス、オランダといったヨーロッパ植民帝国の権威と勢力を失墜させた。

日独伊３国同盟締結の祝賀会で乾杯の音頭を取る松岡洋右外相。

「バスに乗り遅れるな！」

日本の陸軍を中心に南進論が高まり、有田八郎外相の大東亜共栄圏建設の決意声明も発表された（六月二十九日）。南進論とは、石油やゴム、鉱物資源など戦略物資の宝庫である東南アジアを占領して、資源の米英依存から脱却すると同時に、欧米植民国家に代わって日本が盟主となる「大東亜共栄圏」を建設するというものである。言ってみれば、まもなく始まる太平洋戦争は、「こうした情勢を背景にした日・英・米帝国主義列強間の東南アジア植民地の再編成をめぐる角逐（かくちく）であった」（『太平洋戦争全史』池田清編、河出文庫）

そして七月二十二日に発足した第二次近衛内閣は、その南進論を遂行するための「世界情勢ノ推移ニ伴フ時局処理要綱」を決めた。この文書こそが、以後の日本の針路を決定づけた。

一九四〇年九月二十三日、日本軍は「援蒋（えんしょう）ルートを遮断する」ために中国側から国境を越え

東條内閣の登場で日本は対米英蘭戦争への道を歩み始める。写真は東條内閣の親任式後の記念撮影。最前列の軍服姿が東條英機首相。

て仏印（フランス領インドシナ）になだれ込んだ。いわゆる北部仏印進駐だった。そして四日後の九月二十七日には、日独伊三国同盟が調印された。

　この北部仏印進駐と三国同盟締結によってヨーロッパの戦争と日中戦争が連動し、同時に米英の対日姿勢を決定的に硬化させた。イギリスは中止していたビルマ（現ミャンマー）からの援蔣ルートを再開し、アメリカは将来の参戦を前提にイギリス、オランダとの共同作戦の検討に入った。

　すでに一九四一年（昭和十六）四月十六日から、ワシントンで「日米諒解案」をもとに野村吉三郎大使とハル国務長官との間で日米交渉が行われていたが、双方に妥協する姿勢は見られず、デッドロック状態になっていた。ことにアメリカには戦争を回避しようという積極性は見えず、戦争準備の時間稼ぎ的な姿勢さえ垣間見えた。そうした七月二十八日、日本政府はフランスのヴィシー政府に日本軍の南部仏印進駐を迫り、実行した。東南アジア侵攻の前進基地確保のためである。

　アメリカの反応は早かった。八月一日には日本の在米資産の凍結と、石油の対日全面禁輸を実施してきた。イギリスもただちに同調して在英日本資産の凍結、植民地も含めた通商航海条約の破棄を通告してきた。蘭印（オランダ領東インド）、現インドネシアやオーストラリア、ニュージーランドも同調した。

　九月六日、日本政府は御前会議で「帝国国策遂行要領」を採択した。その要領によれば、十月下旬を目標に戦争の準備をし、十月下旬になっても日米交渉がまとまらなければ、「自存自衛」のために開戦を決意するというものだった。

　十月十八日、東条英機陸軍大将を首班とする新内閣がスタートした。そして新内閣は、十一月五日の御前会議で、日米交渉が不調に終わった場合は、十二月初旬に「武力を発動する」ことを決めたのだった。

　なお、本稿に登場する元日本軍将兵の証言の多くは、太平洋戦争研究会のメンバーが一九七〇年（昭和四十五）から七三年にかけて取材したものである。証言者の住所なども、取材当時のものである。

第1部　日本軍の進攻作戦

第2部

激化する太平洋の攻防

第3部

孤島の玉砕戦

第4部　降伏か本土決戦か

第1部　日本軍の進攻作戦

〈概説〉

南方資源地帯の占領をめざした日本軍の第一段作戦

開戦前の日米関係と石油資源

太平洋戦争が始まった一九四一年（昭和十六）十二月、日中戦争の勃発から四年半を数えているが、戦争解決の糸口はまったく見当たらなかった。しかし、日本の勢力圏は拡大の一途をたどっていた。戦前の日本は、現在の日本領に千島列島、南樺太、朝鮮半島、台湾などを加え、国連信託統治領の委任統治領である南洋群島（ミクロネシア）を実質的に領有しており、さらに満州国（中国東北部）を事実上の植民地としていた。一九三七年（昭和十二）七月に日中戦争が勃発すると、日本軍は南京、武漢などの主要都市を次々と占領したが、蔣介石率いる中国国民政府は四川省の重慶に後退し、ビルマ（現ミャンマー）、仏印（フランス領インドシナ。現在のベトナム、ラオス、カンボジア）を経由して運ばれる、アメリカ、イギリスなどからの援助物資、いわゆる〝援蔣物資〟を得て頑強に抵抗していた。

この頃、ヨーロッパではナチス・ドイツが一九三九年（昭和十四）九月一日にポーランドに侵攻、英仏がドイツに宣戦して第二次世界大戦が始まっていた。一九四〇年にドイツはオランダ、ベルギー、ルクセンブルク、フランスに侵攻し、戦車を中心としたドイツ軍の電撃戦の前に、フランスは六月二十二日に降伏する。

イギリス軍も大陸から追い出されて、ナチス・ドイツの前に風前の灯のように思われた。

ドイツのヨーロッパ占領は東南アジアに権力の空白をもたらした。日本政府と軍はドイツ、イタリアと結んでいた日独伊三国防共協定（一九三七年十一月六日調印）を軍事同盟に強化し、フランスの植民地・仏印を占領して援蔣ルートを遮断、蔣介石を屈服させようとした。日独伊防共協定は文字通り防共、すなわちソ連（ロシア）を仮想敵として日独伊が協力するとしたもので、防共協定を軍事同盟化する構想は以前からあった。しかし第二次大戦勃発直前、ナチス・ドイツが日本に何も知らせずにソ連との不可侵条約を締結（一九三九年八月二十三日調印）したこともあって、白紙に戻っていた。

今回はナチス・ドイツの快進撃に幻惑されて、同盟を結んでおかなければ、ナチス・ドイツが勝利したときに、日本は東南アジアの植民地再分割で発言権を失うのではないかと恐れ、日独伊三国同盟が一九四〇年（昭和十五）九月二十七日にベルリンで調印された。この直前、日本軍は北部仏印に進駐して、仏印からの援蔣ルートを遮断した。

しかし、三国同盟の締結と日本軍の北部仏印進駐は、アメリカを硬化させた。アメリカは日本に対する経済制裁を強化し、以前にも増して中国への援助を強化してきた。このアメリカの締めつけに対して、日本はアメリカに頼らず資源を確保する方法を検討し、やはり宗主国がナチス・ドイツに占領されていた、石油をはじめとする地下資源を持つ蘭印（オランダ領東インド。現在のインドネシア）に目をつけた。

一方、ヨーロッパでは一九四一年（昭和十六）六月二十二日、ナチス・ドイツが不可侵条約を一方的に破ってソ連に攻め込んだ。このとき、日本軍は戦況次第ではドイツと呼応してソ連に攻め込むための準備として、「関東軍特種演習」（関特演）と称して満州への大動員を行った。しかし、極東ソ連軍の兵力がさほど減少していないなどの理由から、ソ連侵攻を諦め、南方資源地帯の確保をめざすことになった。そのための第一歩として、七月二十八日、南部仏印への進駐を実施した。

すると米政府は、報復措置として日本に対する石油輸出の全面禁止を実施してきた。日本政府は野村吉三郎駐米大使とコーデル・ハル米国務長官との日米交渉によって関係改善を目論んだが、アメリカの日本に対する不信感は払拭できなかった。

しかも、石油が止められたことによって、それまで日米開戦に慎重だった海軍も、開戦やむなしとの風潮になった。そして、日米交渉が妥結しなかった場合は、十二月初めに米英と開戦するとの方針を決定した。

日米交渉の結果、米政府は日本の中国、仏印からの即時撤退、三国同盟の無効化などを要求したいわゆる「ハル・ノート」を提示、日本はこれを最後通牒と受け取り、開戦に踏みきった。

その開戦の劈頭、海軍＝軍令部が狙ったのは米太平洋艦隊の撃滅であり、陸軍＝参謀本部の幕僚らが狙ったのは資源獲得を目的とする「南方要域の攻略」だった。

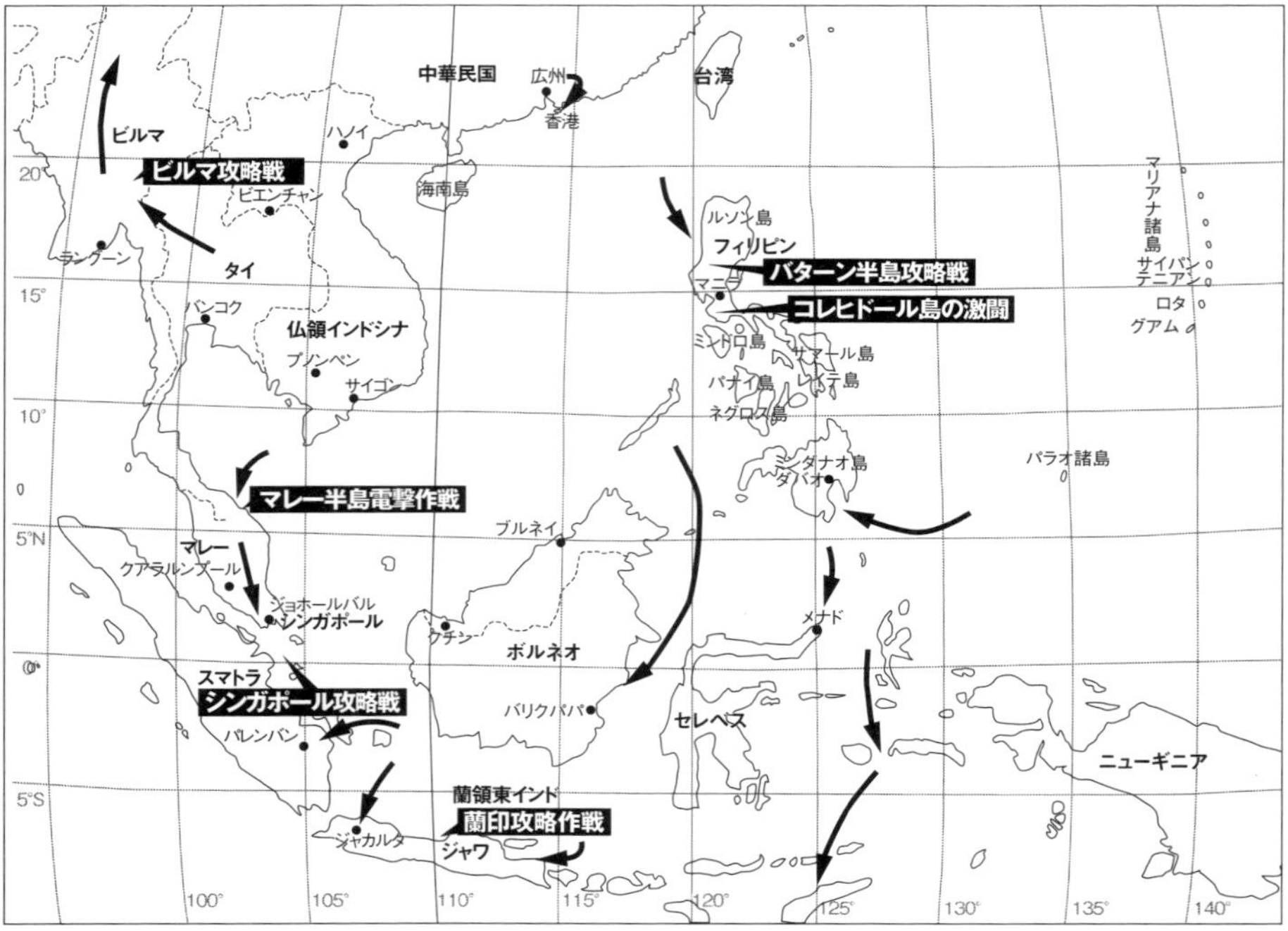

マレー半島攻略作戦

一九四一年十二月八日〜四二年二月

真珠湾攻撃よりも早かったコタバル上陸作戦

対米英蘭開戦決定でマレー半島上陸部隊出撃す

一九四一年（昭和十六）十二月二日、陸軍の杉山元参謀総長は、南方軍司令部に短い暗号電報を打った。

「『ヒノデ』ハ『ヤマガタ』トス」

アメリカからの最後通牒、いわゆる「ハル・ノート」が日本側に手交されたのはこの年十一月二十六日だった。日米交渉はついに決裂したのだ。そこで日本政府は十二月一日の御前会議で、対米英蘭開戦を十二月八日と決め、大本営は臨戦態勢にある陸海軍部隊に開戦日を伝えたのである。杉山参謀総長が打った暗号電文は、「開戦日は十二月八日」という意味だったのである。

ちなみに軍令部（大本営海軍部）が、真珠湾攻撃に向かっている南雲忠一中将率いる第一航空艦隊（南雲機動部隊）に打った開戦日を知らせる暗号電は「ニイタカヤマノボレ（新高山登れ）一二〇八」だった。

このときの南方軍（総司令官・寺内寿一大将）の陣容は次のようだった。

第一四軍（司令官・本間雅晴中将）フィリピン攻略。

第一五軍（司令官・飯田祥二郎中将）ビルマ攻略。

双眼鏡を胸に下げてジャングルで戦況を見つめる山下奉文軍司令官。

コタバルに敵前上陸し、銃剣をかざして敵陣に突入する佗美支隊員。

第一六軍（司令官・今村均中将）蘭印（現在のインドネシア）攻略。
第二五軍（司令官・山下奉文中将）マレー・シンガポール攻略。

これらの南方地域からイギリスとアメリカの勢力を駆逐し、蘭印（オランダ領東インド）の油田地帯を占領する。さらに余裕があればビルマ（現ミャンマー）にも進出して油田地帯を確保する――というのが陸軍の「南方作戦」であった。

十二月四日早朝、海南島（中国）の三亜から一七隻の輸送船団が出港した。「東洋のジブラルタル」と称される大英帝国のアジア支配の拠点シンガポール攻略を最終目的とする、第二五軍の第五師団（師団長・松井太久郎中将）と第一八師団（師団長・牟田口廉也中将）の一部である佗美支隊（支隊長＝歩兵第二三旅団長・佗美浩少将。兵力約五三〇〇名）約二万が出撃したのである。上陸予定地点はタイ領のシンゴラ、パタニー、そして英領マレーのコタバルの三地点だった。攻略目標であるマレー半島の突端にあるシンガポールまでは約一一〇〇キロ、いわば下関要塞を攻めるために東京湾に上陸するようなものである。

このとき第二五軍の参謀副長兼軍政部長の馬奈木敬信少将は、山下奉文軍司令官とともに輸送船「龍城丸」に乗り込み、シンゴラから上陸している。

「作戦主任は辻政信でした。軍では早くから、一〇〇〇キロ余の海南島一周行軍などで訓練しており、三カ月後の陸軍記念日にはシンガポールを陥す目標だった」

当時の日本軍はなにかにつけて、目標を祝祭日や記念日においていた。陸軍記念日といえば三月十日だが、しかし、シンガポール陥落は二月十五日で、予定よりも二十五日間も早かった。日本軍にとってはまさに嬉しい誤算だったが、それは、以下に述べる戦闘で予想外の戦果をあげたからであった。

真珠湾攻撃よりも早かった佗美支隊のコタバル上陸

一九四一年十二月七日午後十一時五十五分、佗美支

敵前に上陸をし、イギリス軍の飛行場に向かって突進する日本軍。

第18師団の軍医だった齋藤国保さん。

隊を乗せた三隻の輸送船団はコタバル沖四〇〇〇メートルに投錨した。ただちに上陸用舟艇が降ろされ、将兵は縄梯子を伝い、次々と乗り込んでいった。一・五メートルの高波にもまれながら第一陣が海岸に到着すると、浜辺一帯には鉄条網が張られていた。そして早くも内陸部から銃弾が激しく日本軍を襲ってきた。

　コタバルにはイギリス空軍の飛行場があり、戦略上の要地である。当初から相当な抵抗があると予測されていたが、まさに予想は的中した形になった。しかし佗美支隊は弾雨をかいくぐり、鉄条網を切断し、あるいは砂を深く掘って匍匐前進していった。

　海岸に橋頭堡を確保した佗美支隊は、十二月八日午前二時十分発で「八ヒ（日）〇一三〇第一回上陸成功ス」と軍司令部に打電した。これは連合艦隊の南雲機動部隊のハワイ真珠湾奇襲攻撃開始より一時間五十分も早かった（日時はいずれも東京時間）。

　このころには敵機が飛来し、輸送船団に対して爆撃を加えはじめた。三隻の輸送船はそれぞれ火災を起こし、うち一隻はやがて沈没する。こうした敵襲の中での午前二時三十分、第二回上陸が敢行された。佗美支隊長みずからが「突っ込め！」と突撃命令を下し、兵士たちはわれ先にと敵陣に飛び込んでいった。

　支隊員が最初の占領目標である飛行場に集結したのは、翌十二月九日午前二時だった。そして午後にはコタバル市を占領し、上陸作戦の第一目的は達せられた。しかし戦死三二〇名、戦傷五三八名という損害は決して少ない数ではなかった。

　このとき齋藤国保さんは第一八師団の軍医で、佗美支隊と行動をともにしていた。一九七〇年（昭和四十五）の晩秋、太平洋戦争研究会のメンバーは北九州市に齋藤さんを訪ね、攻略戦の模様を取材している。

「なにしろ、敵前上陸など夢にも思っていませんでしたからね。コタバル沖に停泊した輸送船三隻のうち、

コタバルに上陸し、炎暑の中を大砲の砲弾を担いでマレー半島を南進する砲兵隊員。

一隻の兵隊が鉄船に乗って陸に向かったときも、三十分か一時間すれば戻ってくるだろうと考えていたんです。ところが、なかなか戻ってこない。おかしいなあ、と思っているところへいきなり敵飛行機が私たちの船に襲いかかり、それこそ阿鼻叫喚（あびきょうかん）の修羅場でした」

齋藤さんが船内の負傷者の処置に追われているうちに、夜が明けた。乗っていた佐倉丸は敵襲を逃れてタイ側へ移動していたが、第一陣が全滅したとか、いろいろ悪い情報ばかり入る。それでも再びコタバル沖に引き返したら、輸送船淡路丸が炎上しており、乗員が海に飛び込んでいるところであった。

「私は泳ぎができない。もし、この船がやられたらと気が気ではありませんでしたけど、第二陣も上陸して飛行場を制圧したので、なんとか上陸できました。上陸してから三日三晩、ぶっ続けに手術です」

コタバルを死守しようとしていたのはインド第三軍だったが、その砂浜のトーチカのインド兵たちの多くは、逃げ出さないよう鎖につながれていたという。それだけに激戦をきわめた。砂浜をジリジリと前進しながらも、思わず手で穴を掘って頭を突っこみ、弾丸を避けたくらい猛烈な機関銃の攻撃だった。

しかし、日本兵のなかには白ハチマキ白ダスキ姿で、文字どおり雨あられのような弾丸をかいくぐってトーチカに突撃し、手榴弾を投げ込む者もいた。

「そういう場合、一盃飲んでいることが多いんです。実際、そうでもしなければ、あそこまで勇敢(ゆうかん)になれるものではありませんよ」

もっとも、齋藤さんのもとに担(かつ)ぎ込まれる負傷者は、戦闘で負傷した場合ばかりとは限らない。たとえば敵陣地を沈黙させて、「やれやれ」というのでフンドシ一枚になって海に走るとき、砂浜の地雷にやられた兵隊もいたりした。

一方、タイ領のシンゴラに向かった第二五軍司令部と第五師団主力は、十二月八日午前四時過ぎに上陸を果たした。パタニーへの上陸部隊(第五師団の一部)も、同時刻ごろ上陸を成功させていた。第五師団だけでも約二万五〇〇〇名の兵力である。

山下軍司令官は、当日の日記に記している。

軍旗を奉じてクアラルンプールに入城する日本の銀輪部隊。

「十二月八日、前日大風波なりしと。〇時三十五分投錨、上陸準備、風雨大なり、三時第一船出発、予は五時半上陸す。タイ軍の微弱なる抵抗を排し、八時知事邸に入る。警察は武装解除、十三時タイと妥協成立、二十三時頃タイ国の指揮官来り日本軍通過の件妥協」

シンゴラ、パタニーではいずれもタイ軍との衝突があった。しかし八日のうちにタイ国のピブン首相が「日本軍通過協定」にサインをしたので、損害はわずかなものにとどまった。

マレー半島を縦走する快速部隊

マレー半島に上陸した各部隊は、休む間もなく南進を開始した。めざすは半島の南端に浮かぶシンガポール島である。

シンガポールにはイギリス東洋艦隊を収容できる大軍港があり、大口径要塞砲（三八センチ砲五門、二三センチ砲六門、一五センチ砲五門）が威容を誇っている。これは海上からの正面攻撃では陥すことはできない。そこで日本軍は約一〇〇〇キロのマレー半島を縦断し、背後からシンガポールに攻め込む作戦をとったのである。

このマレー攻略戦の緒戦においては、海軍航空隊が大きな側面援護を行った。シンガポールから出港したイギリス極東艦隊を索敵機が捕捉。一二月十日午後、元山・美幌・鹿屋の各基地航空隊が戦艦「プリンス・オブ・ウェールズ」と「レパルス」の二隻に襲いかかり、撃沈したのだ。この「マレー沖海戦」の勝利により、西・南太平洋の制海権は日本軍のものとなったのである。

そのころ、シンゴラに上陸した第五師団は、武器や爆薬を自動車に積み、また歩兵は自転車に乗って快進撃を続けていた。いわゆる「銀輪部隊」である。十一日にはタイとマレーの国境を越え、最初の難関ジットラ・ラインに攻め入った。

ジットラ・ラインとは、二二キロにおよぶ縦深陣地のことである。トーチカと鉄条網が三段に巡らされ、後方には英印軍の第一一師団、約六〇〇〇名が守りを固めていた。戦車九〇輌、野砲・山砲六〇門、重機関銃一〇〇挺という堂々たる戦力だった。英印軍は、ここで少なくとも二〜三カ月は防御できると見込んでいた。

これに対して日本軍は、わずか五八一名の兵力で強行突破をはかろうとしていた。佐伯（さえき）挺身隊と呼ばれた一部隊だ。正式には第五師団麾下（きか）の捜索第五連隊といい、元は騎兵連隊だったがトラックや軽戦車で機械化した最新の機械化部隊だった。とはいえ、わずか六〇〇名足らずの兵力で一〇倍の敵を相手にするのは無謀ではあるまいか。常識では勝ち目のない戦闘だが、隊長の佐伯静夫（さえきしずお）中佐は何がなんでも勝つという決意で、次のように檄（げき）を飛ばした。

「今後の突進にあたっては、一車が止まれば一車を捨て、二車が止まれば二車を捨て、友軍であろうが、敵であろうが、乗り越え踏み越え、突進ができなくなるまで突進せよ」と。

戦後、隊長の佐伯さんは千葉県市川市に住んでいた。では、佐伯挺身隊は英印軍をどのように撃破して行ったのかを、隊長の回想を中心に追ってみる。

ゴム林を抜けてマレー半島を縦断する佐伯挺身隊の機甲部隊。

タイとマレーの国境めざして突進する佐伯隊

タイ上陸後の佐伯挺身隊の任務は、まずシンゴラから四〇キロの地点にあるハジャイを占領することであった。このハジャイはバンコクからの鉄道がマレー半島の北岸と南側に分かれる交通の要所で、ここをおさえて列車と自動車を鹵獲し、部隊のシンガポール進撃に役立たせるのが狙いだった。

「自転車を担いで上陸した兵隊がおったので、それで二個小隊を編成して、通訳と宣撫班員をつけて先発させたです。タイの民衆はたいてい一台ずつ自転車を持っておるから、それをかき集めては前へ前へと出したんです」

シンゴラとハジャイの中間にトンリーというところがある。ここのタイ軍が迫撃砲と重機関銃で攻撃をしてきた。水田に飛びこんで、お湯みたいになっている水に浸って応戦したところ、一台だけ陸揚げできた速射砲が威力を発揮し、タイ軍はたちまち白旗を掲げてきた。

椰子の木をなぎ倒し、マレー半島をひたすら前進する戦車隊。

「このとき向こうの指揮官が、橋の真ん中で話し合いたいから、隊長一人だけ武器を持たずに来いという。よし、といって出かけたら『約束が違う、武器を持っているじゃないか』とワシの軍刀を指していう。『これは武器ではなく軍人の魂じゃ』と橋をはさんで怒鳴りあい、けっきょく無条件降伏させせました」

ここで自動車を手に入れて走り、ハジャイには十二月八日午後二時に到着、まさに煙を吐いて出発寸前のバンコク行きとシンガポール行きの二本の長距離列車を止め、道路も封鎖できた。外交交渉の失敗で思いもかけぬタイ軍の抵抗にあい、マレー作戦の第一歩から大きくつまずきかけた日本軍は、こうして佐伯挺身隊の活躍で救われたのである。

午後三時、ハジャイ警備の態勢をとりながら、再び握りメシをとりだしたとき、またまた海軍飛行隊から連絡があり、イギリス軍の機械化部隊が正午を期してタイへ進入をはじめたという。佐伯隊の任務は、ハジャイを占領して南下する部隊を援護しろということだったが、そんなのんびりしたことはしていられない。一緒に行動していた辻政信参謀に「前進させろ！」と命令変更の具申をした。

午後五時、司令部から命令が出て、ハジャイを出発した。ようやく上陸した軽戦車中隊が追いかけてきたのでこれを伴い、イギリス軍が待機しているという国境から三〇キロばかりタイ寄りのサダオに向かった。

すると午後十一時、まずイギリス軍が射撃してきた。

「これが敵の下手なところだ。闇夜の鉄砲でどうせ当たりはしないのに、パッ、パッと火が噴いて自分の位置だけは知らせる。こちらは夜襲が得意だから落ち着いたもので、戦車中隊に道路を突進させ、歩兵がゴム林を突進して一時間あまりで敵を追い散らしたよ」

後退したイギリス軍は、サダオ南方の橋を爆破していった。あまりにも念入りに爆破していったため、部隊はここで思わぬ足止めをくう羽目になってしまった。

翌十二月九日の午後五時、佐伯挺身隊は国境の敵陣捜索を命じられてサダオを出発したが、夜なので思うにまかせない。そこで威力捜索に踏み切り、破壊された道路とゴム林のなかを前進して強引に突破した。

「十日の明け方、マライ・ケダー州という丸い大きな標識を見たときには、思わず涙が出たね。捜索連隊だけで国境を突破したんだからね」

三日三晩、休む暇もない突進だった。歩兵の到着を待つあいだ、部隊は初めて休養をとることができた。

「だが、このあとどう進むか。イギリス軍は道路をずたずたに裂き、橋を爆破して後退するから、尋常な手段ではどのくらい時間がかかるか見当もつかない。そこで私は、敵にその余裕を与えずに進む挺身隊の編成を意見具申したんだ」

世界の天然ゴムの三分の一を生産するマレーである。見渡す限りがゴム林だった。だが、このゴム林もジャングルを切り拓(ひら)いて植えたもので、その両側は未踏のジャングルと湿地帯である。したがってゴム林の真ん中を走るアスファルト道路か、ゴム林を進むしかないが、隘路(あいろ)の一本道だから守るほうには好都合だ。イギリスがシンガポール防衛に自信を持っていたのは、海正面は要塞の巨砲で守り、背面のマレー半島はこのジャングルと湿地帯だから、よもや日本軍が攻めてくる

英印軍の兵士たちは続々と投降してきた。

ことはあるまいと考えていたからだった。

十二月十一日午後六時三十分、戦車を先頭に防疫給水部を殿にした佐伯挺身隊は出発した。このとき隊長が与えた訓示が、先に紹介した「一車進まざれば一車を捨て……」である。

こうして挺身隊が悲壮な決意で出発して間もなく、大スコールが見舞った。ほとんど視界がきかない。それでも日本軍は手さぐりで前進を続けていると、インド兵を主力とするイギリス軍にぶつかった。猛烈なスコールを避けて敵兵はトラックのなかに入っており、速射砲、機関砲約一〇門の前はがら空きだった。

「いまだ！」

部隊はすかさず戦車で襲いかかり、思うがままに踏みにじった。一個大隊のイギリス軍はあっという間に壊滅してしまった。ジャングルに逃げこんだ一部のイギリス兵は、数日後に空腹にたえかねて投降したが、むろん佐伯隊は見とどける間もなくすぐ前進し、ジットラ・ラインに迫った。ここはその名も勇ましいライオン中将が三個旅団で守りをかため、日本軍を全滅さすか、三カ月間食い止めると豪語していただけに、快進撃の佐伯隊も苦戦した。

双方の砲撃でゴムの木が倒され、明るくなったときにはゴム林には一本の木も立っていなかった。増援隊が来たものの、たちまち砲を破壊されて後退し、やむなく戦車の機関銃をはずして撃ちまくるようなさまだった。

昼過ぎ、佐伯隊長は自ら先頭に立って突進しようとした。「多数の青少年を失ってなんとお詫びするか。満州事変、支那事変でも命ながらえ金鵄勲章をもらい、マレーでも連戦連勝で思い残すことはない、最前線で屍をさらそう」という心境だったが、大尉と中尉が必死になって制し、もみあっている最中に、止めていた大尉が貫通銃創を受けて斃れてしまった。

そのうち敵の砲撃がおとろえ、夕方には完全に英軍陣地を占領した。佐伯挺身隊五八一名のうち、戦死二七名、負傷八三名であった。

「戦闘では負けたことがない。ワシは日本でいちばん強い部隊長だったといまでも思っておる」という佐伯さんは、この作戦の武勲でも金鵄勲章を受け、一度ならず二度までというので話題になった人である。

この佐伯挺身隊の活躍などで予想以上の進撃をみた軍司令部は、進撃日程を一カ月以上も早めた。そして「二月十一日の紀元節（現在の建国記念日）にシンガポールを攻略、占領する」ことを決めた。

島田戦車隊のマレー半島快進撃

しかし、シンガポールへの道はそう簡単ではなかった。たとえば、英領マレーの首都クアラルンプールの手前にあるカンパルでは、丸四日間にわたり英印軍との激しい攻防が続けられた。英印軍の守備隊は戦力の半分を失うまで、実に粘り強い抵抗をみせた。またカンパル南方のスリムでは、インド第一二旅団による猛烈な反撃に遭い、一時は前進することが不可能と思われた。

第五師団は佐伯挺身隊の例に倣い、戦車による夜襲を敢行した。これが「スリム殲滅戦」と呼ばれる凄まじい戦いとなった。主役は第二五軍直属の戦車隊で、

シンガポール攻略の拠点、ジョホールバル市街を攻撃する日本軍。

隊長は島田豊作少佐（のち中佐）である。

　マレー作戦ではその地形からして、包囲殲滅という日本軍のおきまり戦術はとれない。しかし包囲できないということは、敵も四方に逃げられないということだ。そこで戦後は高校の英語教師をしていた島田隊長は、私ども取材者に「突貫作戦を密かに練っていた」と明かした。

「一挙に敵陣を抜いて、後方の重要地を押さえるわけです。戦車砲をぶっぱなしながら、グングン入って行くと、敵陣は恐怖のあまり浮き足立つ。それを抜いて退路を断つわけですが、スリム殲滅戦ではそれが計算どおり、いや、計算をはるかに上まわる戦果を挙げましたね」

　ジットラ・ライン突破から四週間たっていたが、日本軍はまだ中部マレーにさしかかったばかりである。むろん、当初の計画からみればはるかに快調だが、ペラク州スリムの敵陣は、九十九折れの道を進み山系を横断するところにあり、約二〇〇キロにおよぶこの長隘路をどう突破するかに日本軍は頭を痛めていた。

　明けて一九四二年（昭和十七）一月六日、司令部はトロラク～スリム突破作戦を立て、島田隊長に出撃命令を出した。待ちに待った出番に勇躍したが、しかし、ゴム林を進む歩兵を援護するかたちで正面攻撃をしてほしいといわれて、計画変更の意見具申をした。

「一五台の戦車に、歩兵八〇人と工兵二〇人をつけてください。戦車で突破してみせますと言ったんです。上部ではためらいましたが、自信があるならやれといい、歩工兵の死決隊を募ったのです」

　最初の命令は七日正午を期しての攻撃開始だったが、六日午前十一時半の出発に変更、エンジンの音をおさえるために時速四キロでゆっくり前進した。歩兵には「敵は戦車を狙って発砲するのだから、絶対にこちらからは射つな、どんなことがあっても戦車は停止しないからついて来い」と厳命した。

　英印軍は一〇〇キロにわたり二個旅団が守備陣形を敷いていたが、島田戦車隊の奇襲は完全に成功した。低速で砲撃して敵を追い散らし、敵の姿が見えないときは時速三八キロの最高速度で進撃した。おかげで敵

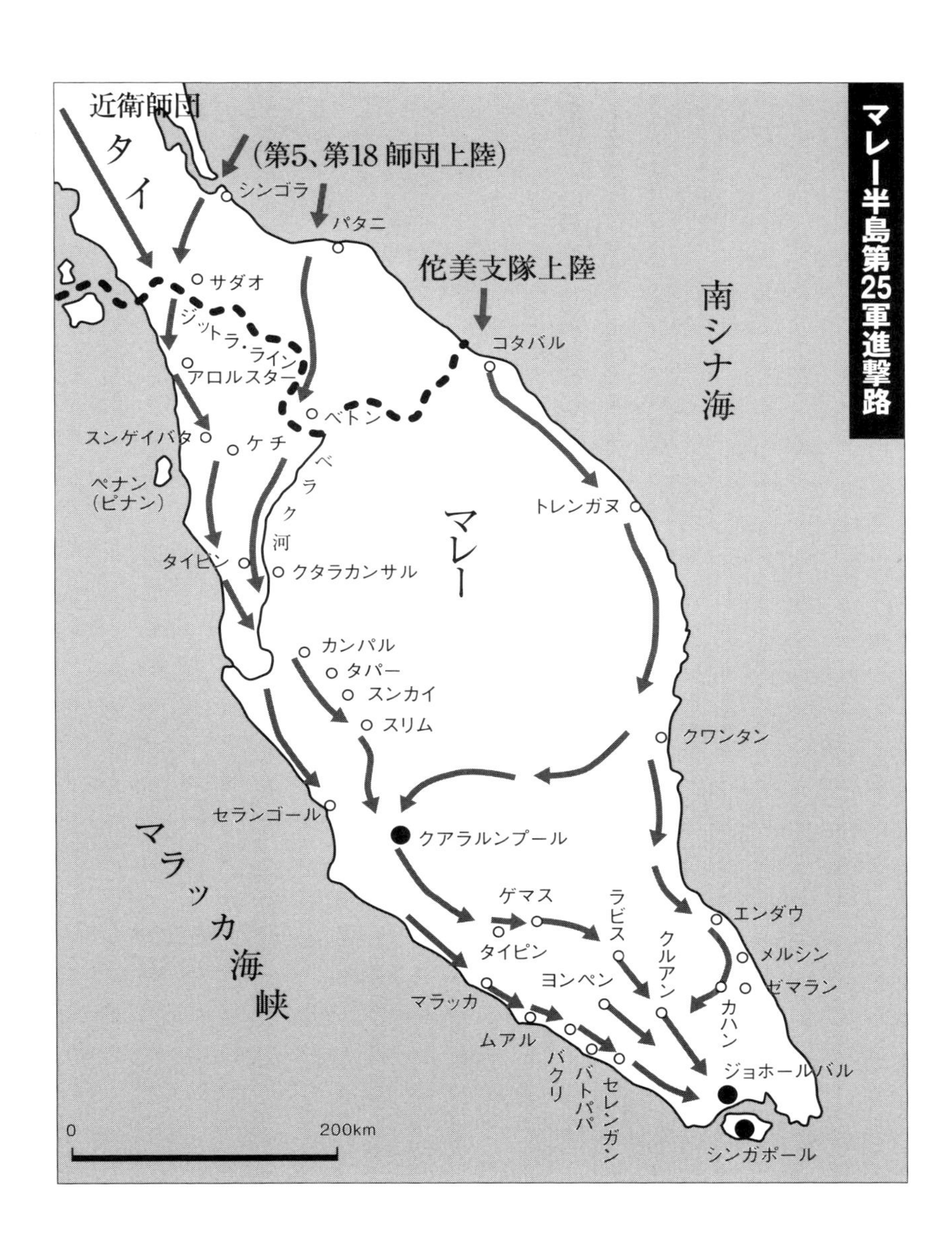
マレー半島第25軍進撃路
近衛師団
タイ
(第5、第18 師団上陸)
シンゴラ
パタニ
佗美支隊上陸
コタバル
南シナ海
サダオ
ジットラ・ライン
アロルスター
ベトン
スンゲイパタ
ケチ
ペナン(ピナン)
ペラク河
マレー
トレンガヌ
タイピン
クタラカンサル
カンパル
タパー
スンカイ
スリム
クワンタン
セランゴール
クアラルンプール
マラッカ海峡
ゲマス
タイピン
ラビス
クルアン
エンダウ
メルシン
ゼマラン
カハン
ヨンペン
マラッカ
ムアル
バクリ
バトパハ
セレンガン
ジョホールバル
シンガポール
0
200km

が爆破する時間がなく、残されていたスリム峡谷の二つの橋を確保したのであった。

「この戦車で、マレー半島の南端ジョホールバルまでほとんど無人の野を行くがごとき快進撃ができたのです」

この戦功で島田さんは天皇の単独拝謁(はいえつ)が認められた。

一日平均二〇キロ、マレー半島一一〇〇キロを走破

日本軍の快進撃は続いた。クアラルンプール占領後は、戦前から南部仏印に進駐していた近衛師団が第五師団と入れ替わり、最前線に立った。そしてシンガポールの対岸ジョホールバルまで約二八〇キロと迫った。同時に英印軍の抵抗も一段と激しさを増してきた。ゲマスでは新たに派遣されたオーストラリア軍に苦戦し、戦闘は五昼夜にもおよんだ。ジョホールバル市手前のバクリでは、英印軍は退却しながら七回の逆襲をかけてきた。日本軍は大隊長を含む二二六名の戦死者、一〇六名の負傷者を出した。これはマレー作戦全戦死者中一三パーセントの損害だった。

だが一月三十一日、ついに日本軍はジョホールバルにたどり着いた。マレー半島北部に上陸してから幾多の困難を乗り越え、五五日目のことだった。

コタバルに上陸後、マレー半島の東側を進撃してきた佗美支隊も、ジョホールバルに順次到着した。その本隊である第一八師団主力も二月三日、ジョホールバルに進出し、総兵力は五万名を超えた。

第二五軍の国武参謀は、次のように書いている。

「辻（政信作戦参謀）さんはどこから資料を集めたのか、一月三十一日には、もう次のような数字を発表し、作戦の成果を讃(たた)えた。

作戦行程　1100km÷55日＝20㎞／日

橋梁修理　250÷55日＝5個／日

戦闘回数　90÷55日＝2回／日

一日平均二〇キロ、一一〇〇キロの突破はドイツの東方進撃にも優り、世界戦史にいまだその例を見ないところである」（国武輝人『マレー軍司令部』）

シンガポール攻略戦

東洋一の要塞をめぐる日英の攻防

一九四二年二月七日〜十五日

シンガポール島に逃げ込んだ英印軍の防衛態勢は？

破竹の進撃でマレー半島を南下する日本軍に、半島最南端のジョホールバル市に追いつめられた英印軍とオーストラリア軍（豪軍）は、先を競って幅一一メートルのジョホール水道の陸橋（コースウェイ）を渡り、シンガポールになだれ込んだ。そして一九四二年（昭和十七）一月三十一日の真夜中までに大半の部隊は渡り終えた。

ところがその夜の明け方、陸橋からスコットランドの風笛（バグパイプ）の音が聞こえてきた。陸橋のシンガポール側にいた兵士たちは一斉に視線を走らせ、目を凝（こ）らした。一〇〇人のパイパーが耳慣れた曲を奏（かな）でながら陸橋を渡っている。後ろには九〇人ほどのマレー戦の生き残り兵らが従い、整然と渡り終えた。

そのマレー半島から撤退する最後の部隊を見届けた破壊班は、陸橋に爆薬を仕掛けた。午前八時、鈍い爆発音が轟き、陸橋は水道のほぼ中間で切断された。シンガポール島は東西四二キロ、南北二二キロの小さな島である。人口の大半は陸橋と反対側の、南部地区のシンガポール市に集中していた。兵士たちは、これで半島から侵入してくる日本軍は、ジョホール水道で防げると思ったのである。

だが、一九四一年十二月末に、アルカディア会談（ワシントンで行われた米英首脳会談）でABDA（米英蘭豪）統合司令部の総司令官に選ばれた英陸軍のアーチボールド・ウェーベル中将（南西太平洋戦域統合軍総司令官）は、日本軍がマレー半島を進撃中の一月七

ジョホールバル側からシンガポールの英印軍要塞を砲撃する日本の砲兵隊。

日、ジャワ島バンドンの司令部から短期のシンガポール視察を行い、あまりにもずさんな防衛態勢に愕然(がくぜん)としている。沿岸砲台の重砲はすべて海を向いていて、半島から攻め入ってくる日本軍に対してはまるで無力だったし、陸地からの攻撃に備える詳細な計画はないにひとしかった。

仰天したウェーベル中将は本国のチャーチル首相に報告した。「シンガポール要塞は難攻不落」と信じていたチャーチルも驚き、ただちに三軍の幕僚長に「シンガポールは絶対死守せよ、降伏など考えてはならない」と叱咤(しった)した。

日本軍の英印軍陽動作戦成功し進撃開始

英印軍を追う日本軍も、一九四二年一月三十一日にジョホール水道北岸に達した。このジョホールバル地区で、日本軍は一週間かけてシンガポール攻略の準備を整えた。山下奉文(やましたともゆき)中将(第二五軍司令官)は、陸橋が見下ろせる丘の上に建つグリーン宮殿(ジョホール州首長舎)に軍司令部を設けた。宮殿には五階建ての

日本軍の砲爆撃で黒煙を上げるシンガポールの石油タンク群をジョホールバルから見る。写真中央に、陸橋が切断されているのがはっきり見える。

展望塔が付いていて、山下はこの塔の最上階を戦闘司令所にした。

一方、八万五〇〇〇名の兵力を持つ英印軍のパーシバル総司令官は、日本軍を海岸で撃退しようと考えていた。いわゆる水際（みずぎわ）撃滅作戦である。そこでジョホール水道沿いを東部と西部に分け、東部地区の防衛を重視する布陣をとった。西部地区の海岸はマングローブが繁茂する湿地帯であり、上陸作戦には不利と判断したからだった。ところが、日本軍が実際に上陸地点に選んだのは、その西部地区であった。

二月七日夜、日本軍は東部地区に英印軍の目を引きつけるため、近衛師団の一部をセレター軍港やチャンギー要塞を見下ろせる水道内の小島ウビン島に上陸させた。陽動作戦である。兵士四〇〇名と山砲二門を乗せた二〇隻の大発（上陸用大型発動機艇）は、かなりの騒々しさで上陸した。そして夜が白みはじめた八日早暁（そうぎょう）、ジョホールバルから四四〇門の大砲が約二〇万発の砲弾をシンガポールの石油タンクや飛行場に撃ち込んだ。遠藤三郎少将率いる陸軍の第三飛行集団も、敵陣地へ激しい空爆を開始した。

英軍はあわてて東部地区の水道際に増援部隊を急派した。日本軍の陽動作戦は図に当たったのだ。日本軍は陽動作戦にダメを押すかのように、八日は一日中チャンギー要塞に砲火を集中した。

そして九日午前零時、日本軍は夜陰にまぎれて三手に分かれ、折りたたみ舟艇で上陸作戦を開始した。上陸予定地は英軍が西部防衛地区とした陸橋の左右一帯だった。

虚（きょ）を衝（つ）かれた英印軍は、若干の抵抗を示しただけで、日本軍の第一陣は午前零時二十分ごろシンガポールの土を踏んだ。第五師団、第一八師団が渡河を完了したのは午前六時前後だった。

山下中将は宮殿の展望塔から、上陸した部隊がテンガー飛行場をめざしてゴム林を突進していくのを眺めていた。そして間もなく、幕僚をともなってジョホール水道を舟艇で渡り、シンガポール島に上陸した。

ジョホール水道を渡ってシンガポールに上陸する日本軍戦車隊。

生還兵が語るシンガポールの占領

斉木晃さん（東京都）は近衛師団歩兵第三連隊の一等兵として、このマレー・シンガポール攻略作戦に従軍した。

「銀輪部隊と言いましてね、自転車を連ねてマレー半島を南下したわけですよ。いくら舗装道路でも山あり谷ありで大変だし、破壊された橋を渡るときは担いでいかねばならない。それに暑いからすぐパンクするので、落後しては一大事と必死に修理しましてねえ……」

斉木晃さん。

むろん列車やトラックにも乗ったが、一九四二年（昭和十七）の二月八日にマレー半島最南端のジョホールバルに着いている。この近衛の先遣部隊の兵のほとんどは、戦死した戦友の指を切断して入れた小さな缶を、三角巾で首から吊るしていた。

ジョホールバルとシンガポール島との間にはジョホール水道が流れている。前記したように、日本軍はこの水道を渡河して〝紀元節シンガポール占領〟をめざして、翌九日未明には早くも攻撃を開始した。

「近衛師団は向かって西側から敵前上陸をすることになりました。実はこれは陽動作戦で、第五、第一八師団が東側から主力として進むのを助けるためでしたが、私たち兵隊は知るはずもなく、われこそ主力なりと突撃したんです。

ジョホール水道は闇の中をエンジンを止めて櫂でこぐ舟艇で渡ったのですが、敵の照明弾でまるで花火大会みたいだったです。たちまち猛烈な攻撃をくらいました。舟艇をこぐ工兵が、これ以上は近づけないから降りてくれという。しかたがないから飛び降りたら、ちょうど首から上が出るくらいの深さだった。しかし、ところどころに深みがあり、たちまちズブズブと沈んでしまうんです。

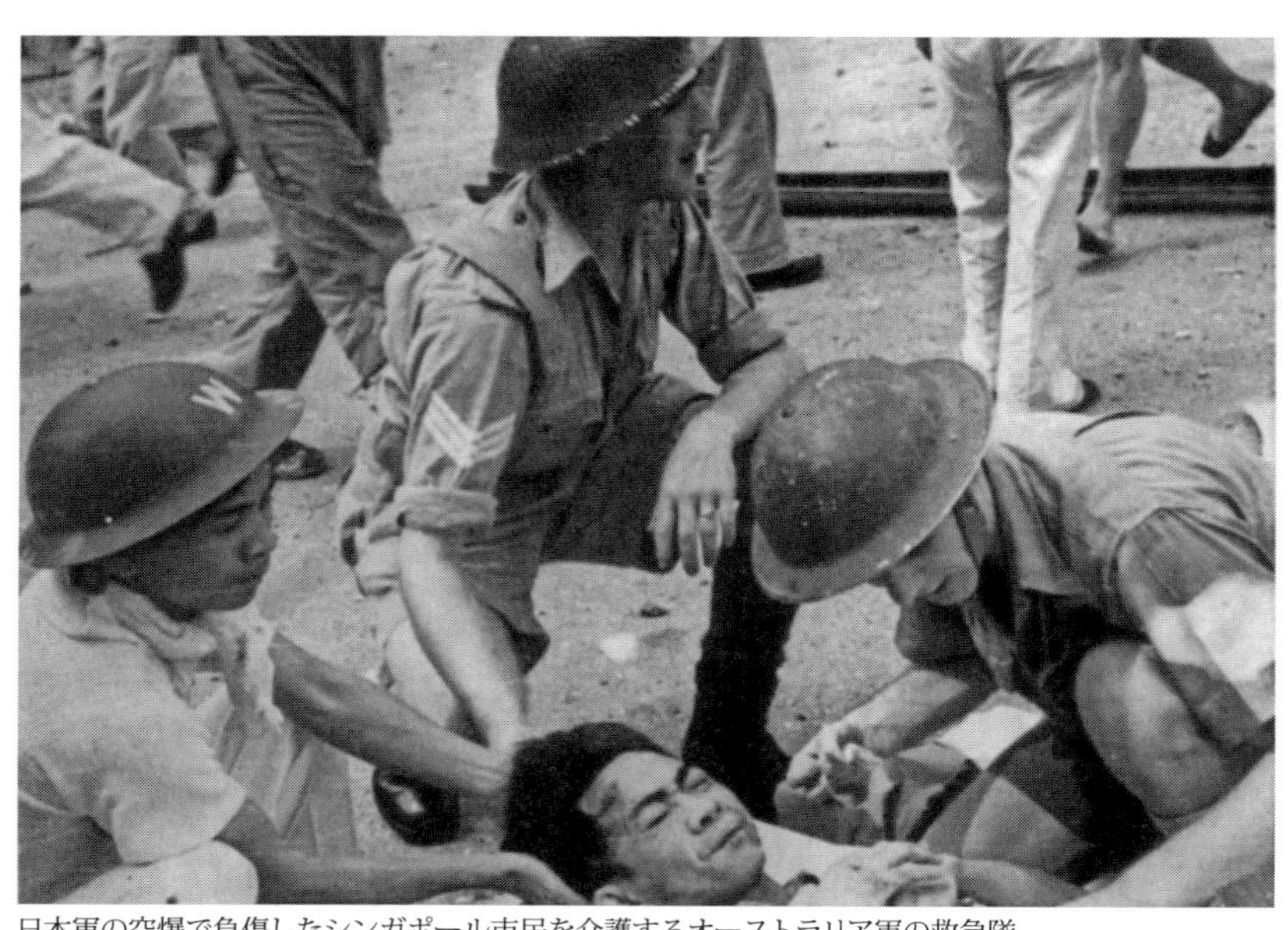
日本軍の空爆で負傷したシンガポール市民を介護するオーストラリア軍の救急隊。

泳ぎができても、腰に巻いた三二〇発の小銃弾の重みで沈みます。それに背嚢が水を吸いこんで、おそろしく重くなる。夢中で弾帯と背嚢をはずして岸に向かいましたけど、驚いたことは海が燃えだしたんです」

海が燃える――信じられないことだったが、ともかくヌルリとした海を進み、ようやく岸にたどり着いた。あとで、イギリス軍が重油を流して火をつけたからだとわかったが、この火焔戦術にまともにやられて、近衛師団は数百人もの焼死者を出した。斉木さんは銃だけを持ってかろうじて上陸したものの、進むことも退くこともできない。みんなバラバラだから、命令系統などはっきりせず、ただマングローブの林でじっとしているほかはなかった。

「弾帯を捨てたから鉄砲は剣だけが頼りですし、背嚢を捨てたから食うものもない。そう、一日半くらいそんな状態で、ただじっとしていました」

ときどき真っ黒な顔をした兵隊が林のなかでうごめく。インド兵か、と思ってぎくりとしたが、そのうち自分も同じであることに気づいた。重油の海をもぐって来たためで、初めてヌルリの正体がわかった。

　大神文和（おおがみふみかず）さん（北九州市）は第一八師団麾下（きか）の歩兵第一一四連隊第七中隊の曹長であった。

「シンガポールに渡り、テンガー飛行場を攻撃しているとき敵にぶつかり、闇のなかの白兵戦になりました。夜だから銃に弾丸を込めておらず、軍刀でわたりあいました。間違いなく二人の敵を斬り倒したのですが、私も右腕をやられ、次に胸を突かれて倒れました。痛くはなかったけど、ああこれで終わりだろうと思ったです。しばらくたって大隊本部の衛生兵が包帯をしてくれたけど、立ち去るとき注射を一本打ったので、ますます気安めだなあと観念してました」

大神文和さん。

　大神さんは作家・火野葦平（ひのあしへい）とおなじ部隊にいて、伍長同士の付き合いをしながら中国を転戦した。だが、芥川賞をとった火野はやがて除隊になり、大神さんは南方作戦に動員されて別れ別れになった。

「夜が明けて、戸板を持った兵隊が山から海岸に降ろしてくれました。ジョホール水道の両側から潮が流れてくるのですが、その潮のぶつかるさまを眺めながら、死ぬのを待っていました。後続部隊が次々にシンガポールに渡ってくる。そのときの帰り船がジョホールバルに運んでくれました」

　後送されたものの野戦病院がまだ開設されていないので、ゴム林のなかに寝かされたままだった。負傷兵はいたるところに転がっており、手当ての順番はなかなかこなかった。軍医が診療してくれたのは、負傷してから二日後だった。

「銃剣で腎臓を突き破られていたんですが、なんと腕に四発と首筋に八発もの弾丸が入っていました。いつやられたか全然おぼえていないんです」

　血尿を流しながら、大神さんは病院のベッドでうめいていた。二月十五日、シンガポール陥落で、負傷兵はすっかり戦勝気分だが、負傷兵にあるのは苦しさだけである。ときどき機関銃の音が聞こえる。野戦病院は高台なので、窓の下に目を向けると、海岸に並ばされた男たちがなぎ倒されているのが見えた。主要な敵は白人のはずだったが、そこで殺されているのは黄色い肌をした人たちだった。ゲリラ掃討の名のもとに、華僑(かきょう)の大量虐殺が行われていたのである。

山下司令官、英印軍に降伏勧告文を投下する

では、シンガポールに上陸した日本軍主力に目を転じてみよう。

日本軍は当面の攻撃目標であるブキテマ(スズの山)高地、マンダイ高地へ向かって進撃を開始した。シンガポール市街を見下ろせるこの高地一帯が、勝敗を決する天王山と考えられ、事実そのとおりとなる。

英印軍の抵抗は予想されたほどの激しさはなかった。日本軍は二月十日夜までに、第一線部隊は英印軍の主陣地と思われるパンジャン陣地を奪取した。空中写真の偵察によれば、パンジャンの後方には敵陣は認められない。このまま進撃できれば、前線部隊は今夜中にブキテマの線に進出できそうだ。

戦況を観察していた山下司令官は、明日、もしかしたら敵は降伏するかもしれないと考えた。明日二月十一日は紀元節で、この日にシンガポールを陥落させることを目標に戦ってきた。山下は一(いち)か八(ばち)か、敵に降伏勧告文を投下してみることにした。降伏勧告文は第二五軍参謀の杉田一次(すぎたいちじ)中佐が起草し、あらかじめ用意しておいたもので、十一日の朝、一機の偵察機がシンガポール市のはずれに投下した。山下の署名入り勧告文は、紅白のリボンを付けた二九個の通信筒に入れられていた。

降伏勧告文はパーシバル中将の手元に届けられたが、彼は返事を送らなかった。上級司令官のウェーベルからも、チャーチル首相からも「最後まで戦え!」と命じられていたからである。

日本軍は三方向からシンガポール市街に向かって南下し、ジリジリと英印軍を追いつめていた。ブキテマ高地では激しい攻防戦が繰り広げられた。携帯の銃弾を撃ち尽くした兵たちは肉弾戦を展開し、一進一退の

イギリス国旗と白旗を掲げて、フォード自動車工場の降伏交渉会場にやってきたパーシバル中将と幕僚たち。

攻防は果てしなく続けられた。この攻防の模様を上田勝中尉は次のように書きとめている。

「砲撃をともなう数回の敵夜襲を排除して一夜は過ぎた。天明となってますます敵の攻撃は激しく、木の葉は散り、枝は裂けてしまっている。

一二〇〇（正午）、部隊が乾パンをかじりはじめると、左第一線に戦車を伴った敵が逆襲してくる。なにくそとばかり、各自手榴弾、破甲地雷をもって肉弾攻撃にかかる（中略）。肉弾戦は数十回となく繰り返され、敵の残置した迫撃砲、自動砲、自動小銃は山となり、死体はまた壕を埋める」（御田重宝著『人間の記録マレー戦』）

突如あがった英軍の白旗で勝ちを拾った日本軍

激戦は続いていた。日本軍側が考えていた攻略予定日の二月十一日は、すでに過ぎていた。双方の砲撃戦は十二日、十三日も続き、十四日もやむことはなかった。そして十五日になると、日本軍の砲弾は底をつい

フォード自動車工場で行われた降伏交渉。右側の左から2人目がパーシバル中将。向かい側の左から2人目が山下中将（陸軍報道班員撮影）。

ていた。野砲弾は一門当たり一〇〇発を切っていたし、重砲弾にいたってはもっと少なかった。軍司令部は攻撃を一時中止するかどうか検討しようとしていた。そこに突然、イギリス軍から白旗が揚がった。日本軍同様、イギリス軍も窮地に陥っていたのである。

十五日の朝、パーシバル中将は各地区の指揮官を集めて会議を開いた。その結果、野砲と対空砲の弾薬、それにガソリンはほとんど底をつきかけていることがわかった。大損害を受けた給水設備は二四時間もちそうになく、食糧は二、三日分しか残っていない。パーシバル中将は決断した。

「本日午後四時に停戦を申し入れる」

と指揮官たちに語った。そしてパーシバルはウェーベル将軍に許可を求めた。ウェーベルは「すべての手だてがなくなった場合は、降伏も自由である」と暗黙の了解を与えた。

軍参謀の杉田中佐が、白旗を掲げる英軍使に会うためブキテマに自動車を走らせた。そして英軍の通訳シリル・H・D・ワイルド少佐を通じて降伏の有無を聞

日本軍に投降した英印軍の将兵。1つの戦闘で10万を超える捕虜は史上空前の出来事だった。

くと、少佐は「降伏します」と答えた。杉田中佐はワイルド少佐に、パーシバル中将と幕僚を連れてくるよう言い、双方は午後四時四十五分に再会し、降伏交渉の段取りを決めた。

山下中将も交えた日本軍と英軍の降伏交渉は、午後七時からブキテマ村近くのフォード自動車工場の一室で行われた。小さな部屋の中は新聞記者やカメラマン、映画撮影班など四〇人を超す人間でごった返していた。

山下は「わが軍は、あなた方の降伏以外は考慮にありません」と強気を装って言った。当時の日本軍は、兵力数からみても英印軍より劣っていたし、継戦能力の面でもギリギリの状態にあったからである。するとパーシバルは「私としては、今夜の十時三十分以前に最終回答を提出することはできないと思います」と答えた。パーシバルにすれば、降伏文書にサインする前に、降伏後の将兵の取り扱いなど細目条項を取り決めておきたかったのである。

一方の山下は、日本軍の劣勢を相手に気付かれる前に、一気に降伏を手に入れたかった。

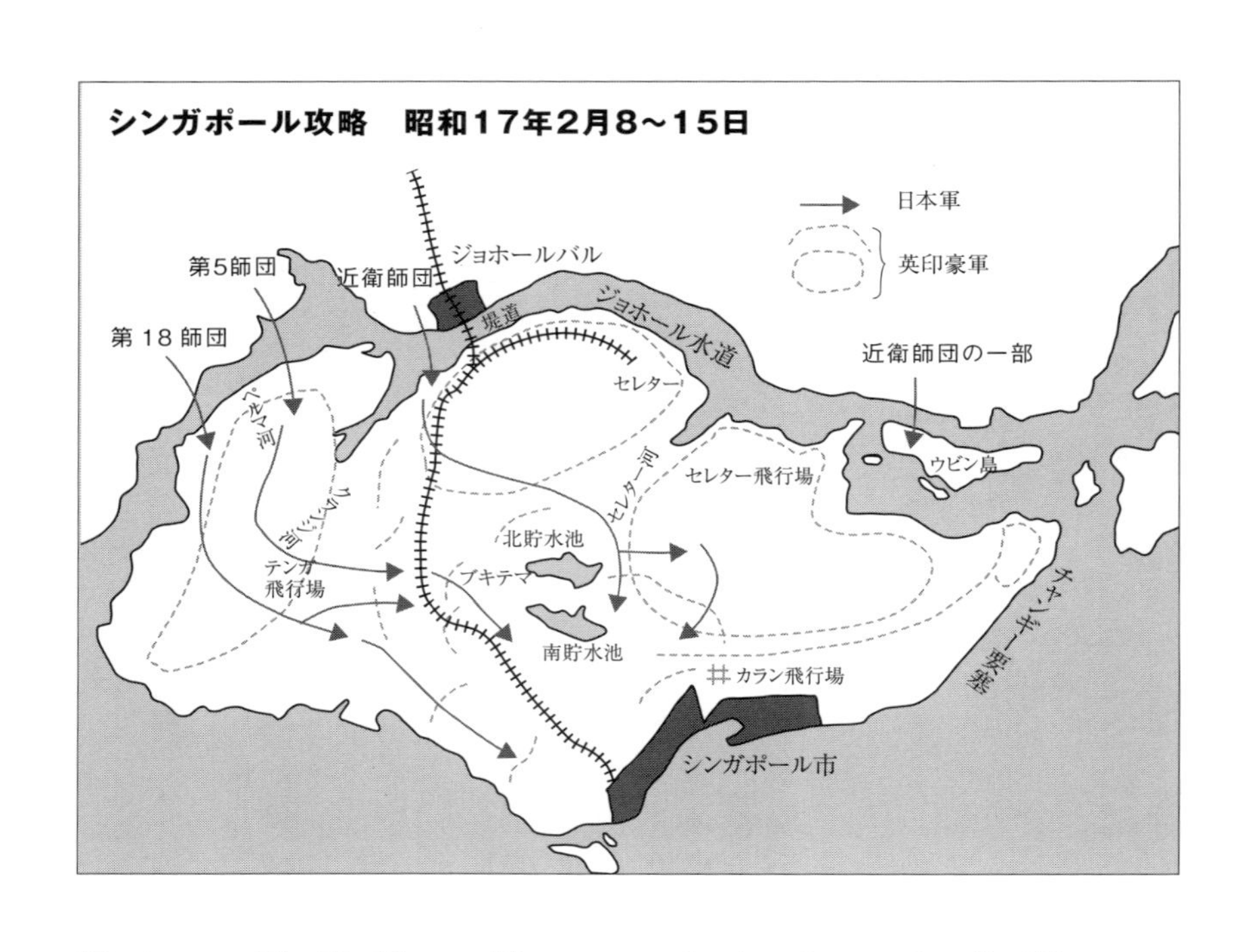

「われわれの条件を呑めるかどうかだけ答えてほしい」

山下は迫った。日本語の下手な通訳のせいもあり、話し合いはちぐはぐなものになっていた。山下は怒りを満面に出して言った（実際はわざと怒ったふりをしたのだという）。

「そのような話は必要ない。私は簡単な答えがほしいのです。われわれは、あなたから『イエス』か『ノー』かの返事を聞きたいのです。あなた方は降伏するのですか？　それとも戦うのですか？」

「イエス。アイ・アグリー（降伏します）」

パーシバルは小さな、弱々しい声で答えた。午後七時五十分、パーシバル中将は降伏文書にサインした。七〇日間におよんだマレー・シンガポールの戦いは終わった。この戦闘で日本軍は九八二四名の死傷者を出し、英印軍の死傷者は日本軍より少なかったが、一三万名を超す捕虜を生んだ。

日本軍占領後、シンガポールは「昭南市」と改名され、同市在住の抗日中国人は〝敵性華僑〟として徹底的に粛清された。

シンガポール華僑粛清事件

一九四二年二月

元兵士たちが語る事件の真相

残敵を求めて〝戦場掃除〟

マレー半島の突端に浮かぶ島シンガポール島は面積五八一平方キロ、だいたい神戸市ほどの広さである。太平洋戦争が始まった当時の人口は約五〇万人の避難民が加わり、平時の二倍にあたる一〇〇万の民間人がいた。シンガポール住民の多くは華僑であった。さらに避難民もほとんどが中国人だったので、民間人の圧倒的多数が華僑だった。英軍司令官のパーシバル中将は、住民が「どちらが勝つんでしょうね」と他人ごとのように聞いたことを嘆いているが、しかし、中国系住民にとっては決して他人ごとではなかったのだ。

すでに彼らの祖国・中国は日本と戦争を始めて四年余が過ぎており、戦況は混沌として泥沼状態を呈している。そして、ここマレー、シンガポールでも中国系住民が抗日のために立ちあがり、すでに「抗日義勇軍華僑連合会」も結成されていて、マレー半島の連合軍に協力してきた事実もある。一方、日本軍はマレーのイポー、クアラルンプールなどで徹底した〝華僑狩り〟を行い、抗日を理由にその多数を殺していた。

中国人の義勇軍が、連合軍兵士よりも勇敢に戦ったといわれるのは、このような背景があるからだった。しかし、約四〇〇〇人といわれた華僑義勇軍が果敢に抵抗したのはたしかだが、多くの民衆は、ただ恐怖にかられて逃げまどうだけだったのである。

だが、日本軍は中国系住民とみれば、即〝抗日分子〟とみなして目の色を変えた。通敵が怖いし、ゲリラ活動を警戒する必要もあるからだが、かくして恐怖と恐怖がぶつかりあい、それは強者による虐殺という結果を生んだ。

近衛師団歩兵第三連隊の一等兵であった斉木晃さん（東京都）は、陥落したシンガポールの〝戦場掃除〟をした一人である。掃除といっても、箒やちりとりを持ってやるわけではない。箒の代わりに銃を持ち、残敵を探すことだ。

「徹底抗日の中国人を探しだし、転向の勧告をして、それでも言うことを聞かない者を処刑した事実はあります。海へ連れて行って銃殺するのですが、小銃ではとても間にあわないから、機関銃でやりました。だけど具体的にどうだったか、そのとき私が何をしたか、それは話せない。いまさら思い出したくないからでもあるし、また、記事にして意味があることとも思えないからです」

おなじ近衛師団の砲兵観測班長であった川嶋松之介さん（水戸市）は、占領直後にイギリス人から取り上げたオートバイでシンガポール市内を走っていて、やはり徴発した乗用車を酔っぱらい運転していた将校に

砲爆撃の黒煙で覆われる「シンガポール最期の日」（降伏の日）。

はねられ、入院していたため詳しいことは知らないが、「裁判もなしに、七～八〇〇〇人が殺されたといいますね。でも、中国人同士の反目も激しく、おたがいに密告しあった事実もありますから……」という。

要塞砲直撃にスパイの疑い

私たち太平洋戦争研究会は、一九三七年（昭和十二）十二月の南京陥落直後の大虐殺についても調査を進めてきたが、シンガポール虐殺の調査も南京同様にきわめて難しいテーマだった。実行者、目撃者を問わず「知らぬ」「誇張だろう」という言いかたで私たちの質問をかわし、逆に「虐殺をいま取り上げることは有害である」と主張する人もいた。

仮に有害であるとしたら、一体それが誰に害をあたえるというのであろうか。再び戦争を起こすようなことがあってはならないと願う立場の人ならば、虐殺の加害者であった日本人としての反省をまず謙虚になすべきであり、そのためにも事実を知る必要があるのではないだろうか。だから、虐殺の事実を明かすことで害を被る人がいるとすれば、それは戦争を美化しようとする立場の人たちにほかならないと、私たちは判断した。むろん今後、日本人が被害者になった虐殺についても、私たちの調査は続けられるだろう。

次の座談会は、シンガポール攻略に参加した人たちに、あえて虐殺について語ってもらったものである。三人とも第一八師団歩兵第一一四連隊第二大隊第二機関銃中隊員であった（敬称略）。

浜竹守（はまたけまもる）（北九州市）　私は小隊長でしたが、とにかくシンガポールはイギリスが一〇〇年かけた要塞だけに大変なものだと、驚きばかりでしたね。中国戦線では弾丸が右にきたから左へ逃げろということだったけど、ここではいたるところに線が張りめぐらしてあり、こちらの動きが全部向こうにわかっていて、敵の砲の狙いはじつに正確だった。

祐野利夫（すけのとしお）（北九州市）　私は上等兵だったけど、将校の服を着ていましたよ。というのは、敵の将校からはぎとったからですが、連中のは厚いラシャ生地なんで、それだけ弾よけになると思ってな。なにしろイギリス軍の砲撃はものすごく、繁っていた林がみるみる裸になりましたからね。

大森睦夫（福岡市）　私は初年兵だから、とにかく夢中です。海に向いていているはずの要塞砲が陸を向いてドカーン、ドカーン撃ってきて、逃げればまたそっちに落下する。配線のことなんかわからないから、きっと誰かスパイが正確な情報を知らせているんだろうと思った。上陸三日目くらいから、民間人でもなんでも殺してしまえという空気がみなぎったのは、こういう事情だったからじゃないですか。

浜竹　華僑の多くは、戦闘の最中にもゴム林にいましたね。穴のなかにもぐっているんだけど、どうやら一〇人のうち三人までがスパイらしいと判った。山下将軍はああいう人柄だから、食糧と兵器は徴発してよろしいが、婦女子や非戦闘員を殺すことはまかりならん、そんなことをしたら銃殺だ、と言っておられた。しかし、あまりにも味方の損害が大きいものだから、全部殺してしまえということになった。これは辻政信参謀の命令でしたよ。

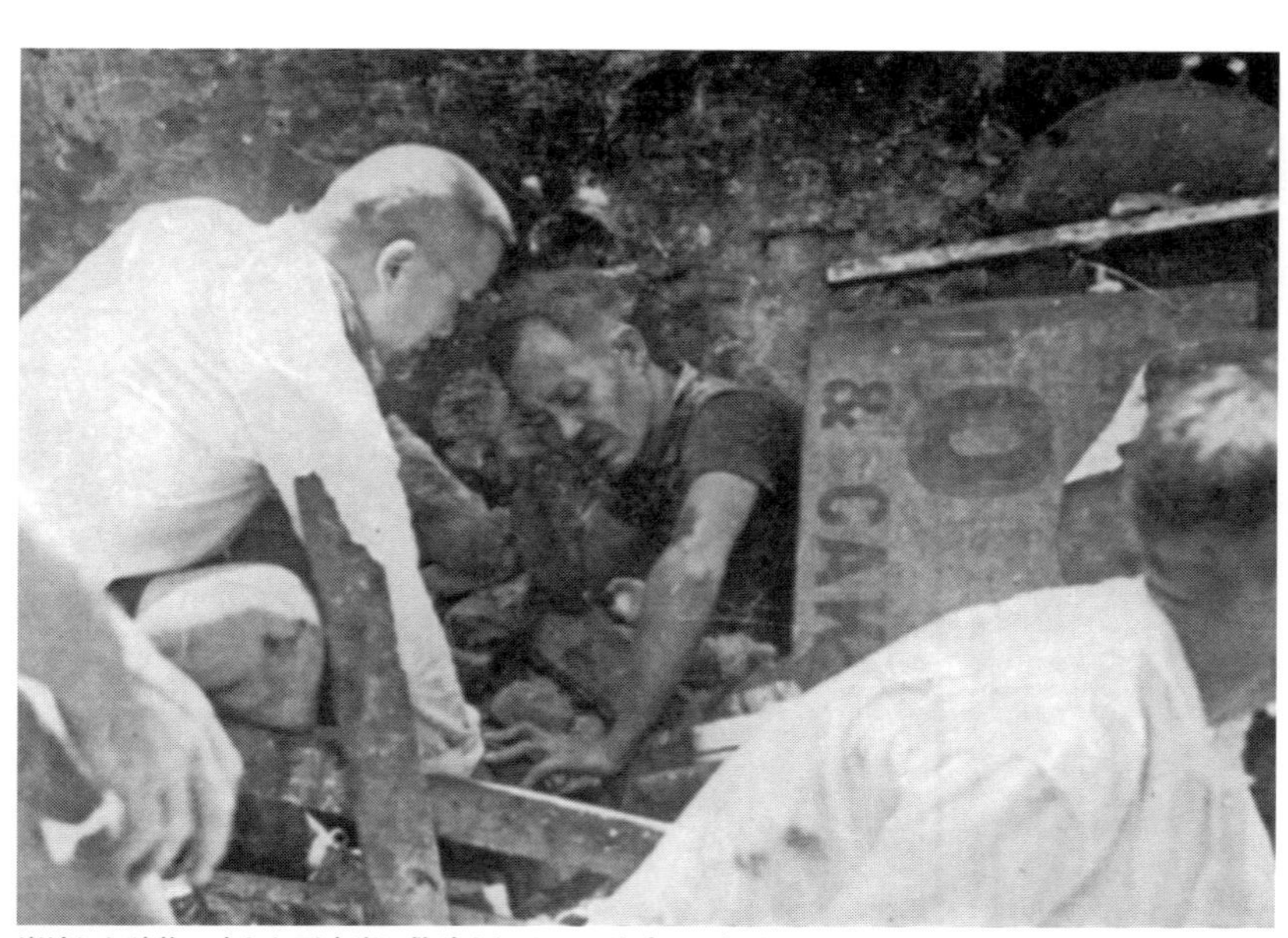

崩壊した建物の中から医療班に救助されるシンガポール市民。

だけど、殺せるもんじゃない。電線で木にくくりつけて行きましたけど、後続部隊がそれを殺した。陥落後に戦友の死体処理をしているときわかったんですが、木に縛ってあるのがみんな腹わたが出ている。女なんか、穴から引っぱり出されるとき、自分から下着を脱いで股を広げて、手を合わせて拝む。こっちは、それ

日英軍の戦闘で瓦礫と化した建物の中から救出される母児と家族（オーストラリア戦争博物館蔵）。

どころじゃないから木に縛ったんですがね……。

非戦闘員も味方も見境なく…

大森　第一線の戦闘部隊には、非戦闘員を殺す余裕がないですからね。それに敵はイギリスなんだから、参戦していないオランダ人は殺すな、と注意されたり、無益な殺人はしてはならないと自分は思っていましたけど。でも、こちらの生命が危うくなると、どうしてもねえ……。

浜竹　昭和十七年（一九四二）二月の九日から十五日まで、どこでメシを食いクソをしたのかわからないんだな。クソをした記憶がまったくないくらいの戦闘では、もう極限状態ですよ。ジャングルの中で誰かに出会うと、恐怖心にかられて見定める間もなく撃つ。非戦闘員も撃っただろうし、味方同士の相撃ちも多かったんじゃないかな。

祐野　ジャングルのなかで伏せていたら英語を話しながら近づいてくるのがいたので、刀で襲ったことがある。ワーッと断末魔の声をあげて斃れましたけど、あ

第25軍参謀の辻政信中佐。

んな声は初めて聞いたね。

浜竹　生きようとするのが人間、それを殺すのも人間。戦争とは、それが本質ですからね。殺したことに責任を持てと言われたって、持てませんよ。戦争犯罪などと、なにごとかと言いたいです。

あのとき勝って、市内に入る日を待っていたら、戦闘部隊は行かせないという。入れたらどんなことをするかわからないからだというけど、みんなそれでグラグラして（頭にきて）ねえ。

祐野　凱旋祝いはワシントンでやろうとか、ロンドンでやろうとか言われて、市内には行かせない。私はこっそりもぐりこみましたけどね。

浜竹　私も半ソデ半ズボンの軍属になりすまして市内に行った。でもやっぱり戦闘部隊を入れなくてよかったんじゃないかな。

祐野　戦闘部隊がすぐ入ったら、ムチャクチャするですからね。

浜竹　そりゃするですよ、頭が変になっとるんですから。市内に入った部隊は、兵隊が自動車を一台ずつ獲って乗りまわしたけど、初めて運転するんだから事故ばかりでね。

祐野　戦場掃除は二月の十七、十八日でしたね。九日、十日に死んだ者がもう骨だけになっていたけど。

浜竹　あれだけ砲を撃ったのに、ハゲタカがまだいて、どこからともなく姿をあらわしていましたね。

祐野　あれは息をしていてもだめだ。

浜竹　目の玉から食いはじめるんだけど、戦友の死骸を見ておると、とてもじゃないけど……。開戦前に広島から船に乗せられ、羊羹は食わせるし、酒は飲ませてくれるし、米のメシだし、大いに意気が上がったけど、考えてみると死刑囚が死ぬ間際に最高の接待を受けるようなものですよ。

作戦後に華僑を殺したのは、軍の口達命令があったからです。スパイだということでね。それで、やったわけです。ずいぶん殺したです。それはもうずいぶん……。だから無実の人もずいぶんおったでしょう。

二万人？　うーん、全部でそれぐらいの数になるかもしれませんなあ。私らも命令に従って、ずいぶんやりましたから。戦争ですな、戦争。戦争はそういうことをする、ということです。

F機関長も証言する華僑虐殺事件

大本営の密命を帯びて、シンガポール攻略戦に従軍していた秘密工作機関「F機関」（藤原機関）長の藤原岩市(ふじわらいわいち)少佐（のち中佐）も、シンガポール華僑粛清事件＝華僑虐殺事件が起きたときシンガポールにいた。

私は一九八一年（昭和五十六）に全国戦友会連合会会長をしていた藤原さんに、F機関について取材をしたことがある。そのとき氏は、日本軍による華僑虐殺事件に対して「非人道極まる虐殺と非難されても、弁明の余地はありません」と、明快に事件の存在を認めた。今、取材時の記録が手元にないので、藤原岩市著

イギリス軍の降伏で戦闘が休止し、市内に戻ってきたシンガポールの中国人。

『藤原（F）機関―インド独立の母―』（原書房）を参考に、氏の証言を追ってみる。

その日、一九四二年（昭和十七）二月二十一日の昼下がり、シンガポールIIL支部長のローヤル・ゴーホー氏が血相を変えて、F機関の本部に藤原少佐を訪ねてきた。

「少佐！　日本軍がシンガポールの華僑を片っ端から引っ立て、大虐殺をやっていることを知っているか。その残虐は目を覆うものがある。いったい日本軍は何を血迷ったのか。すでにイギリス軍が降伏して、戦火は止んだというのに」

IILとは、インド独立運動家で日本に亡命していたラース・ビハーリー・ボースが率いた印度独立連盟の略称である。当時、藤原少佐のF機関はマレー在住九〇万のインド人と、英印軍内のインド人将兵を対象に、「インド独立」を旗印にIILと組んで反英工作の最中にあった。そのIIL支部長が駆け込んできたのだ。ゴーホー氏の夫人は華僑の娘であった。

ゴーホー氏は藤原少佐に訴え続けた。

「シンガポール、マレーの住民は日本軍の精強と、原住民の解放庇護の立派な方針に、無限の尊敬と親近感を抱いていた。そしてインド人やマレー人は、イギリス人との間に介在して搾取をほしいままにした中国人に深い反感を抱いていることも事実だ。そして日本軍の、あの華僑虐殺を拍手喝采している者がいることも事実だ。しかし、内心、神兵とも思っていた日本軍の、あの凄まじい大弾圧を見聞して、日本軍に対する敬愛の念がいっぺんに畏怖の感情に変わりつつある。これは日本軍のためにも悲しいことだ。少佐！　なんとか中止はできないか！」

事の重大さに驚いた藤原少佐は、ゴーホー氏に虐殺の詳細を聞くとともに、さっそく調査をして善処することを約束した。そして藤原少佐はただちに機関員たちに虐殺の状況を偵察させた。その報告は、ゴーホー氏の訴えをはるかに凌ぐ戦慄すべき実情だった。

藤原少佐は第二五軍司令部に走り、情報参謀の杉田一次中佐を訪ねて、これが軍の命令によって行われているのかどうかを質した。『藤原（F）機関』は書い

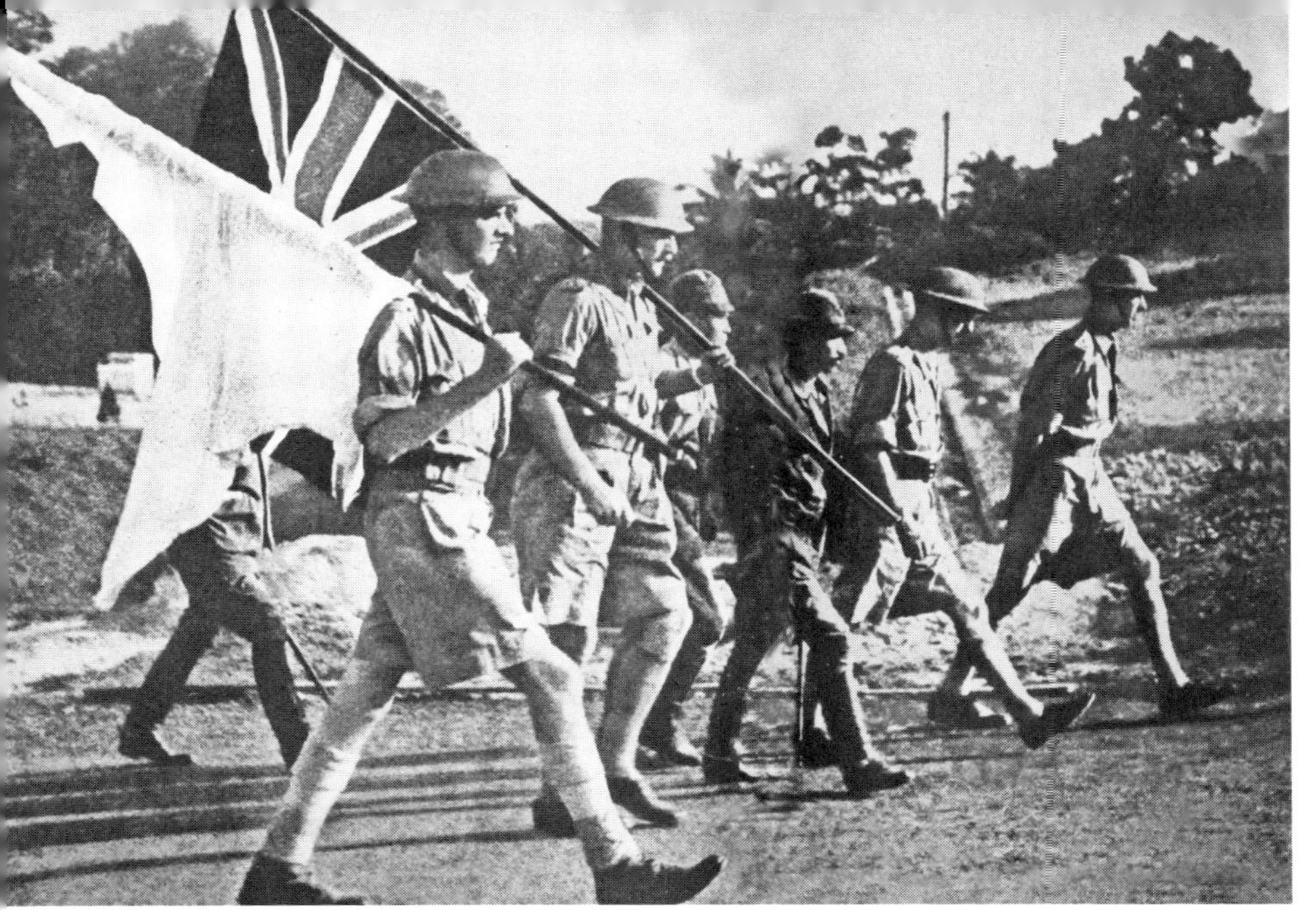

イギリス国旗と白旗を掲げて、山下司令官との会談場に向かうパーシバル中将一行。右から4人目が菱刈隆文報道班員。

ている。

「参謀は暗然たる面持ちで、同参謀等の反対意見がしりぞけられ、一部の激越な参謀の意見に左右されて、抗日華僑粛正の断が、戦火の余塵消えやらぬ環境の間にと、強行されているのだと嘆じた。私はこの結果が、日本軍の名誉のためにも、又原住民の民心把握、軍政の円滑な施行の上にも、決して良い結果をもたらさないことを強調した。特に私の印度人（兵）工作に、大きな影響があると指摘して速急に善処を願った。この粛正作戦は翌日一段落となった。

しかし無辜の民との弁別も厳重に行わず、軍機裁判にも付せず、善悪混淆数珠つなぎして、海岸で、ゴム林で、或はジャングルの中で執行された大量殺害は、非人道極まる虐殺と非難されても、抗弁の余地がない」

しかし藤原少佐は、この記述の中で華僑虐殺を命じた「一部の激越な参謀」の名を明記していない。その参謀は、兵士たちの座談会でも指摘されている第二五軍参謀の辻政信中佐である。ご存じのように辻中佐は翌一九四二年三月には参謀本部作戦班長になり、のち大佐に昇進していくつかの軍参謀を務め、戦後は衆議院、参議院議員にもなるなど〝著名な日本軍人〟の一人だった。

著名な軍人ではあるが、戦後、辻が参謀として指揮したノモンハン事件やガダルカナル島の戦いなどに対して、その独善的指揮は常軌を逸したものとの指摘が多い。また敗戦後は戦犯追及を恐れて逃げ通し、代わりに華僑粛清に反対した上官が英軍の戦犯法廷で罪に問われ、死刑台に上ったりしている。そして最期は、参議院議員時代の一九六一年（昭和三十六）四月、視察先のラオスで行方不明になり、一九六八年七月二十日に死亡宣告が出されている。

かような〝著名軍人〟だったからか、戦後、辻政信がからむ華僑虐殺事件を全面否定する人も現れた。現在のテレビ東京の前身「東京12チャンネル」の有力番組の一つに、一九六四年（昭和三十九）四月スタートの「私の昭和史」というのがあった。タレントの三国一朗が聞き手で、各界からさまざまな人たちが証言者として登場した。この番組の一九六七年（昭和四十二）二月十日放送の「イエスかノーか―シンガポール陥落―」に登場した菱刈隆文（ひしかりたかふみ）という人である。

菱刈は、シンガポール陥落時の一九四二年二月十五日にブキテマで行われた山下・パーシバル両司令官の会談で、日本側通訳を務めた〝参謀〟である。とは言っても菱刈は軍人ではなく、正確には同盟通信社記者で、軍に徴用されて従軍していた陸軍報道班員だった。父親は関東軍司令官も務めた菱刈隆（ひしかりたかし）大将で、当人も軍人をめざして陸軍士官学校に入学したが、病気のために中退、一旦はアメリカに留学したが慶応大学に転じ、一九三七年に同盟通信社に入社したのだった。

やがて報道班員として徴用され、中国戦線からマレー戦線に移り、第二五軍司令部と行を共にするようになった。その第二五軍司令部の参謀でいたのが、陸士時代の同級生である杉田一次中佐だった。

東京12チャンネルの「私の昭和史」では、有名な「イエスかノーか」に至るやりとりが中心だったが、途中で三国一朗が話題を転じようとこう聞いた。

――ところで、シンガポールを占領してからの様子はいかがでしたか。

菱刈　私ね、一つだけこういう機会に誤解を解いていただきたいと思うのは、シンガポールで戦後、中国人の大量虐殺があったということが報道されておりました。ですから私もあとですぐいって見ましたけれども、そんな大量なんてもんじゃなくてですね、虐殺なんていうものはありませんでした。私は、あれは非常な誤解であるし、また誇張された報道であると思うし、む

現在のシンガポールに建つ「日本佔領時期死難人民紀念碑」。

しろ司令部自体がそういう命令を出したこともないし、あのころの作戦、治安をやってた有名な辻政信さんですね、僕も非常に親しくしてましたが、あの人はほんとはそういう点では非常に厳格な人でしてね、そんな無茶をする人ではないと思うし、その点だけはひとつ、何かもっと資料ができたら誤解を解きたい気持ちです。(『証言・私の昭和史3』文春文庫より)

ところが同じ菱刈隆文は、戦後の一九四六年十一月に東京で行われた連合国軍によるシンガポール華僑粛清事件の証人尋問で、杉田一次中佐から聞いた話として、虐殺が行われたことを証言している。虐殺命令は「第二五軍作戦参謀より発せられ、計画したのは作戦参謀・辻政信中佐または林忠彦少佐」だと陳述している。しかも予定では五万人の中国人を虐殺するはずだったが、実際は「約半数くらいは処分した」と杉田中佐は言っていたと証言している。五万人の約半数という数字も、戦犯裁判の証言者の中では最も大きい数字である。

菱刈氏は、なぜ相反する証言をしたのだろうか……。

今となっては確かめようもない。

戦後の戦犯裁判で追及された華僑虐殺

戦後、シンガポールでは湿地帯と密林を切り拓(ひら)いて工場敷地にしたが、このとき大量の白骨が発掘されて、華僑虐殺問題が再びクローズアップされ、日本政府は六十億円余の〝供与〟でその賠償をしている。

ここで戦後の戦争犯罪裁判の速記録を見てみよう。国会図書館所蔵の『極東国際軍事裁判所速記録一―四三六号』のなかからの引用である。

一九四六年(昭和二十一)九月十日から、イギリス陸軍大佐シリル・ヒュー・ダリンプ・ワイルドによる証言が行われている。ワイルド大佐は作戦室勤務の参謀のときシンガポールで捕虜になり、戦後は戦争犯罪連絡将校に専任し、日本軍による華僑虐殺と捕虜の虐殺・虐待を証言したものである。

ワイルド大佐は、日本軍がシンガポール市内に入った二月十六日から一週間だけ、引き渡しをスムーズにするための〝連絡官〟として行動の自由を保証され、二月十九日からはじまった〝不良支那人一斉検挙〟の光景を目撃した人である。

検事 シンガポールには多数の華僑がいましたか。

証人 非常に多勢いました。大多数は英国籍であったといえましょう。

検事 彼らになにがなされましたか。

証人 支那人街の二カ所において、日本軍が軽戦車ならびに軍隊をもってその街から隔離しているのを見ました。

検事 華僑の銃殺について日本の降伏後調査しましたか。

証人 私および私の部下である将校が過去一年間調査していた問題です。

検事 日本軍により何人の華僑が殺戮（さつりく）されたと、あなたは言えますか。

証人 私は申し立てることができます。その数はたしかに五〇〇〇人を超しております。

ワイルド大佐はイギリスが降伏する三日前に、赤十字旗を掲げた陸軍病院が襲撃され、手術を受けている最中の患者と軍医が刺殺されたのをはじめ、病兵二〇〇人が銃殺されたことなどを証言している。

そして九月十六日には、日本軍側が降伏後に作製したという『捕虜調査委員会』の報告書を、証拠として提出した。

東京裁判（極東国際軍事裁判）の主任弁護人の清瀬一郎らは、真偽のほどが明確でない証拠だと抗議したが、それは読み上げられた。それによれば、日本軍はマレーのイポーにおいて入手した「抗日華僑名簿」や探偵局資料や警察署犯人名簿など、さらに救出された在留邦人の申し立てを参考に、第一次約五〇〇〇人、第二次一五〇〇人、第三次三〇〇人が検挙され、そのうち二〇〇〇人が釈放されたほかは〝厳重処断〟されたとある。

それらシンガポールにおける処刑のほか、マレー半島でも約三五〇〇人が連行されたといい、とりわけ混血児は老若男女を問わず〝敵性〟として殺害されたというのである。

バターン半島攻略戦

米比軍を過小評価した日本軍のつまずき

一九四一年十二月〜四二年四月

非武装都市宣言で首都マニラに敵はいなかった

南方作戦の最大の目的は、蘭印（らんいん）＝オランダ領東インド（現インドネシア）の石油資源を奪うことであった。大本営陸軍部は、この南方作戦を確実に進めるためには、まずイギリスが東洋支配の拠点にしているマレー半島突端のシンガポール要塞と、アメリカが植民地フィリピンのバターン半島の突端に築いたコレヒドール島要塞を攻略、奪取しなければならないと考えた。

マレー作戦に重点をおくか、フィリピン作戦に主力を注ぐかについて、開戦前の大本営には迷いがあったけれども、結局、マレー作戦が主になり、フィリピン作戦はそれを支えることになった。真珠湾奇襲、マレー・シンガポール、香港攻略作戦などなど、開戦直後の作戦が予想をうわまわる〝大戦果〟を挙げたのにくらべて、フィリピン作戦が逆に予想以上の大犠牲を払わされる苦戦に終始したのは、支作戦ということで十分な配慮がなされなかったからでもある。

フィリピン作戦にあたったのは、本間雅晴（ほんままさはる）中将を司令官とする第一四軍で、主力は第一六師団（京都）と第四八師団（台湾）、それに占領後の警備隊として編成された第六五旅団だった。

当時、アメリカの植民地だったフィリピンの攻略戦は、まずルソン島占領から開始された。攻略戦は航空攻撃による制空権の確保、次いで少数部隊による飛行場の占領、最後に第一四軍主力によるリンガエン湾上陸とマニラ占領という段階を経て実施された。その最

リンガエン湾に暁の敵前上陸をする第14軍主力。

初の攻撃は、対米英蘭戦争開戦日の一九四一年(昭和十六)十二月八日、陸海軍航空隊の空襲によってはじまった。制空権の確保が絶対だったからである。

その十二月八日と十日、台湾の基地を発進した陸軍の第五飛行集団と海軍の第一一航空艦隊機は、ルソン島北部のツゲガラオ、ニコルス、ニルソン、首都マニラのクラーク飛行場などを襲い、またたく間に米航空戦力を壊滅に追い込んでいた。

制空権を確保した日本軍は、上陸作戦を開始した。本間中将率いる第一四軍六万五〇〇〇名は、十二月十日から二十日にかけて先遣隊がルソン島とミンダナオ島に上陸した。そして二十一日には第四八師団がリンガエン湾に、二十四日に第一六師団がマニラ東南のラモン湾から上陸した。そして両師団とも小規模な戦闘を繰り返しながら、南北から首都マニラに進撃した。

一方、アメリカ極東軍司令官ダグラス・マッカーサー大将は、最初から上陸した日本軍を撃退できるとは考えていなかった。すでに十二月十二日には「マニラを明け渡し、バターン半島に撤退する」とフィリピン

のケソン大統領に告げている。そして二十四日、日本の第四八師団がアグノ河南方に迫るや、米軍はバターン半島への後退を正式決定した。同時にマッカーサーは日本軍の攻撃を封じるため、二十七日にマニラの非武装都市宣言を発表した。いわゆる「オープン・シティ宣言」である。

マッカーサー司令官によって「オープン・シティ宣言」されたマニラ市。

一九四二年（昭和十七）一月二日、第四八、第一六両師団はそろってマニラ市に入った。出迎えたのは、道端に並んだ無言の市民の鋭い視線だけだった。日本軍は気抜けするように無血占領を果たした。

本間中将と幕僚たち第一四軍首脳は、このマニラ占領によってフィリピンの主要な作戦は終わったものと考えた。本間は当日の日誌にこう記している。

「妻よ、子供たちよ、上陸以来十二日にして敵の首都を占領した。喜んでくれ。祝ってくれ」

しかし、本当のフィリピン攻略戦はこれからはじまるのである。

計算と思惑違いではじまるバターンの攻防

日本の軍司令部は、バターン半島のジャングルに逃げ込んだ敵軍などものの数ではないと判断していたが、米比軍はただ単に逃げ込んだわけではなかった。「オレンジ3（WPO3）作戦」として、開戦前から計画されていた行動に従っていたのである。それだけにバターン半島の備えも相当なものになっていた。

「当時、半島にあった物資は、WPO3作戦にそなえて緊急に集めたものだが、弾薬、三〇万ガロンの石油、潤滑油、グリースなどで、そのほか缶詰の肉や魚もあった。東海岸のリマイにはマッカーサーによって陸軍病院も建設されていた。（中略）

バターン半島は、少なくとも必要不可欠の物資だけで、六カ月の攻囲に耐えられるであろう、と思われるほどになった」（ワード・ラザフォード著、本郷健訳『日本軍マニラ占領』）

だが、これらの軍需品はあくまでも米兵中心の実戦部隊用のもので、全ルソン島の米比軍を賄える量ではなかった。

バターン半島に後退した米比軍は、米兵が約一万五〇〇〇、フィリピン兵が約六万五〇〇〇の合計約八万名で、これに後方支援の市民を含めると一〇万名を超えていた。もちろんマッカーサーの幕僚たちは、まさかこれほどの人間がバターンに後退するとは計算していなかった。食糧だけを見ても、バターンに備蓄されている量では、一〇万人ではせいぜい三十日しかもた

4月3日の「神武天皇祭」までに攻略しようと米比軍を攻撃する日本軍部隊。

ない。米比軍は早くも苦境に追いこまれていた。

一方の日本軍も、バターン半島とコレヒドール島に逃げ込んだ米比軍は、多くても四万から四万五〇〇〇名と見ていた。そのため第一四軍は占領地の治安警備を主な目的とする第六五旅団（旅団長・奈良晃中将、兵力七三〇〇名）にバターン攻撃を命じた。だが、この旅団は実戦用の火砲をほとんど持たない、いわば小銃だけの部隊だった。米比軍の戦力を、いかに甘く見ていたかがわかる。

一九四二年（昭和十七）一月十日から開始されたバターン作戦で第九連隊第二大隊重機関銃中隊長であった湯浅益夫大尉（京都市）は語る。

「本来、第九連隊は第一六師団（京都）の所属ですが、比島では奈良晃中将の第六五旅団に編成されて、第一四一連隊とともにバターン半島に入ったわけですが、そもそもこの旅団は占領後の警備隊用に編成されたもので、三〇歳を越した兵隊が多いし、装備も小銃が主で貧弱なものでした」

ところがマレー作戦の快進撃に気をよくした大本営

フィリピン攻略には陸海軍航空隊も大活躍で、空から地上部隊を援護した。

が、蘭印への進攻を予定より繰り上げたため、フィリピン作戦の主力部隊である第四八師団を蘭印攻略部隊に転用したため、バターン半島攻略を急遽、第六五旅団に変更したのである。

「甘い考えだったんですなあ。なにしろバターン半島の地理さえろくに調べておらず、二〇万分の一の地図だけが頼りだったんですから。それに六五旅団のうち現役兵がいるのは九連隊だけですから、いやでも第一線主力にならざるをえなかったんです」

こうして日米双方とも、大きな思惑違いの中でバターンの攻防戦を開始した。バターン半島は長さが約五〇キロ、幅約二四キロ、大部分がジャングルと二つの死火山によって占められている。ナチブ山（一二八八メートル）とマリベレス山系（いずれも一四〇〇メートル級）である。

情勢判断の甘さが露呈した第一次バターン攻略戦

第六五旅団はいくつかに分散して、バターン半島のジャングルに分け入った。まともな地図もなかったため、前進するだけでも困難だった。

一九四二年一月十日未明、歩兵第一四一連隊（連隊長・今井武夫大佐）の服部部隊（第二大隊）は、サマル河畔のサラウィンというところで猛烈な射撃に遭った。初めて米比軍と衝突したのだ。同部隊は一月十二日未明、夜襲をかけて敵砲兵陣地に肉薄するが死傷者が続出し、服部大隊長も戦死してしまった。このように第六五旅団はナチブ山麓の東側で激闘を続けていたが、戦線はいっこうに進展をみせなかった。本間司令官は米比軍の意外な抵抗に驚いた。しかし、まだバターン半島の本当の恐ろしさには気づいていなかった。

軍司令部は、マニラにいた第一六軍の木村支隊（兵力約五〇〇〇名）を投入した。そして一月十八日に第六五旅団とモロンで合流し、攻撃を開始したが、米比軍の抵抗と逆襲はますます激しくなってきた。

米比軍は相変わらず雨のように砲弾を降らせ、日本軍はあちこちで惨敗していた。たとえば第一四一連隊第一大隊では、約五〇名の一個小隊が上等兵一名を除

バターン半島を一寸刻みで進撃する日本軍。

き全滅していた。

鈴木敬一(すずきけいいち)さん（大阪府豊中市）は第九連隊第二大隊の上等兵だったが、バターン半島で所属の中隊が全滅し、わずかに生き残れた一人である。

「敵の強力な陣地があるナチブ山に向かったんですが、たちまちジャングルに迷いこみ、一週間も孤立して飲まず食わずでした。まったく草一切れさえ口に入れずに、散発的な戦闘を続けたんです」

ところが、ひょっこり山の中腹に出てしまい、旅団主力と向かいあっている敵の背後に回ったことがわかった。敵を発見したことにも驚いたが、同時に谷間にサトウキビ畑があることに気づいて、にわかに色めきたった。

「降りて行けば、向こうの山の敵に撃たれます。だけどサトウキビは欲しい。そこで決死隊が組織されましてね。私、こんな男ですけど、まっさきに志願しましたよ。同じ死ぬんなら、食えるだけ食ってから死のうと思いましてね」

はさみ討ちになった敵はあわてて姿を隠し、無事にサトウキビを手に入れることができたが、あまりかじり過ぎたので真っ赤な尿が出たという。

「そのサトウキビをかじっているとき、友軍機が食糧投下に来た。それまではいくら投下されても、敵との間に落ちて拾えなかったが、はさみ討ちになった敵が逃げ去った、というので来たんです」

第九連隊本部付の暗号手である広田和雄一等兵が「一片のパンも口に入れず、重ねて糧秣の投下頼む」という電報を打ったからだったのだが、このときもだいぶ敵側に流れて、結局のところ乾パン三個と金平糖半粒が配給になっただけであった。そんな配給品で腹を満たすこともできないまま、鈴木さんたちはひたすら逃げる敵を追った。

奈良旅団長はなんとか戦線の挽回をはかろうと、一月二十四日に総攻撃を実施した。玉砕覚悟の突撃であった。鈴木さんたち第九連隊第二大隊の生き残りも一月二十四日に追撃を開始し、三日後に敵のカポット台陣地に迫った。

「このとき、うちの中隊はもう五〇人になっていました。敵は山を背にトーチカを築いて、鉄条網を張りめぐらしているんですが、工兵が爆弾三勇士さながら長い爆薬筒をかかえて突進し破りました」

それっと、その突破口に殺到したが、狙い撃ちされてたちまち死体の山になる。鈴木さんたちは鉄条網の前に這いつくばったものの動けない。

味方の重機関銃などの支援はあるが、頭上すれすれに弾丸が飛ぶので、うっかり頭も上げられない。やむなく壕を掘ってもぐることにしたが、朝になって人員の点検をしたときには中隊は一四人に減っており、その夜、後退して味方に戻ったときにはさらに減って九人だった。

手島貞次さん（京都市）は、このときの九人の一人である。

「壕の中でそれぞれ名前を呼び合いましてね。神山という曹長がタバコを放ってくれたのを憶えていますが、その煙りをめがけて敵弾が飛んでくる。タバコの煙が敵弾のためにかき乱れるくらいものすごい銃撃でした」

結局、第六五旅団は敵の堅陣を突破できずに後退する。第九連隊が道に迷って迂回したことが敵の後方を衝くことになり、怪我の功名めいた結果になったが、手島さんは言う。

「武智連隊長は、のちに敗残兵に狙撃されて戦死しますが、連隊長の器やなかったんとちがいますか。〝迂回戦術〟にしたところで、敵の主力を避けるためだったともいえますし……。その前に戦死した上島連隊長も、弱い部隊ほど前に出す、先に出す人でした。これという頼りになるものを手元に置いときたいのは人情でしょうし、それが軍隊とちがいますか。で〝五中隊を前へやらせ〟が続いて、終わりですよ」

手島さんに軍隊不信を植えつけたのは、次のようなこともあったからだった。将校のなかには、砲撃で自分の身が危うくなると、

「おい、お前ら、人垣を作れ。おい、お前は俺の上に乗れ！」

という人物もいたのである。

ともあれ、ここでようやくナチブ山麓東方の敵陣地を突破することができた。しかし、旅団の力はもう限界だった。すでに死傷者・戦病者は全体の三〇パーセントを超え、作戦遂行能力を失っていたからである。

二月八日、第一四軍司令部はサンフェルナンドの戦闘司令所で今後の方針を検討した。本間司令官は「増援到着を待ち、攻撃再興」の決を下した。そして第一四軍参謀長の前田正実中将は、大本営と南方軍に対して戦況を報告した。

「軍においては茲に血涙を呑みて現在の態勢を整理し、暫く戦力増強を図り、爾後の攻撃の再興の場合に備ふると共に併せて情勢の推移に応ずる適当なる施策を講ずる様決せらるるに至りし次第なり」

これが俗にいう「第一次バターン攻略戦」であった。

鈴木敬一さんは言う。

「戦死者を焼く余裕がないから、小指を切りとって携行燃料で燃やし、その骨を空き缶に入れて首から下げて、上から下まで血だらけのボロボロで後退すると、前へ出ろ出ろと追いあげられる。なんや、死なな帰してもらえんのかい、と思いましたな」

日本軍に降伏し、悲壮な面持ちで日本軍将校の尋問を受ける東部地区隊司令官キング少将（左から2人目）。

そう、兵隊はつねに消耗品なのであった。前線へ前線へと追いやられた第九連隊は、こうして死体の山を築くことによって〝名誉を挽回〟していったである。

攻略後に起きた惨劇「バターン死の行進」

第一四軍の報告を受けて、大本営と南方軍は本格的にバターン方面の戦力を増強した。第四師団と永野支隊（第二一師団の一個連隊基幹）が増派され、補充兵として約四五〇〇名がリンガエン湾から上陸した。これでルソン島の総兵力は約五万名にふくれあがった。

砲兵部隊も増強された。バターンに集められた火砲は一九〇門。これは第一次攻略戦で使われた火砲の二倍以上である。また、当時砲兵の最高権威と目されていた北島驥子雄（きたじまきねお）中将にその指揮を執（と）らせることにした。そして四月三日、第二次バターン攻略戦が開始された。

「午前九時、私の指揮下にあった大小一二〇門の火砲は、いっせいに火蓋（ひぶた）を切って、まず効力射準備射撃をはじめた。十時ちょうど、各部隊の破壊射撃が開始された。時刻の進むにつれて、だんだんと命中精度は確

日本軍に投降してきたおびただしい米比軍の群れ。

実となり、発射速度も増してきた。殷々たる砲声と轟々たる爆音が、思う存分ナチブ山系を震撼し、サマットを中心とする敵陣地一帯は、刻々一大修羅場に変わりつつあった」（北島驥子雄著『香港攻略とバターン攻略戦』）

これは陸軍はじまって以来の大規模な集中砲撃であった。午後になって砲撃はさらに激しさを増し、その効果のもとに歩兵部隊は攻撃前進を重ねていった。

「今日はいままでと全然ちがい友軍の独壇場で、敵砲兵は沈黙したままである。（中略）双眼鏡で見ると、突角陣地の敵兵は浮足立って逃走している者もいる。敵陣地に対する爆撃も効果的で、威勢のいいことこの上もない。戦闘は勢いであることを強く感じた。これまでの苦労も吹き飛んだ気持ちである」（中西泰夫著『奈良兵団バターン攻略戦の苦闘』）

米比軍が積極的な抵抗を見せたのは、攻撃再開初日の四月三日くらいだった。日本軍は天長節（四月二十九日）までにバターン制圧を目標に掲げて次々と敵陣地を奪い、一週間後には半島のほとんど南端まで米比軍を追い詰めていた。その日本軍の前に、エドワード・P・キング少将の東部地区隊が突然、白旗を掲げてきた。四月九日であった。このとき、第六五旅団第九連隊の鈴木敬一上等兵も最前線にいた。

「最初の投降軍使を捕まえたのは私です。何とかいう名前の中尉やった。朝の六時ごろ五人で路上斥候に出されて、マリベレスへあとわずかというところまで歩いたとき、白旗を掲げたジープが来て、『本部はどこか?』と聞く。私は飛び上がって喜びたい思いを後回しにして、もうすぐ本部が来るから待っとれと言うたんです」

立命館大卒のインテリである鈴木さんは、英語で応答した。そして、ようやく「戦争が終わった!」と叫びあって、戦友と一緒に飛び上がって喜んだという。

だが、西海岸方面にはまだ無傷の米比軍が残っている。ところが四月十一日には、そのアルバート・M・ジョーンズ少将の西部地区隊も降伏してきた。米比軍の組織的抵抗は終わったのだ。日本軍は米比軍最大の陣地マリベリス山の頂上に立ち、日の丸を掲げて「万歳」を叫んだ。

コレヒドール島のマリンタ・トンネルで、キング少将の降伏を知らされた最高指揮官のウェーンライト中将は、副官に「降伏してはいかんと言え」と言ったが、もはや遅かった。

米比軍は各陣地で投降を続けた。その数は予想をはるかに超えて七万六〇〇〇名近くにのぼり、市民・婦女子も含めると一〇万名にもなった。このとき独立自動車第三八大隊の主計中尉としてバターン攻略戦に参加していた大山正五郎（おおやままさごろう）さん（栃木県足利市）は、米比軍の投降を目撃し、その数の多さに驚いた。

「出てくるわ、出てくるわ。ジャングルの中から引きもきらず投降してくるんですわ……」

しかし、彼らの表情に敗残兵の卑屈さはなかった。鈴木敬一さんと同じ第九連隊にいた手島貞次さんは、

「彼らは投降してきても傲然（ごうぜん）たるものでね、負傷兵や将校を真ん中に入れて、ダッ、ダッ、ダッ、ダッと行進してきた」という。

バターンが落ちたら、いよいよコレヒドール攻略で

あるが、そのためにはこれら捕虜を後方に送らなければならない。

マリベレスに集結した捕虜を、八八キロ離れたサンフェルナンドに送ることになった。最初、日本軍は自動車による輸送を計画した。しかし、コレヒドール攻略優先で、その自動車はない。日本軍は徒歩で行かせる決定をしたのである。フィリピンの四月は真夏で、

フィリピン攻略戦に従軍した大山正五郎中尉。

炎天下は四〇度を超す。しかも捕虜は飢えに耐えかねた連中であり、負傷兵も少なくない。そのうえ四分の三はマラリアに苦しめられていた。

だが徒歩による移動は強行され、これが〝死の行進〟となるのである。

「三カ月半におよぶ籠城（ろうじょう）で、すでに体力の限界にきていた。食糧は日本軍でさえなく、六五旅団からも行き倒れが出てるくらいだったしね。

私はアメリカ兵の水筒を取りあげて、空き缶しか持っていないフィリピン人に与えたことがあった……」

（手島貞次さんの話）

「われわれは捕虜の虐待なんかせん。よく降参してくれたと、感謝する気持ちが強かった。それを後方部隊がひどい目にあわしたんだ」（鈴木さんの話）

そして、広田和雄さんもこういう。

「捕虜に直接タッチしなかったからわからないけど、別にことさら虐待しているようじゃなかった。私はバスでマニラへ戻ったが……」

捕虜七万六〇〇〇人のうち、収容所にたどり着けた

「死の行進」となった、徒歩でサンフェルナンドに送られる捕虜たち。

この写真は軍医と思われる日本人が撮影したものだが、捕虜たちのサンフェルナンド行きは「死の行進」のイメージとは逆に、かなり自由な雰囲気も見られる。

のは、五万四〇〇〇人であった。そして、難民や住民にいたっては、その数字さえつかめていない。

取材後、大山正五郎さんはこのときの模様を、太平洋戦争研究会宛に次のような手記を寄せくれた。

——いずれも骨と皮ばかり、よろよろと一歩歩いては倒れ、二歩歩いては倒れて、この行列は一刻も休みなく、十五日間も私の前を通ったのです。

炎天下四〇度のアスファルトの路上、ついに力つきて動けなくなった人々の群れが三々五々、道路の側に死を待つばかりで、遠く地平線の彼方までつづいていたのです。トボトボと歩く人々のなかに、いたいけな幼女が素足の足首から血をだしているのを見ても、クツもホータイも与えられません。

ある日、五人連れの家族がたどりついて休ませてくれといい『キャプテン、ケースが欲しい』と父親らしい男が頼みます。段ボール箱を一個与えて、何に使うかと見れば、ああ、惨たり、末の女児が絶命。それを入れて出た夫婦が埋葬より戻れば、ああ、惨たり、次男絶命したり、長男正に落命寸前。

必死の注射の甲斐もなく、やがて長男も他界せり、だれかこの惨状に泣かざらん。三児の落命を呆然と座してながめるばかりの両親は、やがて翌朝そのやせおとろえた身を助けあいつつ、またトボトボと果てしない途を歩いで行ったのでした――（以下略）。

　飢えと疲労の重なった捕虜にとって、炎天下の行軍は苛酷だった。この行軍の途中で米人将兵二三三〇名、フィリピン人将兵一万六〇〇〇名が死亡したという。この中には日本軍に虐殺された者もいたといわれる。

「死の行進」の実態は、護送中に脱出し、オーストラリアに逃げ延びた米兵によってマッカーサー司令部に報告された。戦後、第一四軍の本間司令官はこの責任を問われ、米軍によるマニラの戦犯裁判で死刑となった。

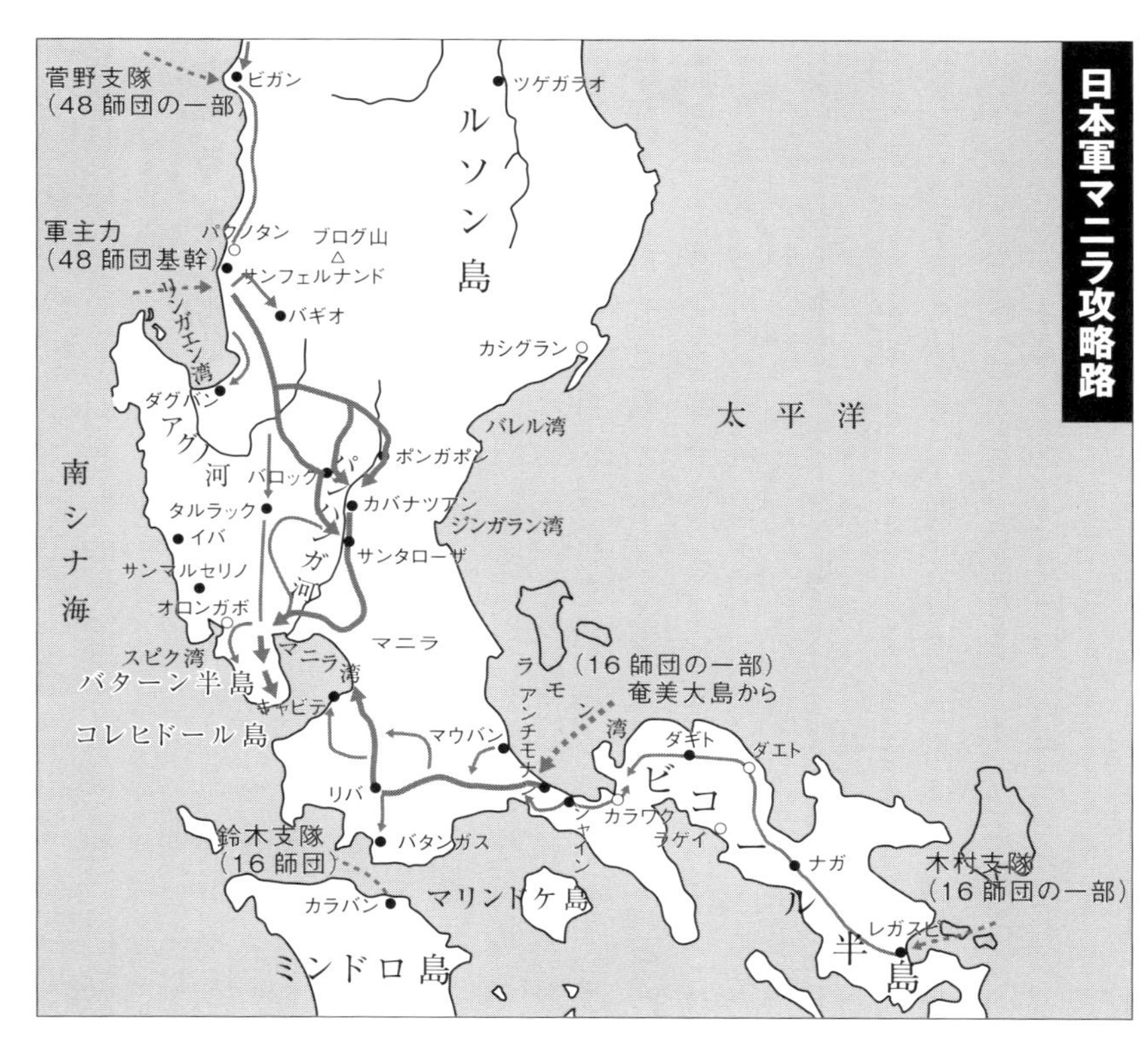

コレヒドール島の激闘　一九四二年四月〜五月

日本軍の猛砲撃でとどめを刺された地下要塞の米比軍

米比軍の最後の砦、要塞の島コレヒドール

バターン半島の先にオタマジャクシの形をした島が浮かんでいる。これがコレヒドール島である。長さは六キロ、幅は最大でも二キロに満たない小島である。岩盤でできている島には、マニラ湾に侵入する外敵を阻止するための巨大な要塞が造られていた。スペイン統治時代からのもので、アメリカとスペインが戦った米西戦争でアメリカに割譲されてからも、その役割は変わらなかった。

米軍は第一次世界大戦前後にかけて地下発電所を設け、一〇〇を超える部屋を持つ巨大な地下室を造成、

長いトンネルを掘削して電車まで走らせた。さらに洞窟内には三〇センチカノン砲八門、三〇センチ榴弾砲（りゅうだんほう）一二門、二五センチカノン砲二門、二〇センチカノン砲一門、一五センチカノン砲二〇門、その他二〇数門の大小大砲を備えていた。隣の小島フライレ島も一六インチ砲四門を備えた「不沈軍艦」だった。

日本軍がバターン半島を攻略したとき、コレヒドール島にはウェーンライト中将のもとに約一万五〇〇〇名の米比軍将兵が籠城していた。米比軍司令官であるマッカーサーとその幕僚たちは、すでに米大統領命令で三月三十一日にコレヒドールを脱出し、オーストラリアにたどり着いていた。ウェーンライトはその〝留

要塞に立てこもる米比軍の攻撃のなか、コレヒドール島に敵前上陸する日本軍。

陥落したコレヒドール要塞を点検して回る日本軍将兵の面々（大山正五郎氏提供）。

守司令官〟と言ってよく、急遽、少将から中将に進級させられて、マッカーサーの後任司令官に任命されていた。言ってみれば、留守司令官である。

日本軍が攻略する直前、コレヒドール要塞を脱出してオーストラリアに逃れたマッカーサー大将（左）とフィリピン大統領のマヌエル・ケソン。

ウェーンライト中将と本間中将の降伏会見は5月6日午後6時15分から、バターン半島東海岸のカブカベの丘にある民家で行われた。左から2人目がウェーンライト、右側手前から３人目が本間中将。

日本軍の猛砲撃で米比軍ついに白旗を掲げる

日本の砲兵部隊は一九四二年（昭和十七）四月十四日、バターン半島のマリベレス山腹に一二〇門の砲列を敷いて、約一〇キロ先のコレヒドール島への砲撃を開始した。同島からの応戦も活発で、とりわけ三〇センチ重砲の威力は大きかった。約一週間続いた砲撃合戦では優劣がつかなかった。

四月十九日、日本軍の二四センチ重砲の徹甲榴弾八発が砲台の弾薬庫に命中した。弾薬庫は大爆発を起こし、砲撃戦は日本側に有利に展開しだした。そして二十四日には、兵舎の屋根に掲げられていた星条旗に命中させる砲撃戦を行うほど余裕が生まれていた。旗は実際に撃ち落とされたが、米兵の一人が屋根によじ登って旗を再び掲揚するという一幕もあり、アメリカのマスコミはこれを大きく取り上げて愛国心を煽ったという。

コレヒドールの地下要塞から姿を現し、降伏する米比軍の将兵。

天長節（天皇誕生日）の四月二十九日から、日本軍は一段と砲撃を強めた。さらに砲撃

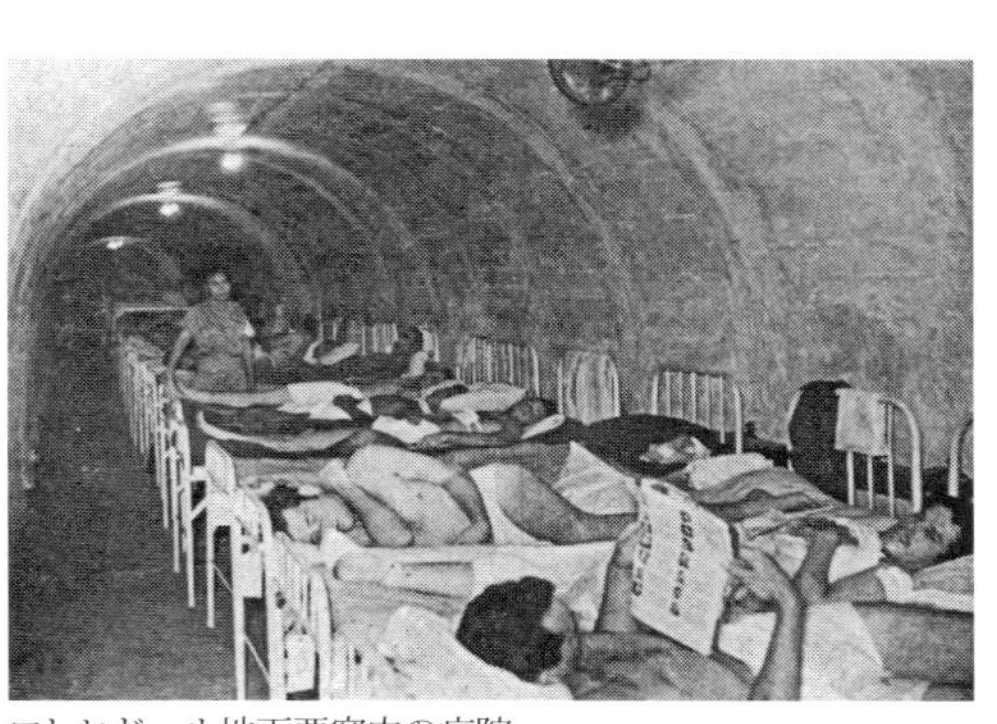

コレヒドール地下要塞内の病院。

陥落したコレヒドールの巨大な要塞砲（大山正五郎氏提供）。

の合間には爆撃機が空から陣地を攻撃した。そして五月二日には五時間にわたって三六〇〇発を砲撃、その一発が再び弾薬庫に命中、大爆発を誘発した。マリベレスの砲兵陣地から眺めると、島全体が爆発したのではないかと思われるほどだった。

五月五日の夕方、日本軍は猛烈な砲爆撃の効果を期待して、第四師団の約三〇〇〇名が同島尾部に敵前上陸を敢行した。ところが壊滅状態かと思っていた米軍が猛反撃を開始し、日本軍は約九〇〇名の死傷者を出した。大きな砲台はほとんど破壊されていたが、上陸地点の小火器拠点には健在なものが多かったのだ。しかし、日本軍はそのまま突撃戦を続け、一〇〇〇名規模の米軍と混戦状態に陥った。

だが、米本国からの救援をまったく期待できない地下要塞内の米比軍は、もう限界を超えていた。翌五月六日正午過ぎ、突然、白旗を掲げた軍使が日本軍の前線に現れ、あっけない幕切れとなった。そして七日夜、ウェーンライト中将はラジオを通じて、フィリピン全土の米比軍へ日本軍に降伏するよう呼びかけた。

香港攻略戦

一九四一年十二月

幻の「大要塞」を突破した日本軍、開戦十八日後に降伏したイギリス軍

開戦前にも検討されていた香港占領作戦とは

香港は清国（中国）との阿片戦争の勝利によってイギリスが獲得した植民地で、一八九八年（明治三十一）に清国との条約により九龍半島を含む一帯がイギリスの租借地（九九カ年間）となっていた。

日中戦争の勃発により、日本と米英との関係が悪化しはじめると、イギリスは香港の防衛態勢の強化に乗り出した。特に中国と接する九龍半島の〝国境〟沿いには強固な要塞が築かれた。要塞の構造、大砲やトーチカの配置は最高の軍事機密であったから、その全貌はつかめなかった。ただ強固に防御された〝難攻不落の堅陣〟であるとの噂だけは広まっていた。

太平洋戦争がはじまる約一年半前の一九四〇年（昭和十五）七月ごろ、日本軍は日中戦争を打開する方策のひとつとして、香港攻略をまじめに検討していた時期がある。香港もシンガポールと同じく海側からは攻めにくく、攻略するには必然的に陸側、難攻不落と名高い九龍要塞を突破しなければならない。このとき陸軍は、二四センチ榴弾砲などを装備している砲兵部隊による砲撃で九龍半島を叩き潰し、占領する作戦を考えた。このために編成されたのが北島驥子雄中将の指揮する第一砲兵隊だった。第一砲兵隊は九龍半島の立体地図をつくり、何度もシミュレーションを繰り返し

て開戦に備えた。

しかし一九四一年に入ると、イギリスと開戦すればアメリカとの戦争を引き起こしかねないという懸念が高まり、香港攻略は沙汰止みとなった。ところが一年もしないうちに、日本は当のアメリカと戦争する覚悟を固め、香港攻略戦は開戦と同時に実施されることになったのである。

香港攻略を担当したのは陸軍の第二三軍（司令官・酒井隆中将）で、第三八師団（師団長・佐野忠義中将）のほか、北島中将率いる第一砲兵隊基幹の部隊が二四センチ榴弾砲八門、一五センチカノン砲一六門を含む一八五門の火砲を並べて加わった。陸軍の総兵力は約四万名で、海軍の第二遣支艦隊（司令長官・新見政一中将）が支援に当たった。

あっけなく陥落した「難攻不落」の九龍要塞

一九四一年十二月八日午前三時、日本の陸軍部隊は中国側から国境を越えて九龍半島への進撃を開始した。まず砲兵が要塞を叩いたのちに歩兵部隊が前進する計

香港に爆撃を加える日本の陸軍航空隊。上陸に先立ち港や砲台といった軍事施設の破壊をめざした。

日本軍の爆撃で黒煙を上げる中を香港の港に突入する海軍陸戦隊。

画で、第一砲兵隊はいったん香港攻略が断念されたあとも、香港~中国国境付近に展開して香港封鎖の任に当たっていた。だから前面を阻む九龍半島の地形は「自分の箱庭」のように熟知していた。部隊が大きいので砲弾の集積や砲撃準備に時間がかかるため、九龍要塞に対する本格的な戦闘は一週間後を予定していた。開戦前、九龍半島にあるイギリス軍のトーチカは一五五カ所に上ると伝えられていた。そこで、まずトーチカを徹底的に砲撃し、そのあと歩兵部隊が突撃する作戦を練っていた。

その間、第三八師団の各部隊は総攻撃のために要塞に向かって前進したが、佐野師団長は血気に逸った攻撃を戒め、敵の主陣地へは師団命令がなければ攻撃してはならない、斥候以外は敵に近づいてはならないと厳命した。無秩序な戦闘は歩兵部隊の全滅を招きかねないと考えていたからである。

しかし前線の部隊は隙あらば独力で要塞を攻略しようと躍起になっていた。そして近づいてみると要塞の防備は戦前に語られていたほど強固ではないことがわかった。またトーチカの数もそれほど多くないことが分かってきた（香港占領後、予想の約四割と判明）。

十二月九日夜、第三八師団麾下の歩兵第二二八連隊の土井定七連隊長は城門貯水池南側にある二五五高地への夜襲を命じた。そして十日午前二時三十分までに第一〇中隊が二五五高地の司令塔、トーチカを奪取した。この間、第三八師団司令部は土井連隊長に対して再三攻撃中止と撤退を命じていたが、夜襲が成功したことで土井連隊長の行動を追認せざるを得なかった。

もっとも連隊長が師団命令を結果として無視し続けた事実は問題となり、第二三軍に対する説明にも窮することから、第一〇中隊長の若林東一(わかばやしとういち)中尉が斥候として前進したついでに「独断専行」して要塞を奪取した、ということにされたという。

ともかく、たった一度の夜襲によって、「難攻不落」と噂された九龍要塞はもろくも崩れ去った。一年以上も要塞攻略の準備に励んでいた第一砲兵隊が、一発の砲弾を撃つこともなく戦闘は終わったのである。

クリスマスに降伏した香港のイギリス軍

九龍半島を制圧した第二三軍は、ただちに香港島攻略の準備に入った。そして攻撃開始に先立つ十二月十三日、日本軍は香港のマーク・ヤング総督にイギリス

日本軍は1941年12月13日と17日に香港のイギリス軍に降伏勧告をした。写真は17日の２回目の降伏勧告をする日本軍軍使。

軍の降伏勧告書を手渡した。しかしヤング総督は「日本軍の香港上陸決行前に降伏するがごときは、大英帝国の面目が許さない」と一蹴（いっしゅう）した。イギリス軍守備隊は約一万二〇〇〇名の兵力で、六カ月は抵抗する予定だったという。

翌十二月十四日から第一砲兵隊は砲撃を開始した。砲撃は九龍半島に対面している海岸要塞に、三日間で約二〇〇〇発を浴びせかける。しかし、その裏側、南側海岸沿いの砲台はほとんど無傷だった。航空隊による爆撃も行われた。そして十二月十七日になって、再び酒井軍司令官と新見司令長官の連名による降伏勧告が行われた。しかしヤング総督はこのときも勧告を受け入れなかった。

十二月十八日午後八時五十分、日本軍の香港島上陸作戦が開始された。第二二八連隊、第二二九連隊、第二三〇連隊が香港島北東部に三方向から上陸したのち、時計回りに旋回して香港市街をめざした。イギリス人、カナダ人、インド人らの部隊から成る約一万二〇〇〇名の香港島守備隊に、現地の志願兵などによる民兵部隊も加わって防衛戦を展開した。兵力は少ないものの、イギリス軍の士気は旺盛で、各所で日本軍と激しい戦闘を繰り広げた。

十二月十九日、第二三〇連隊はニコルソン山の要塞を攻撃したが、重機関銃、一五センチ榴弾砲などで猛反撃を受けた。この日の戦闘だけで、日本軍の死傷者は六〇〇名にのぼった。

一方、第二二八連隊は二十二日の夜、金倫馬山で七回の逆襲を食らった。激烈な手榴弾戦が展開され、イギリス兵の投げた手榴弾を拾って投げ返すという場面もあった。そして二十四日夜に第二三〇、第二二九の二個連隊で、香港島南東の赤柱半島の要塞攻撃を開始した。この半島の要塞地帯に籠る部隊は精強で、日本軍の攻撃を跳ね返し続け、日本軍は遂に赤柱半島要塞を占領できなかった。

戦線は膠着（こうちゃく）状態に陥った。赤柱半島の攻略に手間どったため、第二三軍は「十二月二十五日に香港市街への総攻撃」を予定していたが、二十六日に延期しなければならなかった。ところが二十五日の午後五時、ヤ

香港を攻略後、市内に入城する第23軍司令官酒井隆中将（先頭）と第２遣支艦隊司令長官新見政一中将。

ング総督と守備隊指揮官のＣ・Ｍ・マルトビー少将が降伏を申し出てきた。英軍の士気は衰えていなかったが、激戦の末に黄泥涌水源地を日本軍に奪われたことで香港市街は水不足を来し、住民の脱出がはじまっていたのである。

同日夜、停電中のペニンシュラホテル三階の一室で、ロウソクの明かりに照らされて降伏文書への調印式が行われた。日本軍は攻略にはおよそ一カ月程度かかると考えていたが、開戦から十八日目で香港は陥落したのだった。

香港攻略戦での日本軍の損害は、戦死六三八名、負傷者一四一三名であった。一方のイギリス軍の死傷者は四四四〇名を数える。

当時の日本の有力新聞は〝英の牙城潰ゆ〟と大見出しを付け、次のように書いた。

「イギリスがその領有百年祭を盛大に祝って間もない香港は遂に帝国の手に帰して、大英帝国アジア制覇の野望は、ここに完全に打ち砕かれ、米英の支那大陸における最後拠点は完全に追い払われた」（読売新聞

ビルマ攻略作戦

援蔣ルートを遮断せよ！英印軍を圧倒した日本軍の快進撃

一九四二年一月〜五月

強力な英印軍を翻弄して進む日本軍

一九四一年（昭和十六）十二月二十一日、大本営はイギリスの植民地ビルマ（現ミャンマー）の攻略を第一五軍（司令官・飯田祥二郎中将）に命令した。その目的は、唯一残されていた〝援蔣ルート〟のビルマ公路を遮断することだった。

日中戦争が開始されてすでに四年半。しかし、蔣介石の指導する中国軍は粘り強い抵抗を続け、なかなか屈伏しようとはしない。日本軍はそれを「アメリカ、イギリスが物心両面にわたって強く支援しているからだ」と見ていた。ビルマ公路とは、首都ラングーン（現

タイとビルマの国境を越えて、密林の中のいわば「象の道」を通ってラングーンをめざす日本軍。

ジャングル地帯を象に乗って前進する日本兵。

ヤンゴン）に物資を陸揚げし、北上してマンダレー〜ラシオを経て中国・雲南省に入るルートである。日米開戦当時、このビルマ公路を通じて一カ月に一万五〇〇〇トン、一〇トントラックで一五〇〇台分の軍需物資が昆明に運ばれていた。

さらに一九四一年七月、アメリカは蔣介石の要望に応じて、予備役軍人による合衆国義勇軍航空隊（フライング・タイガース）を結成、ビルマと中国の国境地帯に派遣している。雲南省上空を戦場として、日本軍とこのアメリカ軍はすでに一触即発の状態になっていたのである。

そして日米はついに開戦し、戦いの火蓋（ひぶた）は切って落とされた。だがビルマ攻略を命じられた第一五軍は、このときビルマに駐留する英印軍（イギリス兵とインド兵で編成された植民地軍）に対抗できるだけの兵力は持っていなかった。なにしろ中国に八〇万名、満州に関東軍七五万名、計一五五万名が中国全土に釘付けになっているのだ。日本軍にビルマ方面に十分な兵力を送り込む余裕はなかったのだ。

そこでビルマ進攻に当たって、日本軍はビルマの「反英独立運動」を利用しようと考えていた。詳しくはのちに触れるが、日本軍はビルマ人の手でイギリス軍を追い払い、その後に進攻しようとしたのである。

飯田祥二郎中将率いる第一五軍の第三三師団と第五五師団が、タイ国の国境を越えてビルマへ進攻したのは一九四二年一月半ばであった。タイ・ビルマ国境には道路がなく、ラーヘン、メソートあたりから、いわば〝象の道〟を通っての進入だった。

両師団はサルウィン河（怒河）、次いでシッタン河を越えて首都ラングーン（現ヤンゴン）の占領をめざした。第五五師団がモールメン攻略を経て南方寄りから、第三三師団がより北方寄りから並進するかっこうで進撃した。

第五五師団がモールメンで、第三三師団はパアンでそれぞれ英印軍と戦闘を行った。英印軍はM３戦車を押し立ててやってきた。その一五センチ装甲は日本の両師団が持つ七センチ半山砲弾を跳ね返したという。両師団は兵器のギャップを夜襲と肉弾戦で補い、逆襲して突破に成功した。

こうしてサルウィン河を渡った両師団は、まだ英印軍の制空権下、ほとんどを夜間行軍のみでシッタン河に達した。そこには戦車・装甲車を連ねる強力な英印第一七師団が待っていた。日本の両師団は正面からの戦いを避け、包囲・夜間機動・迂回・奇襲といった戦術を巧みに組み合わせて、敵を翻弄しながら敵陣を突破、シッタン河を渡った。

ビルマ独立義勇軍を利用した日本軍のビルマ攻略戦

シッタンからラングーンまではおよそ一〇〇キロ。ラングーン突入は第五五師団の担任となった。第三三師団は大きく迂回して、ラングーン～プロームを結ぶプローム街道からラングーンへ進撃した。進出が伝えられる中国遠征軍（重慶軍）の動きを牽制するためだった。

一九四二年三月四日、第五五師団はペグーで戦車・装甲車一〇〇台を連ねる約五〇〇〇名の英印軍と激闘

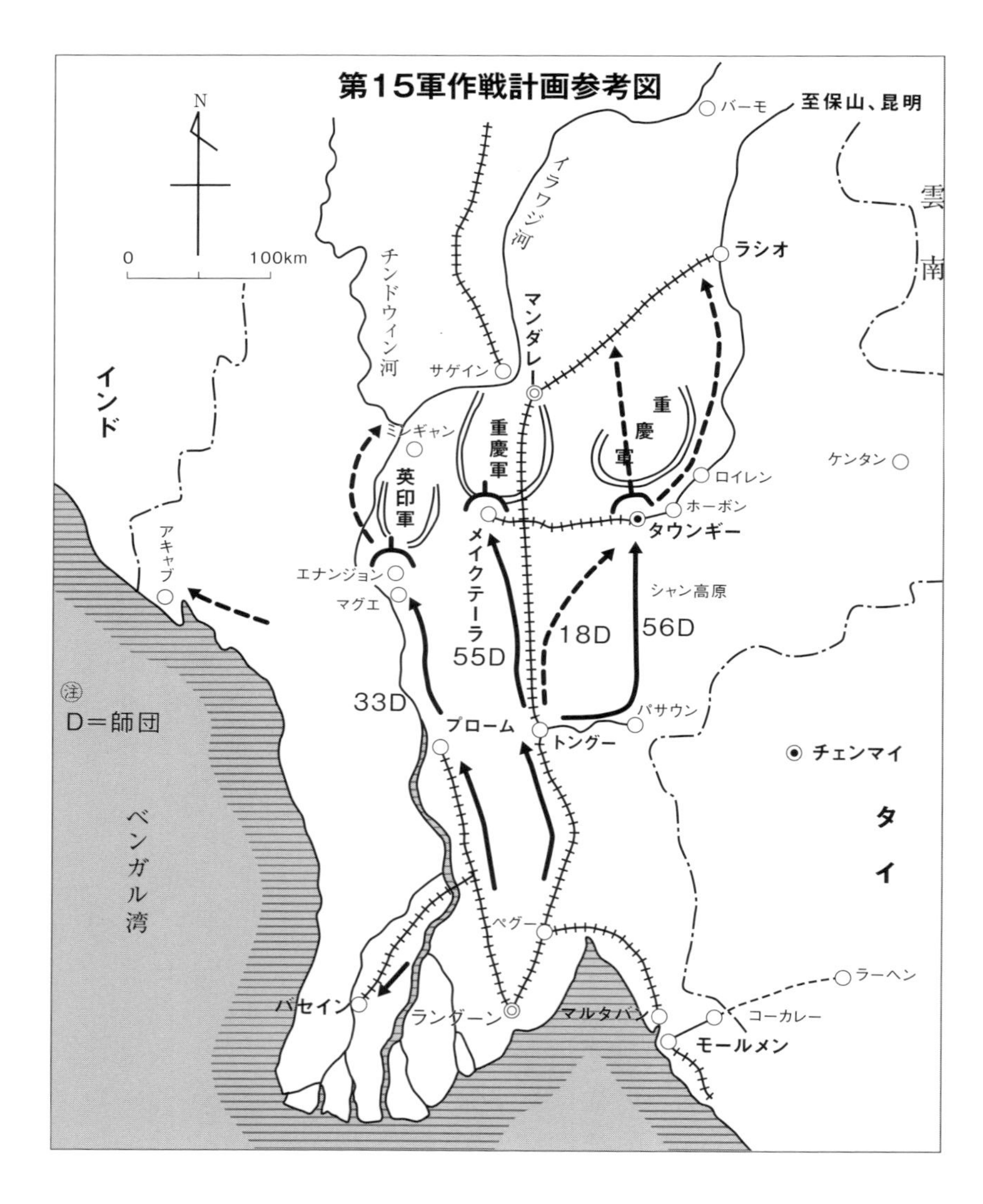

になった。対戦車速射砲中隊がいくら射撃しても、その三七ミリ砲弾はM3戦車の装甲を貫通しない。そこで山砲を最前線に配置し、至近距離から戦車のキャタピラを砲撃して破壊しつつ肉薄攻撃を繰り返し、四日目の七日夕方、ようやく占領した。

第三三師団はペグーで第五五師団が苦戦に陥

戦友の遺骨を抱いてラングーンに入城する日本軍。

っている間も、わき目もふらずにラングーンをめざした。ラングーンさえ占領してしまえばなんとかなると、第一五軍司令部は考えたのだった。そして三月七日、第三三師団は目的のラングーンに到着し、翌八日に飯田軍司令官も入城した。約三万名ともいわれていた英印軍はすでに退却して姿は見えず、無血占領となった。ペグーで精鋭軍が敗れたことが、退却の大きな要因と言われている。

日本軍はそれまでの進撃路ではもちろん、ラングーンでも市民の大歓呼をもって迎えられた。それは、日本軍とともにオン・サン（アウン・サン。現在のミャンマーのスーチー女史の父親）を指揮官とする「ビルマ独立義勇軍」も一緒に入城してきたからである。

ビルマ独立の運動家約三〇名をビルマから脱出させ、日本軍占領下の中国・海南島で軍事訓練を施していたのは、鈴木敬司大佐を長とする南機関（日本の秘密工作機関）だった。独立を与えるという名のもとにビルマで軍事活動に従わさせ、日本軍の作戦を有利に展開させようという一種の謀略だった。

しかし、ビルマ人たちは「独立のため」と掛け値なしに日本軍の言うことを信じ、道中、日本軍の進軍に合わせて義勇軍を募りながらラングーンまでやってきたのである。おかげでバンコクを出発したときはわずか二〇〇名ほどだった義勇軍は、ラングーン入城時には五〇〇〇名もの大軍勢になっていた。そして、これがのちのビルマ国軍の中核部隊となった。

しかし、日本軍のビルマ攻略の真の目的は、ビルマ

日本軍とともにラングーンに入城したビルマ独立義勇軍は、市民の熱烈歓迎を受けた。

独立を助けるためではなく、冒頭にも記したように蔣介石軍（重慶軍）に対する援助ルートを遮断し、マレー・シンガポールに対する西方からの反攻を封じるためであった。

トングーで重慶軍と激闘を展開

ラングーン占領を機会に南方軍は第一五軍の戦力を強化し、全ビルマの攻略占領をめざした。シンガポール攻略を成し遂げた第五六師団と第一八師団のほか、戦車、重砲、工兵部隊を続々とラングーンに送り込んだ。第五飛行師団も二五〇機をもって作戦に協力することとなり、その総兵力は約一〇万名となった。

作戦は一九四二年三月下旬に開始された。当面の目的は、マンダレー付近に集中している英印軍と重慶軍（米中軍）を包囲殲滅（せんめつ）することに置かれた。第五五、第一八師団をマンダレー街道沿いに、第三三師団をイラワジ河沿いに、第五六師団をシャン高原方面に進撃させてタウンギー付近を攻略し、ラシオを衝（つ）くというのが作戦の概略である（地図参照）。

マンダレー南方地区における第15軍司令官飯田祥二郎中将と幕僚たち。

こうした意図のもとに開始された直後に、トングー（ラングーン～マンダレーの中間）で最初の大きな衝突があった。迫撃砲を多数そろえた重慶軍第五軍（軍司令官・杜聿明）の第二〇〇師（師団相当）の進撃を阻止しようとしたのだった。亘砲と爆撃機を動員した第五五師団の攻撃は三月二十六日から始まった。しかし、丘陵地帯に幾重にも築いたトーチカにたてこもる重慶軍は一歩も退かない。そこで第五五師団は、地下坑道を掘り進み、トーチカの下にもぐり込んでは爆破するという難戦を繰り返した。

三月二十八日、三日前にラングーンに到着したばかりの第五六師団捜索連隊が駆けつけ、戦いに加わった。そして二十九日夜明けから師団の全火砲をシッタン河東側のトーチカ群に集中し、血路を開こうとした。攻撃は終日続き、その日の夜にようやくトングー橋に進出した。

翌三月三十日、トングー市に突入。時を同じくして工兵部隊はトーチカの徹底的爆破を実施した。こうしてようやくの思いでトングーを攻略占領したのだった。

マンダレー南方約200キロにあるエナンジョン油田を攻略する日本軍。

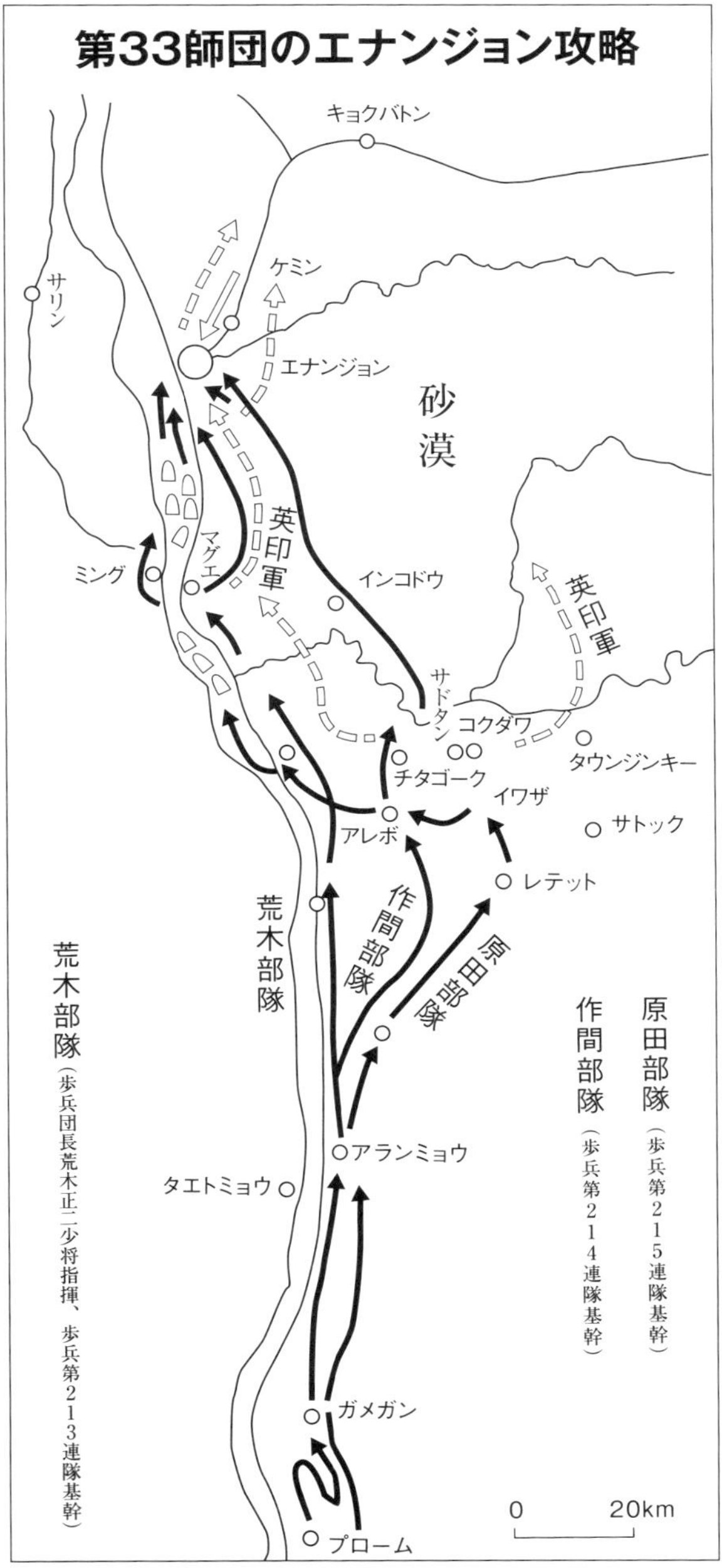

この五年、中国大陸で対戦してきて弱いとみなしてきた中国軍も、正規の兵器で武装すれば、日本軍と対等に渡り合えるということを、日本軍が初めて実感した戦いだった。

こうしてトングーを破り、第三三師団がプローム北方のシュエダウンで、戦車三〇輛、火砲二〇門、車輛二〇〇輛という英印軍第七機械化旅団を撃破した。さらに第五飛行師団がマグエ航空基地やアキャブ飛行場を襲って航空勢力を激減させるなど、マンダレー包囲網を次第に縮めていった。

第33師団のエナンジョン攻略

キョクバトン
ケミン
サリン
エナンジョン
砂漠
英印軍
ミング
マグエ
インコドウ
英印軍
サドタン
コクダワ
タウンジンキー
チタゴーク
イワザ
アレボ
サトック
レテット
荒木部隊
作間部隊
原田部隊
原田部隊（歩兵第215連隊基幹）
作間部隊（歩兵第214連隊基幹）
荒木部隊（歩兵団長荒木正二少将指揮、歩兵第213連隊基幹）
アランミョウ
タエトミョウ
ガメガン
プローム
0　20km

中国軍の戦意を喪失させた第五六師団の突進

第一五軍の予定していたマンダレー包囲殲滅戦（マンダレー会戦、略してマン会戦とも）は四月二十日、ロイコー、ヤメセン、エナンジョンの線から攻撃を始めるというものだった。

その三地点の一つロイコーは、第五六師団の担任だった。トングー攻略に協力した同師団は、一五〇キロ北方のロイコーをめざした。四月十六日、ツウチャンの有力な重慶軍を攻撃した。同時に退却する敵を追い越すかのような速さで急進撃を始めた。

同師団は第五、第四八師団とともに、歩兵部隊も自動車で移動するという日本には三つしかなかった機械化師団だったが、その足を活かしてロイコーはもとより遠くラシオまで突っ走り、マンダレー付近に布陣している重慶軍の退路を絶とうとした。

第五六師団は途中の小部隊とは交戦を避け、敵陣の中を強行突破し、四月十九日、ロイコー南方一〇キロに達した。これによって重慶軍第五五師を完全に追い越し、退路を塞ぐことに成功した。

四月二十日、いわゆる「マンダレー会戦」開始となったが、師団はさらに休むことなく一日一二〇キロのスピードで北進し、その先遣部隊は四月二十九日にラシオに達し、同地を占領した。その間、できるだけ敵軍との交戦を避け、ひたすら先を急ぐという珍しい戦法だった。もちろん必要に応じて敵陣地攻撃は行った。たとえばモンパイという所では、付近の重慶軍を積極的に攻撃した。進撃に必要な橋を確保するためであった。また、一個大隊を派遣してタウンギーを攻撃したが、目的は同地が燃料集積所であり、進撃に必要な携行燃料を入手するためだった。

マンダレー～メイミョウ間には羅卓英大将が重慶軍六個師団と英機甲旅団を指揮して布陣していたが、正面の敵よりもラシオに超越前進した後方の敵・第五六師団に気を取られ、戦意を失ってしまった。中国軍に限らず、背後に敵を背負い、退路を断たれての戦闘は、最も戦いにくい陣形である。

ラシオは、重慶軍がマン会戦有利ならずという状況

重慶軍将兵はこの恵通橋を渡って雲南省に退却していった。

に立ち至ったとき、雲南方面に退却する要路に位置していた。そのラシオ付近の重慶軍第二八師は、ほとんど抵抗することなく退却していった。そこには、ラングーンから同地を経てサルウィン河を渡り、重慶に輸送されるはずの膨大な援蔣物資が発見された。その押収と援蔣ルートの遮断こそ、ビルマ攻略作戦の第一の目的だった。

第五六師団の大突進は師団独自の作戦ではもちろんなく、南方軍でもそれを支援するために同師団のラシオ突入に合わせて空挺部隊を派遣していた。濃霧のため降下はできなかったが、ビルマ攻略への熱意のほどがうかがわれる作戦だった。

エナンジョン油田の制圧

最左翼を進撃した第三三師団は、英印軍が守るエナンジョンを攻略占領したあと、本格的なマンダレー会戦に参加することになっていた。

エナンジョンは二〇平方キロにわたって油井が林立する油田地帯である。当時はまだ中東の油田が発見されていなかったから、イギリスがその植民地内に保有する唯一の油田だった。

第三三師団の攻撃は四月十日から始まり、先頭部隊の第二一四連隊（作間部隊）は四月十六日の夜半、エナンジョン東方五キロに進出、十七日未明に同地の東北角に突進して奇襲に成功した。しかし、ココダワやマグエの陣地から退却してきた英印部隊との激闘が開始され、桜井省三師団長は追撃中の原田部隊をイラワジ河から舟艇で急行させ、その背後を衝かせた。

原田部隊が戦場に到着したのは四月二十日だったが、そのときはすでに英印軍は退却を始めていた。英印軍は戦車や装甲車で武装していたが、わずか二日間ほどの戦いで戦意を急速に失っていったという。

こうして第三三師団は、本格的なマンダレー会戦に間に合わせるようにエナンジョンを攻略占領したが、マンダレー会戦そのものはそれまでの個々の戦闘で退却しつつある英印軍や重慶軍を追撃する戦いとなり、いわゆる大規模な兵団同士の正面衝突ということにはならなかった。

以後は、日本軍にとっては退却する英印軍や重慶軍を捕捉殲滅するという一種の掃討戦となった。

第三三師団の追撃戦はマニワ占領による重慶軍のインド脱出路を押さえ、さらには反転してマンダレー西北一五〇キロのカレワに進出した（五月十二日）。その地点はアラカン山脈を越えてインド領へ脱出する要

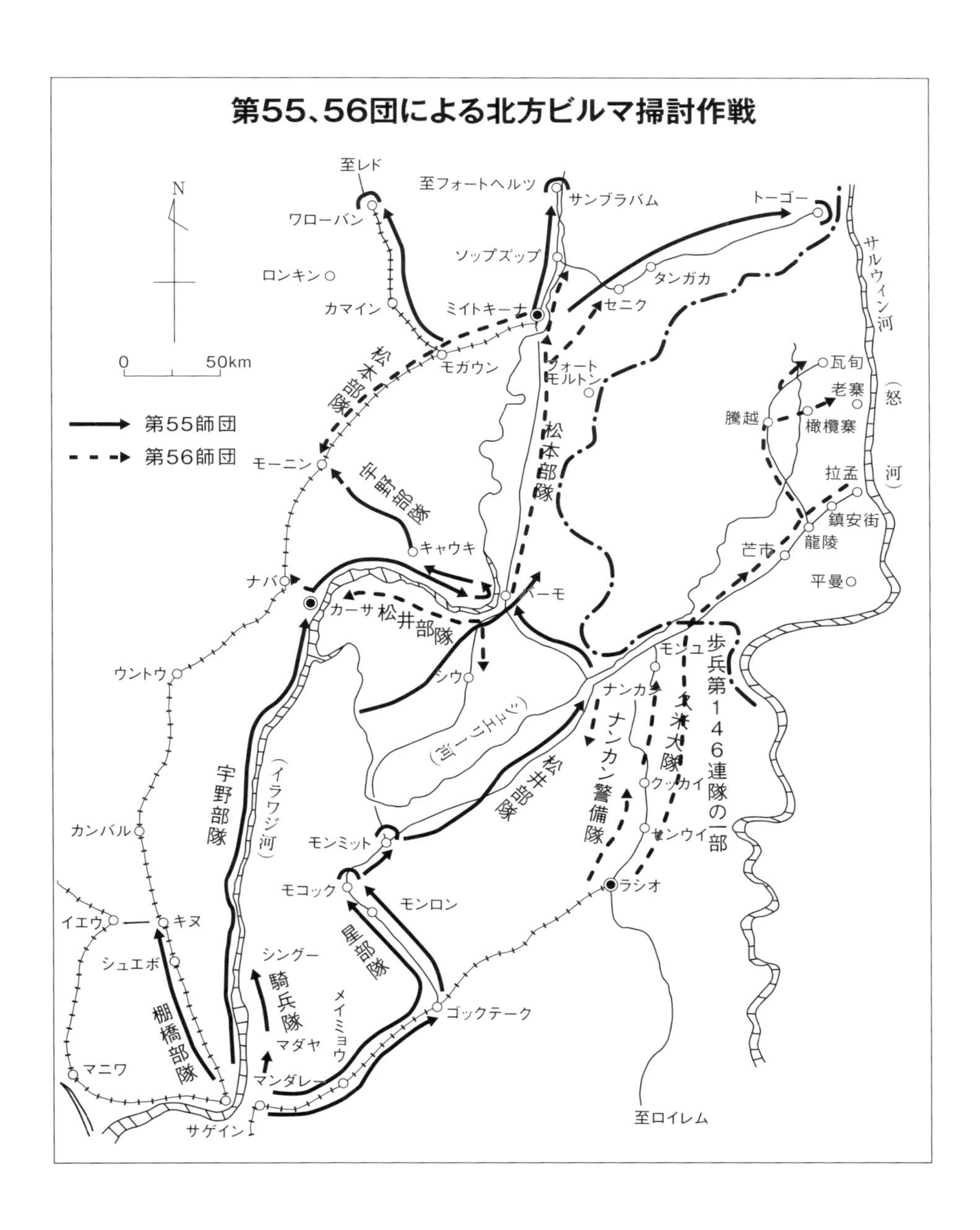
第55、56団による北方ビルマ掃討作戦
第55師団
第56師団
0
50km
N
至レド
ワローバン
至フォートヘルツ
サンプラバム
トーゴー
ソップズップ
ロンキン
タンガカ
カマイン
ミイトキーナ
セニク
サルウィン河
松本部隊
モガウン
フォートモルトン
瓦甸
老寨
（怒河）
騰越
橄欖寨
モーニン
宇野部隊
松本部隊
拉孟
鎮安街
龍陵
芒市
キャウキ
平曼
ナバ
バーモ
カーサ
松井部隊
モンユ
歩兵第146連隊の一部
ウントウ
シウ
ナンカン
（シュエリー河）
ナンカン警備隊
久米大隊
宇野部隊
（イラワジ河）
松井部隊
クッカイ
センウイ
カンバル
モンミット
モコック
ラシオ
モンロン
イエウ
キヌ
シュエボ
シングー
星部隊
騎兵隊
メイミョウ
ゴックテーク
棚橋部隊
マダヤ
マニワ
マンダレー
サゲイン
至ロイレム

路にあたっていたが、雪崩(なだれ)をうって通過する英印軍や重慶軍へ大きな打撃を与えた。

追撃戦に成功した第三三師団は、支隊を編成してアキャブを攻略し、占領した。アキャブは海路、あるいは海岸沿いからの反撃を封じる要衝(ようしょう)である。

北方ビルマ掃討戦

重慶軍の大部分はサルウィン河を越えて中国領に退却した。サルウィン河に架(か)かるまともな橋は、拉孟(ラモー)正面にかかる恵通橋だけである。各部隊はそこを目指したが、第五五師団と第五六師団は彼らを追撃した。

Ｐ１０３の地図がその大略を示している。実線が第五五師団、点線が第五六師団の追撃路を表している。

〔第五五師団〕
・棚橋部隊　歩兵第一一二連隊主力
・宇野部隊　歩兵第一四三連隊主力
・星部隊　歩兵第一一二連隊第二大隊他
・松井部隊　歩兵第一四三連隊第三大隊主力

〔第五六師団〕
・松本部隊　歩兵第一四八連隊主力
・松井部隊　歩兵第一一三連隊主力
・ナンカン警備隊　歩兵第一四八連隊の一個大隊
・久米大隊　歩兵第一四六連隊第一大隊主力

しかし、重慶軍はただ退却するばかりではなかった。五月二十四日、龍陵・拉孟付近から逆襲に転じた。サルウィン河正面である。第五六師団はサルウィン河正面に広く展開しており、すぐには兵力を集中できなかった。そこで第一五軍司令部は第一八師団の歩兵一個連隊相当を同地付近に急派し、六月十日ごろまでに完全掃討することができた。

こうして大部分の重慶軍将兵は、恵通橋を渡って雲南省に退却していった。その折り、恵通橋も破壊され、ここに陸路による援蔣ルートは完全に遮断された。

第一五軍のビルマ攻略戦はこうして終了した。日本軍の戦死者は約二五〇〇名、英印軍・重慶軍の遺棄死体は約二万八〇〇〇名、捕虜は約五〇〇〇名とされている。

蘭印攻略作戦

一九四二年一月〜三月

石油資源獲得をめざした「大東亜戦争」の本命

ボルネオ攻略は順調なるも石油はいまだ手にできず

蘭印（オランダ領東インド。現在のインドネシア）はジャワ、スマトラ、ボルネオ、セレベス（現セラウェシ島）、西部ニューギニア（現イリアン・ジャヤ）などの各島から成る広大な地域である。その面積はヨーロッパ大陸に匹敵する大きさだ。総人口は約六一〇〇万人、その三分の二にあたる四〇〇〇万人がジャワ島に集中していた。「南方作戦」の最終目的は、これらの地域に産出する石油資源の獲得であり、マレー、シンガポール、フィリピンの攻略は、この蘭印攻略をやりやすくするための前哨戦といってもよかった。

1942年2月14日、スマトラ島のパレンバンに白昼の降下を敢行する空挺部隊。

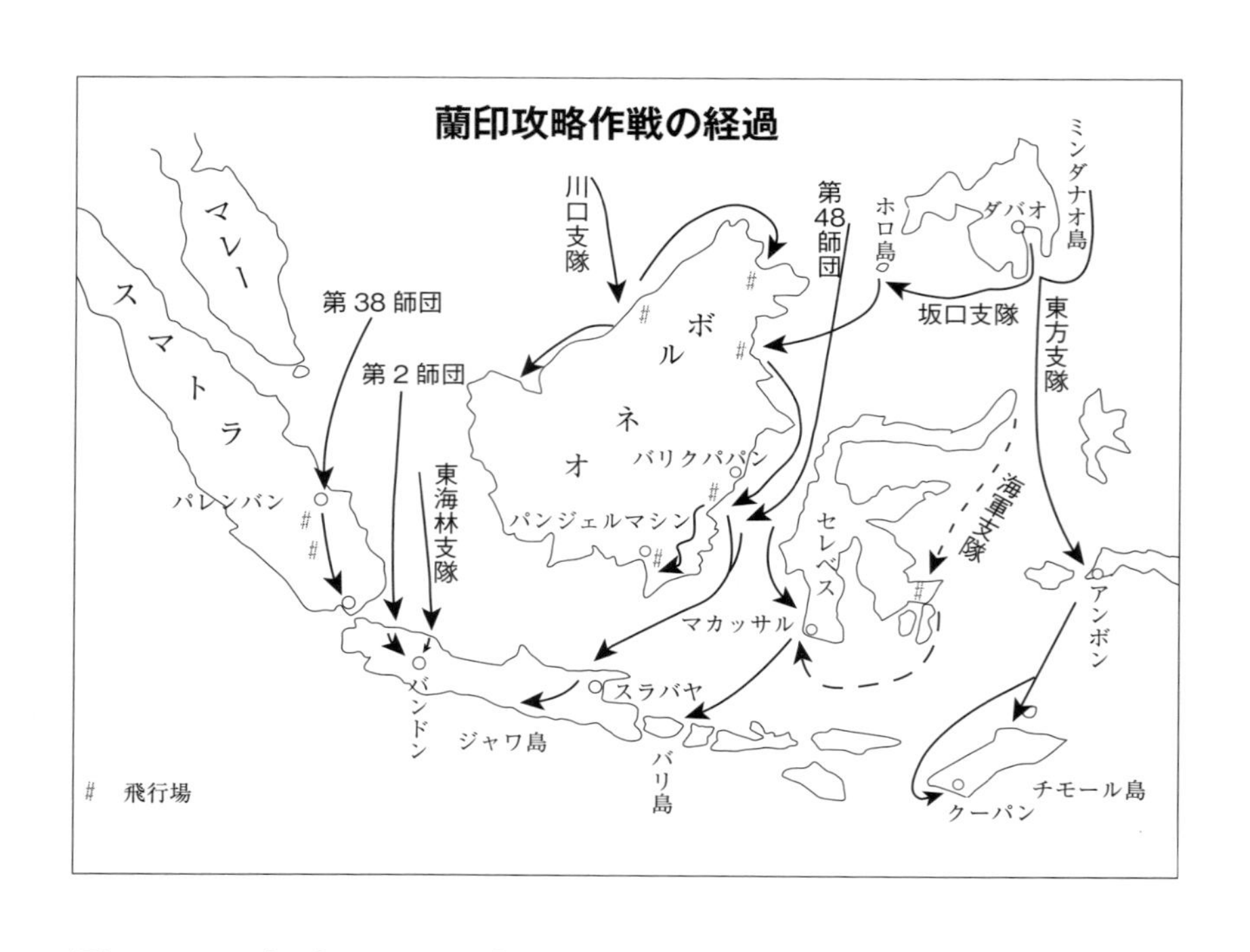

当時、日本は年間五〇〇万トンの石油を必要としていた。しかし、日本の領土で産出できるのは、その一割にも満たない年産四〇万トンに過ぎなかった。石油がなければ飛行機は飛ばないし、軍艦は進まないし、戦車も走らない。苦肉の策で石炭を原料に人造石油の開発にも乗り出していたが、海水を真水に変えるのと同じようなコスト高である上に、設備ができあがるまでに時間がかかりすぎる。

そこで東南アジア最大の産油国である蘭印からの輸入を増大しようと、交渉が続けられていた。当時、すでにオランダ本国は日本の盟友ドイツの占領下にあった。そこで、同じドイツの占領下にあるフランスのヴィシー政権に圧力をかけて、仏印（フランス領インドシナ＝現ベトナム、カンボジア、ラオス）進駐を果たしたように、蘭印にも圧力をかけて石油の輸入量を増やそうとしたのである。

ところが蘭印の石油会社はほとんどが米英系資本ということもあって、交渉は難航していた。オランダ本国はドイツに占領されていたが、亡命政権はイギリス

スマトラ島に敵前上陸した戦車隊。

にあり、イギリスとドイツの板挟みになった蘭印当局は、のらりくらりと生返事を繰り返すだけだったのである。そして、結局はオランダも米英に同調して対日開戦に踏み切ったのだった。日本に残された道は「武力占領」以外にはなかった――ということだった。

では、どう占領するのか。そのおおよその計画は次のようなものだった。

①ボルネオ島に先遣隊を送り、石油基地を占領する。

②蘭印とオーストラリアの交通を遮断するため、アンボン島、チモール島を占領する。

③スマトラ島に空挺部隊（落下傘部隊）を降下させ、最大の石油基地・パレンバンを占領する。

④これらの作戦の進捗をみながら、蘭印の政治・軍事の中心であるジャワ島を攻略する。

一九四二年（昭和十七）一月十日、第一六軍（司令官・今村均中将）による蘭印攻略戦が開始された。最初に行動を起こしたのは坂口支隊（混成第五六歩兵団、兵力約五〇〇〇名）で、ボルネオ北東のタラカン島に上陸。若干の抵抗を受けただけで、一月十三日にはこれを占領した。そして五〇〇キロ南のバリクパパンに向かう。

坂口支隊は開戦の三週間前からパラオ（当時は日本が委任統治する国際連盟信託統治領）で、ジャングルを切り拓いて行軍する訓練を重ねていた。しかし、ボルネオ島の行軍は厳しいものとなった。

一月二十五日、坂口支隊はバリクパパンを占領。さらに南下して四五〇キロ南のパンジェルマシンをめざした。途中、蘭印軍との戦闘はほとんどなかったが、全行程のうち数百キロがジャングルだった。おかげで二月十一日にパンジェルマシンを占領したときには、約八割の将兵がマラリアに罹っていた。携行した六〇〇台の自転車のうち、最後まで担ぎとおした兵士は一人だけだった。

中尾清さん（福岡市）は混成第五六歩兵団第三大隊の初年兵の一人として、このときボルネオ島の石油積出港であるバリクパパンを奇襲し、さらに陸路をパンジェルマシンに入って守備に当たっていた。中尾さんは一九七〇年秋に、大平洋戦争研究会の取材にこう語

ジャワ島北方のバンタム湾に敵前上陸した第16軍主力。

決死の突撃前に、部下に訓示をする部隊長。バンドン要塞を攻撃する東海林支隊かもしれない。

っている。

「パンジェルマシンには三カ月おったけど、オランダの捕虜が俺たちの二〇倍くらいおってね、武装解除というときにそのまわりをトラックでグルグルまわったタイ。一回ごとに衣服を取り替えてね。つまり、少ない人数を多く見せるためよ。暴動でも起こされたら、大事(おおごと)じゃもん」

日本軍による虐殺はなかったというが、略奪はおおっぴらに行われていたという。

「歩哨(ほしょう)にでも立っておれば、一時間で時計が一〇個も二〇個も手に入る。万年筆を二〇本も三〇本も持っとる日本兵もおったバイ。なかには病院で金歯をいっぱい入れて、口が閉まらんのもおったなあ。オランダ兵でダイヤの指輪をしたのがいて、『捕虜のクセに生意気な』と取り上げようとしたら『お母さんの形見ですから許してください』と日本語をしゃべったから驚いた。なんでも子供のとき長崎におったちゅうことじゃったバッテン」

こうして、約一カ月で日本軍はボルネオの要所を占

ジャワ島のバンドン前線で日本軍に投降するオランダ兵。

領したが、肝心の石油基地は破壊されていることが多かった。それだけにスマトラ島南部の油田地帯パレンバンは、なんとしても無傷で確保したかった。だが、蘭印当局は開戦前から「パレンバンには五〇万トンの石油を貯蔵しているから、もし日本軍が攻めてくれば、一日一万トンずつ河川に放流して火をつけ、絶対に近付けさせない」と公言していた。まさか日本軍の落下傘部隊の奇襲攻撃があるなどとは想像もできなかったからである。

「空の神兵」と喧伝された先遣空挺隊

一九四二年二月十四日午前十一時、陸軍第三飛行集団の空挺部隊（約四〇〇名）がパレンバン上空に達し、次々に降下していった。パレンバン守備の蘭印軍の抵抗は激しかったが、空挺隊員は果敢に前進した。そして翌十五日には第二次空挺部隊も降下した。さらに第三八師団の主力がムシ河から遡ってパレンバンに突入し、二十日までに主要な精油所を占領した。精油所は蘭印軍に破壊されたものもあったが、まったく無傷

バタビア市街を行進する日本の銀輪部隊。

のものもあった。

名井治美（ないはるみ）さん（千葉市）と小川弘（おがわひろし）さん（千葉県船橋市）は、この空挺作戦を実施した第一挺身（ていしん）団の挺身第二連隊の軍曹で、分隊長であった。この両氏の証言を中心に、パレンバン奇襲攻撃の模様をもう少し詳しく見てみたい。

まず名井さんは言う。

「挺身第一連隊は、かなりの訓練を受けた落下傘部隊でしたが、私らの第二連隊の方は訓練期間も浅く、いわば第二軍的存在でした。そして忘れもしない一月十五日、この〝第二軍〟は門司港を出まして仏印のハイフォンに向かいました。ところが門司を出るとき持たされる武器、被服、糧秣（りょうまつ）があんまり多いので、みんな文句たらたらやった。仏印に着いてわかったんですが、第一連隊の乗った船が海南島沖で沈没してしもうたんで、二個連隊分を積み込まされていたわけだったんだよ」

すなわち、挺身第一連隊を乗せた船は積荷の自然発火から沈み、人員は護衛の駆逐艦に救助されたものの、

湧出する油田の石油に目を見張る日本兵たち。

予定の作戦に参加させることは不可能になっていたのである。

この事故で陸軍は深刻な打撃を受けた。パレンバン降下作戦は二月五日に予定されていたのに、とても間に合いそうにない。第二連隊は無事に残ってはいるが、訓練不足で荷が重すぎる。一月二十二日、南方軍はパレンバン降下作戦の断念を決めなければならなかった。

ところが幸か不幸か、スマトラ上陸の第三八師団の作戦ももたついていて、遅れ気味であった。三八師団の上陸作戦開始の前日に奇襲降下を行う予定の落下傘部隊にとっては、地上部隊の行動が遅れていることは、それだけ時間が稼げるわけで、ありがたいことである。

結局、せっかくの落下傘奇襲だからぜひやらせてほしいと飛行隊側がねばり、一月二十四日、再び実施することに決まった。南方軍司令官の寺内寿一（てらうちひさいち）大将は、このとき降下部隊の全滅を覚悟していたと言われる。

「お前たちの働きに、日本の戦争の運命がかかっている、とよく言われてきたけど、予備から正面に出て、さすがに緊張しました」（小川さんの話）

「マレーのカハン基地では、実に待遇がよかった。あのへんの食料の上等なものを全部集めて食わせてくれる感じでね。ウイスキーにコーヒーに、弁当にはセロハンに包んだ巻き寿司まで入っておる。こりゃあ義理にも死なんといかんぞ、と思いましたよ」(名井さんの話)

パレンバン奇襲降下は飛行場と精油所の二手に分かれて行うべく、最初から計画されていた。精油所への降下は、言うまでもなく連合軍が敗走するとき破壊するのを防ぐためで、大きな目的だった。そして飛行場占領は日本軍の上陸作戦を容易にするためであった。

だが、このとき南方軍の命令は「飛行場を占領せよ。精油所はなし得れば占領確保せよ」となっていた。精油所は第二目的になったのである。精油所確保にあれほど執着してきたのに、目的の第二義になったのは「二兎を追う者は一兎も得ず」となることを恐れたからだった。

つまり、飛行場には零戦も歯が立たない空の要塞と言われるB17とB24が配置されているから、なんとしても制圧しなければならない。いくら精油所を占領しても飛行場が無傷ならたちまち逆襲されて、元も子もなくなる。それなら降下作戦の重点を飛行場に置こう、ということになったのである。それは言うまでもなく、第一連隊が参加できなくなり、予備の第二連隊が降下することになったためでもあった。

第二連隊は二手に分けられた。二月十四日の出撃だった。二六〇人が飛行場へ、一三〇人が精油所へ降下することになった。名井さんは飛行場で、小川さんは精油所であった。

「出発を前に記者会見があって、新聞記者が『何か郷里へ言づてがないか』と言ってくれた。だけど、いまさら何をと変な気持ちでねえ、黙っておったですよ」(名井さんの話)

パレンバン飛行場に向かう名井さんの乗機は、途中で故障して編隊から遅れてしまい、引き返さなければならないと操縦士が言い出した。

「とんでもない、なんとか追いつけと脅迫して無理に追わせたのがたたって、帰りの燃料がないという。え

精油所を奇襲した日本の空挺部隊に対して、蘭印軍は猛攻を加えてきた。そのうちの数弾がガソリンタンクに当たり、精油所は炎上した。

えい、そんなら強行着陸やと覚悟を決めて、飛び降りるのをやめて突っ込んだんですわ。高射砲がバンバン上がってね、尻のあたりがむずむずしたけど、それでも落下傘で降りるよりは気分が楽やったなあ」

しかし強行着陸は失敗、尾翼を大木にひっかけた飛行機は炎上。幸い地上に放り出された九人の隊員は、分隊長の名井さん以下五名が負傷したが、死者はいなかった。なんとも格好悪い「空の神兵」ではあった。

製油塔確保に捨て身で挺身

名井分隊は投下した武器を集め即座に戦闘に入った。

「もっとも戦闘というても組織だったものじゃなくて、なんだか喧嘩（けんか）みたいやったな。まあ、奇襲攻撃やから成功して、夜になると敵はトラックで後退をはじめ、十五日の朝には飛行場を制圧できました」

小川さんは午前十一時二十六分に、飛行機の扉から身を躍らせた。

「瞬間、放心状態でね、ショックを受けて（落下傘が開いて）ひょいと上を見たら、かたまりがスーッと落ちてきた。〝ああ、やった〟と思って見ているうちに、傘の開かない私の部下はジャングルに吸いこまれていった。他の者はどうかと再び上を見上げた瞬間、ドシンと何かにぶつかった。……私が水たまりのドブに着地しとった。

傘が開かなかった一人を除いて、他は無事だったです。で、わりに早く集結することができて、武器を集めて本部を追及したら、中隊長以下、オランダ資本の工場の正門を攻撃していました」

出撃前、連隊ではパレンバン精油所の精巧な模型を作って、綿密な攻撃方法の研究をしている。要するにトッピング（精油塔）を爆破されなければ、ほかに少々の被害があってもかまわないということであった。

「とにかくトッピングを押さえることや、と思いましてね。正門攻撃で苦戦の最中の本隊に近づくと〝小川分隊、さあ突っ込め！〟とやられるに決まっとるから、伝令を出して『小川分隊、裏門より攻撃します』と言わせて、回り込んだんです」

裏門にもトーチカがあった。だが守っていたのは守衛だったからあっさり撃退し、次の鉄条網には電流が通じているはずなので警戒しながら近づいたが、どういうわけか電気は来ていない。

「ひとまたぎして一気に突入して、第二トッピングに駆け寄り、小銃でカギをこわして鉄塔を登って、私の手で日章旗を掲げました。それが一番乗りだったわけです。

しかし、一番乗りはいいけれど、破壊装置を早く取り除かなければならない。第一トッピングの事務所にオランダ人の技師がいて、いやに落ち着いている。ところが訊問（じんもん）をしようにも言葉が通じないので、逆にこちらはあせるばかりでね。まあ落ち着けと自分に言い開かせて、煙草をつけようとした。するとオランダ人の技師が、すごい見幕で止めに来たんですよ。どうやらガソリンに引火するから止（や）めろと言っているらしい。その真剣な目を見て、私は本当だろうと判断したんです。破壊の意志がない、本気に火事を心配している、とね」

小川さんの判断は正しかった。破壊装置を探すより

噴火口のごとく炎上するパレンバンのリマウ油田。

も、敵を探すことだと気づいたとき、逆襲のオランダ兵がすぐ近くまで迫っていた。そこで激しい戦闘になった。

やがて中隊長の一行が正門の攻撃をあきらめて裏門に回ってきた。砲撃のためタンクがいたるところで炎上しているのを見た中隊長は、「破壊装置だ」と言ってきかない。そこで分隊長ばかりこっそり集まって「独断で気をまわしてやらんと、朝まで生きとられんぞ」と相談し、もっぱら敵襲に備えていた。

「私らが生き残れたのは、その判断が適切やったからと思うとります」

小川さんはちょっと自慢げに、そして嬉しげに言い切った。

このパレンバン降下作戦の三二九名のうち、戦死は三九名、負傷者四八名であった。戦死者のうち二人は落下傘が開かなかったのが原因である。

その後、落下傘部隊のほとんどが全滅したなかで、名井さんも小川さんも奇跡的に生き残り、戦後はともに警察予備隊から自衛隊に進み、定年で退職するまでパラシュートの指導をしてきた。そして、我々が取材をした一九七一年（昭和四十六）当時、名井さんは落下傘製造工場に勤務していて、ヒゲをひねりながら言った。

「私の一生に人殺しに明け、人殺しに暮れるわけですなあ……」

蘭印の心臓部・ジャワ島に迫る四万の日本軍

一方、海軍部隊もセレベス島のメナド、マカッサル、ケンダリーを占領して艦隊基地や航空基地を前進させ、さらにオーストラリアとの連絡線を遮断するために第三八師団の東方支隊（歩兵第二二八連隊）とともに、一月三十日にアンボン島を占領、二月二十日にはチモール島クーパンを占領した。

こうして蘭印の心臓部・ジャワ島攻略の態勢を整えた日本軍は、「上陸作戦は三月一日、ジャワ島の三カ所から一斉に行う」ことを決め、麾下（きか）の部隊に攻撃準備を命じた。ジャワ島上陸作戦に参加する総兵力は約四万名を数えた。

二月二十七日、ジャワ島のチラチャップとスラバヤ攻略が任務の第四八師団と坂口支隊を乗せた輸送船団は、上陸地のクラガン岬をめざしていた。このとき連合国の艦隊に遭遇し、護送艦隊との間に海戦が勃発した。スラバヤ沖海戦である。この海戦で日本側は英重巡「エクゼター」など五隻を撃沈した。そして三月一日、クラガン岬上陸部隊は、予定どおり上陸を果たし、進撃を開始した。

バタビア（現ジャカルタ）とバンドンをめざす今村中将の第一六軍司令部と第二師団は、上陸予定地のバンタム湾に向かっていた。そこにスラバヤ沖海戦を逃れてきた米重巡「ヒューストン」とオランダの軽巡「パース」が現れ、将兵を満載した輸送船団を狙ってきた。しかし、付近を警戒中の重巡「三隈」「最上」を中核とする第七戦隊が二艦を撃沈、以後、ジャワ付近海域の制海権を確保した。日本ではこの海戦をバタビア沖海戦と呼んでいるが、海戦のさなか、輸送船「龍城丸」が沈没した。このため軍司令部の無線機が失われ、上陸部隊との連絡が三日間にわたってとれなくなった。

三月一日、軍司令部と第二師団はバンタム湾に上陸した。第二師団は歩兵第四連隊を主軸とする佐藤支隊が首都バタビアをめざし、歩兵第一六連隊を中核とする那須支隊がボイテンゾルグに向かった。

両部隊の進撃は途中の橋が壊されていたことなどもあって、順調とはいえなかったが、蘭印軍の抵抗は大きくはなく、三月五日、佐藤支隊はバタビアに入った。しかし蘭印軍はバンドン要塞へ退却した後で、その姿はなかった。

一方のボイテンゾルグをめざす那須支隊は、かなりの抵抗を受けていた。進撃路のルウイリアンにはオーストラリア軍が陣地を構築していて、日本軍との間で激しい砲撃戦が展開された。那須支隊は夜襲によって敵陣突破をはかったが、中隊長が戦死し、歩兵第一六連隊長も負傷するといった損害を被った。那須支隊は敵陣地の各個撃破に戦術を切り替え、ようやく五日未明にボイテンゾルグ正面に前進することができた。

オーストラリア軍と蘭印軍はバンドン方面に向かって退却をはじめた。連合軍は、あくまでもバンドン要塞に入って抵抗戦を行おうとしていたのである。

隊員が語る「東海林支隊の独断専行」

さて、もう一つの上陸部隊、東海林支隊（東海林俊成大佐率いる第三八師団第二三〇連隊基幹）はエレタン海岸に上陸した。支隊の目的は近くのカリジャチー飛行場の占領とバンドン―バタビア間の交通遮断である。

上陸した東海林支隊は果敢に進撃し、その日のうちにカリジャチー飛行場を占領し、三月三日には第三飛行集団（集団長・遠藤三郎少将）が進出した。そして翌四日にはチカンペックという街を占領して、鉄道によるバタビア―バンドン間の連絡線を遮断、当初の作戦目的を順調に果たした。

このとき東海林支隊の下士官で、一九三八年（昭和十三）入営のベテラン兵だった岡田栄さん（静岡市）は、太平洋戦争研究会の取材（一九七〇年秋）に、こんな思い出を語っている。

「ジャワに上陸したのは西寄りのエレタンだったけど、ちょっと飛行機の空襲を受けただけで、たいしたことなかった。その二、三日前までオランダ軍がいたけど、バンドン死守のために後退したらしい。

我々の任務はカリジャチー飛行場を占領することだったから、とにかく急いで取らねばならんかった。うまい具合に日本軍が攻めてきたというんで、橋梁爆破に来ておったオランダ軍の自動車部隊を捕まえてね、その自動車を奪って飛行場に乗りこんだです。私は見ておらんけど、このとき大隊本部付の曹長が、飛行場の歩哨を軍刀で切り捨てたそうです」

カリジャチー飛行場を奪取した東海林支隊は、すぐさま第三飛行団を迎えて次の作戦に備えた。そして第三飛行団はカリジャチー飛行場を基地に、バンドン要塞爆撃に出撃していった。

さしあたって東海林支隊は飛行場の確保と整備に協力しながら、第一六軍のジャワ作戦の展開を待つだけでよかった。しかし、バンドン要塞を中心に約三万五〇〇〇名の連合軍は、カリジャチー飛行場奪回を期して東海林支隊を包囲する作戦に出ていた。

日本軍の攻撃で地上で破壊されたオランダ軍機。

圧倒的に優勢な連合軍は装甲車を使って逆襲に出て、飛行場近くの支隊本部に迫った。三月二日には二五輛の軽戦車と装甲車が突っ込んできて、思うがままに暴れまわり、東海林大佐に危険が迫るほどだった。

すでに第一六軍司令部とは連絡が途絶えていた。そこで、平地に孤立していては全滅させられると判断した東海林大佐は、むしろバンドン要塞に向かって突進し、活路を見出す決心をする。〝東海林支隊の独断専行〟として知られる行動は、このときの作戦である。

岡田さんは言う。

「三月五日の朝、トラックで出発しました。道路の両側はずっとお茶畑でね。日本のものよりやや大ぶりな、胸の高さくらいある茶畑がずっと続いておったんで、私たちはトラックの上から眺めながら、『静岡あたりで演習でもやっとるみたいだなあ』と、郷里を懐かしんだもんですよ」

ジャワ島の道路は立派に舗装されていたから、進撃は速かった。マレー半島進撃がそうであったように、日本軍は一気に突き抜ける戦法が得意で、東海林支隊の〝独断専行〟はまさにイチかバチかの突貫作戦だったのである。

だが、茶畑を眺めて郷里を懐かしんだのもつかの間、たちまち敵と遭遇する。

「たいした戦闘じゃなかったけど、連隊副官が戦死するようなこともあった。このとき捕虜をだいぶ捕まえて取り調べ、バンドン要塞の全貌が分かったから、時を移さず攻撃ということになったんです」

山の稜線に要塞砲のあることを確認して、一斉攻撃に移ったとき、岡田さんは頭部を負傷する。

「三〇メートルから五〇メートルまで接近して、思うがままに撃ちかけていると、向こうから狙い撃ちされて頭が焼け火箸(ひばし)で殴られたみたいだった。鉄カブトの星のところから入った弾(たま)が浅く貫通して、カブトの破片が頭に突き刺さったんだな。衛生兵に『包帯をくれ!』と言うたら、白いものを投げて寄こした。『バカ、目立つじゃないか』と怒鳴りつけて、国防色(こくぼうしょく)(軍服と同じ茶色)の包帯を自分で巻き付けて戦闘を続けましたよ」

岡田さんたちの中隊は、ジャワ島で一一人の死傷者を出した。即死七人(頭部貫通)、負傷四人(頭部三、臀部一)であった。

「頭をやられたのが多いのは、わかるでしょ、それだけ近くで撃ち合ったということです。ゴム林のなかのところどころに、肥料を四方に流す溝(みぞ)みたいなのが掘ってあって、その溝と溝の間で撃ち合ったんだからね。それともうひとつ、それほど近接した撃ち合いをやるくらい、わが軍はつねに不意討ちを食らわせていたということが分かるでしょ」

要塞砲は一〇数門あったが、接近戦のため砲弾は日本軍の頭上を飛び越え、いたずらに後方で爆発するだけだった。それに東海林支隊の捨て身の急襲を、カリジャチー飛行場を基地にした第三飛行集団が援護し、その効果が大きかったからでもある。

ただ日本軍の飛行機が来ると、インドネシア人が歓迎の意をあらわして手を振るので爆弾の落としようがなくて困る場面も見られたという。南方作戦で住民の支持があったのは、ここ蘭印だけだったからである。

バタビアの捕虜収容所に送られるチャルダー総督とボールデン陸軍長官たち。探偵小説を小脇に抱えているのはチャルダー総督。

三月六日には早くもバンドン要塞の頂上に迫り、最重要拠点を占領したが、このとき負傷の岡田さんは頂上近くの炭焼き小屋に残った。

「戦友の死体を焼くためです。片腕だけ切り落としてね……」

七日朝からは山頂線付近の陣地掃討に取りかかり、日本軍は追撃に移るかまえをとった。ところが、日が落ちた七日の午後九時半、要塞から蘭印の軍使が現れ、停戦を申し込んできた。そして翌八日、チャルダー総督とボールデン蘭印軍司令官は、蘭印軍の全面降伏を了承したのである。

ちょうどこのころ、クラガンに上陸した坂口支隊と第四八師団もチラチャップを占領していた。両部隊とも無傷に近い進撃で、第四八師団はスラバヤをめざした。スラバヤの蘭印軍の抵抗は弱く、第四八師団は三月八日、市内に入った。反撃はまったくない。それどころか、やがて白旗を掲げた軍使が現れ、降伏を申し入れてきた。だがこのときは、すでにバンドン要塞で総督が降伏した後だった。

第2部　激化する太平洋の攻防

〈概説〉拡大する日本軍の戦線に本格的反攻を開始した米軍

日本軍はなぜ戦線を拡大していったのか？

太平洋戦争の緒戦の目的は、南方の資源地帯を占領し、長期間にわたって日本が戦争を継続できる態勢を確立することであったが、この第一段作戦は順調すぎるくらいに推移し、一九四二年（昭和十七）三月九日に蘭印（オランダ領東インド。現在のインドネシア）軍は降伏し、日本は念願の資源地帯を手に入れた。

しかし、第一段作戦の後の計画はほとんど白紙で、開戦前、日本はどのようにアメリカとの戦争で勝利を得るのか、具体的な方策はなかった。開戦時の首相兼陸相であった東條英機陸軍大将は開戦直前の会議で、

「（日米戦争が）長期戦となる公算は八〇パーセントであるが、次が成功した場合は、短期戦も期待できる。

一、米艦隊主力の撃滅。

二、米の対日戦意の喪失（ドイツの対米宣戦、英本土上陸などの場合）

三、海上交通破壊戦で英国の死命を制し、米国の態度を変えさせることに成功。

長期戦となることは、わが国にとって最も苦痛とするところではあるが、南方資源要域を確保し、全力を尽くして努力すれば、将来勝利の基を開きうると信ずる」（戦史叢書『ミッドウェー海戦』より）と語っているように、南方資源地帯を占領すれば長期戦は可能

だが、戦争に勝てるかどうかは分からないというのが本音であった。海軍の作戦責任者である永野修身軍令部総長も、「日本海軍としては、開戦後二カ年の間は必勝の確信があるが、各種不良の原因を含む将来の長期にわたる戦局については予見ができない。

対米戦争でわれの最も苦痛とするところは、敵の本拠を衝き得ないことである。米国の海上交通を妨害しても、その効果は絶対的ではない」（前掲書）と語り、さらに「米英連合軍の弱点は英国にあると考えられる。その英国は海上交通を遮断すれば屈服せざるを得ない。ドイツが英本土の上陸作戦に成功すればさらに効果的である。

結局英国を屈服させて一蓮托生の英米を圧することが、吾人の着意すべき点である」と、イギリスがドイツとの戦争に負ければ、アメリカも一緒になって和を求めてくるかも知れないという、実にあいまいなものだったのである。

したがって、南方資源地帯を占領した後、次の作戦をどのようにすべきかについて陸海軍で意見が合わなかった。陸軍は資源地帯を押さえたのだから、後は持久態勢を整えるために、南方攻略戦で満州（中国東北部）から引き抜いて使用した兵力を元に戻すべきだと主張する。一方の海軍は、アメリカの戦意を喪失させるためには、引き続き攻勢をとるべきだと主張するが、その具体的なポイントをめぐっては、海軍作戦を決める総元締めの軍令部と、海軍作戦を実施する現場の連合艦隊とで意見が合わなかった。

具体的な攻略ポイントとして、軍令部がニューギニア南東岸のポートモレスビー、南太平洋のニューカレドニア島、フィジー諸島、サモア諸島、オーストラリア北部を挙げ、連合艦隊が中部太平洋のミッドウェー島、ハワイ諸島、インド洋のセイロン島（スリランカ）などを挙げた。

ただし、これらの場所を占領したからといって、必ず戦争が終わるとか、アメリカに対する講和交渉を始めるといったプランがあったわけではない。

結局、第二段作戦では軍令部の主張したニューカレドニアとフィジーを占領し、米豪の連絡路を遮断するというＦＳ作戦が実施されることになった。サモア諸島は占領しても補給が困難だという理由から、破壊だけにとどめることになった。

　オーストラリア攻略は、さすがに陸軍すら「国力の限界を超えている」と言って反対した。

　その一方で、連合艦隊の意見も一部容れられてミッドウェー島攻略作戦が実施されることになったが、セイロン島攻略は航空攻撃だけ実施するとした。また、ミッドウェー島の攻略を、のちのハワイ攻略の足がかりとしないよう、軍令部は連合艦隊に厳しく釘をさしている。

　こうして戦争終結のプランがない中で、戦線はさらに拡大されていくことが決まったのである。

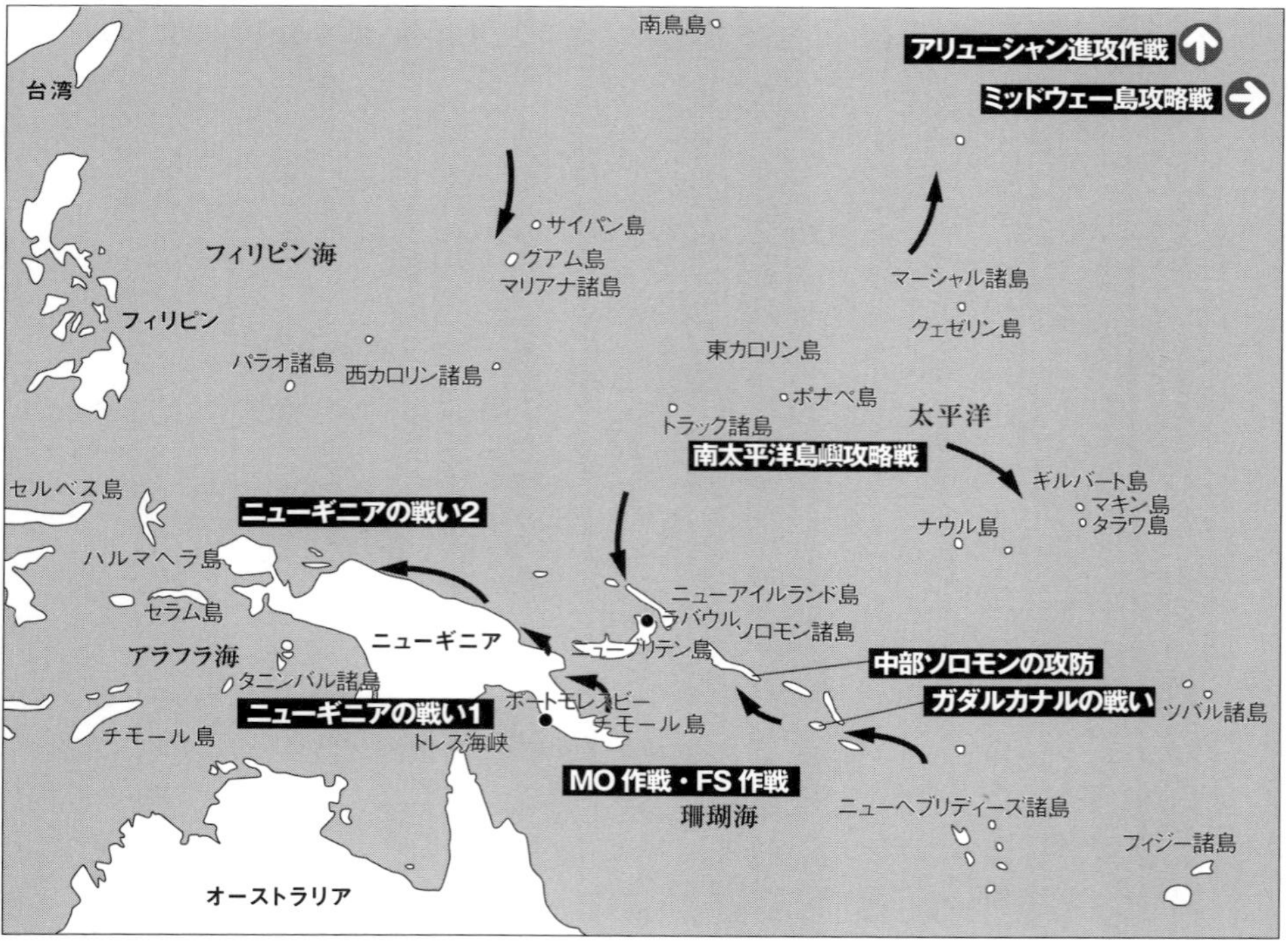

太平洋島嶼攻略戦

わが南洋群島を取り囲む米英豪領を奪取せよ！

一九四一年十二月～十七年二月

日本の勢力圏に孤立した米領グアムの占領

戦前の日本は第一次大戦の勝利により、国際連盟の委任統治領としてマリアナ諸島～マーシャル諸島～東西カロリン諸島を結ぶ、赤道以北の西太平洋の島々を実質的に領有していた。太平洋戦争が始まると、日本はこれら南洋群島に隣接する米英領の島々に対する攻略作戦を優先的に実施していった。

マリアナ諸島の中で唯一アメリカ領のグアム島には、開戦時、マクミリアン海軍大佐（グアム総督を兼任）に率いられたおよそ七〇〇名の守備隊がいた。一九四一年（昭和十六）十二月八日午前五時四十五分、その守備隊司令部に米アジア艦隊司令長官のハート海軍大将の名で、真珠湾奇襲攻撃の第一報が知らされた。

マクミリアン海軍大佐のグアム島守備隊にとって、日米開戦は〝予期した出来事〟ではあった。すでに守備隊司令部では、米軍人の家族らのほとんどは十月半ば（なか）までに帰国させており、また開戦の二日前には機密書類もすべて焼却していた。そこに日米開戦の知らせである。守備隊司令部は、ただちにグアム島在住の日本人（約二五～三五名）をすべて拘束し、日本軍の上陸に備えていた。

対する日本軍も、米軍の予想どおりグアム島攻略部隊を編成、出撃させていた。部隊は陸軍の南海支隊（支隊長・堀井富太郎（ほりいとみたろう）少将）約五〇〇〇名と、海軍の第五根拠地隊（司令官・春日篤（かすがあつし）少将）から、林弘（はやしひろし）中佐を指揮官とする特別陸戦隊一個大隊（約四〇〇名）を編成、グアム島上陸を敢行することになっていた。これらの

開戦と同時に米英蘭の基地への奇襲上陸をめざす陸海軍部隊を満載した輸送船団は、護衛の艦隊に見守られて船脚を速めていた。

部隊を護衛するために、第四艦隊（南洋部隊。司令長官・井上成美中将）指揮下に敷設艦「津軽」を旗艦に、駆逐艦「夕月」「菊月」「卯月」「朧」、特設水上機母艦「聖川丸」などから成るグアム島攻略部隊を編成した。さらにグアム島攻略支援部隊として、第六戦隊の重巡「青葉」「衣笠」「加古」「古鷹」の四隻が充てられた。各艦は一九四一年（昭和十六）十一月末から十二月初めにかけて小笠原諸島の母島に集結し、十二月四日に母島を出撃していった。

十二月九日早朝、グアム島沖に進出した「聖川丸」は、複座水上偵察機（水偵）八機、三座水偵三機、さらに最新鋭の零式水上偵察機五機を離水させてグアム島への爆撃を実施、同日午後、そして翌日にも爆撃を繰り返して艦船、火薬庫、電信所などの主要軍事施設を破壊した。

上陸部隊は十二月十日未明から早朝にかけて、グアム島南西岸のメリゾ（松山）、ウマタック（馬田湾）、北西岸のタモン（富田湾）、アガナ（阿賀。のち明石）湾、東岸のタロホホ（太郎湾）にそれぞれ上陸した（カッコ内は日本占領後に名づけられた地名)。

もっとも早く上陸したのはアガナ湾の林中佐率いる海軍陸戦隊で、オロテ(表)半島に向かって進撃する途中でグアム政庁前で小規模な銃撃戦があり、間もなくマクミリアン総督が降伏、一五〇名余りが捕虜となった。この戦闘で米軍は一〇名が死傷、日本軍も戦死一名と若干の負傷者を出したという。このときの戦闘の模様を『モリソン米国海軍戦史』は次のように伝えている。

——約二十分間の戦闘の後、五時四十五分(日本時間四時四十五分)、グアム総督は別の敵軍上陸の報を受け取り、これ以上の抵抗は自殺行為で、かつ原住民の運命を一層悪くするであろうと悟り降伏を決意した。

自動車用の警笛が三回鳴り響いて戦闘中止を告げた。日本人の声が「隊長を派遣せよ」と叫んだ。D・T・ジルス海軍中佐(海軍部隊の指揮官)は、上陸部隊の林弘海軍中佐と手真似で談判を行ない、中佐を同行して官舎に戻った。

そこで、マクミリアン海軍大佐は、原住民の公民権尊重と捕虜が戦争法規により待遇される保証を得たうえで、降伏条項に署名した——

マクミリアン総督は十二月九日、日本軍の駆逐艦および輸送船がグアム島に接近しているという報告を受けた時点で、すでに降伏を決意していたといわれ、米軍側の最高指揮官が捕らえられた時点で、すでに戦闘の大勢は決していた。

メリゾ~ウマタック、タモン、タロホホにそれぞれ上陸した南海支隊の各部隊も順調に要所を制圧していき、十二日までに全島を占領した。約四〇〇名の軍人と非戦闘員一〇〇名が捕虜となり、日本に送られている。また、日本軍はグアムを「大宮島」と改名して軍政を敷いた。

予想外の米軍の反撃に手こずるウェーク島攻略

グアム島の攻略作戦が順調に推移したのに対して、南洋群島(委任統治領)外縁の北東、グアム島から約二四〇〇キロ離れたアメリカ領のウェーク島の攻略は

グアム島を占領後、同島の警備を固める海軍陸戦隊。

最初からつまずいた。ミッドウェー島から約一九〇〇キロ、南洋群島のクェゼリンから約一一五〇キロに位置するウェーク島は交通線の要衝であり、当然、米軍も相応の備えをしていた。

　開戦前の一九四一年（昭和十六）八月から飛行場の拡張を始め、開戦までに守備隊の人数を海兵隊ほか五二三名に増強し、他に民間作業隊として一二一六名が在島していた。十一月末にはハワイからＦ４Ｆ戦闘機一二機が移駐し、航空機は一八機となった。他に沿岸砲七門、高射砲一六門などによって防備を固めていた。

　ウェーク島攻略を担当する日本軍は第四艦隊で、第六水雷戦隊（司令官・梶岡定道少将）の軽巡「夕張」と駆逐艦六隻、さらに哨戒艇二隻などに護衛された舞鶴特別陸戦隊の一個中隊と、第六根拠地隊の特別陸戦隊一個中隊によってウェーク島攻略部隊が編成された。これを第一八戦隊（軽巡「天龍」「龍田」。司令官・丸茂邦則少将）のウェーク島攻略掩護隊と、第二四航空戦隊（司令官・後藤英次中将）基幹の航空部隊が支援することになっていた。

ウェーク島攻略作戦は、当初、第六根拠地隊の一個小隊だけで行うつもりだったが、開戦直前の十一月下旬、来栖三郎特使がワシントンに赴任する途中、ウェーク島に立ち寄った際、同島の防備が強化されているという情報をもたらしたことから、舞鶴特別陸戦隊の一個中隊が追加されたという。

十二月八日午前十時十分、ルオット（クェゼリン）から飛び立った千歳航空隊の陸攻三四機が爆撃したのを皮切りに、九日、十日と爆撃を繰り返した。その十日未明、強風で波が大きくうねる中で上陸作戦は開始された。しかし大発（大型発動機艇）日本軍の上陸用舟艇）の発進がうまくいかず、また、沿岸砲台からの砲撃により駆逐艦「疾風」が爆沈した。さらに日本軍の空襲を免れた米軍機の爆撃で駆逐艦「如月」が沈没し、上陸作戦は失敗に終わった。この上陸作戦で、日本軍は航空部隊を含む三七六名の戦死者を出した。

第一次上陸作戦が頓挫してから十一日後の十二月二十一日、第二次上陸作戦が実施された。前回の失敗に懲りた日本軍は、今度は万全を期して攻略作戦に臨ん

ウェーク島の米海兵隊の隊舎。ウェーク島の米軍は開戦直前に兵力が大幅に増強されていた。

だ。第六水雷戦隊、第一八戦隊などに加えて、真珠湾攻撃から帰投中の第二航空戦隊の空母「蒼龍」「飛龍」、第八戦隊の重巡「利根」「筑摩」、駆逐艦「谷風」「浦風」を増援部隊として上陸作戦を援護させた。さらにグアム島攻略作戦を終えた第六戦隊の重巡「青葉」「衣笠」「加古」「古鷹」を、支援部隊として洋上警戒に当たらせるという物々しいものであった。

十二月二十一日早朝、「蒼龍」「飛龍」の空母機がウェーク島を空襲、さらに千歳空の陸攻三三機も同島を爆撃した。翌二十二日にも「蒼龍」「飛龍」機が爆撃を実施し、同日夜から上陸部隊の作戦が開始された。

上陸はウェーク島南側の三カ所から行われた。まず十二月二十三日午前零時四十分に駆逐艦「睦月」に乗艦した第六根拠地隊の特別陸戦隊の一部が上陸、さらに一時間ほどのちに他の部隊も上陸を決行した。しかし米守備隊の激しい抵抗に遭い、日本軍は上陸地点に釘づけとなり、全滅に近い損害を受けた部隊も出ていた。

陸戦隊主力が激闘を繰り広げている間、もっとも米軍の警戒が厳しいと思われていた飛行場のあるピーコック岬西方に、第六根拠地隊の一個小隊五七名が決死隊として上陸した。しかし、予想に反して米軍の抵抗は少なく、比較的順調に進撃して飛行場各地に布陣する米軍の小部隊と交戦、多数を捕虜としていた。そして午前六時三十分には、退避しようとした米守備隊長のカニンガム海軍中佐も捕虜にした。

守備隊長を失った米軍の抵抗は次第に衰え、日本軍は午前八時前までに砲台などの主要施設の大半を占領、十時十五分までに全島の制圧に成功した。この戦いで

ウェーク島のＦ４Ｆグラマン・ワイルドキャット戦闘機12機は、12月8日の日本軍の空襲で４機が地上で撃破され、さらに火災で３機を失っていた。

日本軍の戦死者は一二七名、負傷者は二二四名を数えた。対する米軍は戦死一二二名を数え、約一六〇〇名が捕虜となった。占領後、日本軍はウェーク島を「大鳥島」と改名し、特別陸戦隊一個大隊ほかを島の警備に当たらせた。

南方最大の航空基地となるラバウルの占領

南洋群島のマーシャル諸島の南側に位置する、イギリス領のギルバート諸島に対する攻略戦も実施された。中心地マキン島、タラワ島へは、開戦翌日の十二月九日に海軍陸戦隊一五四名が上陸し、大きな抵抗を受けることなく両島を占領、その後、タラワ島からは撤収し、マキン島に九二名（当時）の守備隊を置いて同方面の警備に当たらせた。

ギルバート諸島の占領目的は、一つはハワイ～オーストラリア間の連絡路を遮断することと、ギルバート諸島の北隣に位置し、海軍の潜水艦基地のあったマーシャル諸島の防衛を強化するためであった。

連合艦隊のもっとも重要な前進基地となっていたト

ニューブリテン島のラバウルに敵前上陸した海軍陸戦隊。

ラック環礁から約一七八〇キロ、旧ドイツ植民地で、第一次大戦後はオーストラリアの委任統治領となっていたビスマルク諸島に対しても、ギルバート諸島と同じ理由で攻略作戦が実施された。委任統治領の首都であるニューブリテン島のラバウルには飛行場があり、ここからならトラック島は十分、爆撃圏内に入っていたからである。また、ラバウル北方のニューアイルランド島カビエンにも飛行場があり、ラバウルと同時に攻略することになった。

ラバウルはグアム島攻略を実施した陸軍南海支隊約五〇〇〇名と舞鶴第二特別陸戦隊の一部（二個小隊）が、カビエンは舞鶴第二特別陸戦隊の主力（三個中隊基幹）約一〇〇〇名がそれぞれ攻略を担当し、第二四航空戦隊および第一航空艦隊（司令長官・南雲忠一中将）の空母「赤城」「加賀」「翔鶴」「瑞鶴」の艦上機による空襲の後、一月二十三日未明に上陸を開始した。

ラバウルを守備していたのはオーストラリア軍の第二三旅団の二個中隊ほか、スキャンラン大佐率いる約一四〇〇名であった。夜間に上陸した日本軍は沿岸砲

やがてラバウルは、日本軍の南方最大の前進航空基地となっていく。写真はラバウル基地の「日の出3時間前整備員起床」の風景。

台などの重要施設を次々と占領していった。

豪軍との戦闘は比較的小規模なもので、守備隊を指揮するスキャンラン大佐も、圧倒的に兵力が少ないことから午前六時過ぎには戦闘中止を決断した。しかし、降伏はせずに二手に分かれて海岸沿いを後退した。そして二十三日午後に、日本軍は滑走路等が破壊された飛行場を占領した。その後、ラバウル周辺地域の掃討を実施し、二月四日になってスキャンラン大佐ら守備隊首脳部が投降してきた。

ラバウル攻略戦での豪軍の戦死者は約三〇〇名、捕虜は八三三名を数え、装甲車一二輛、自動車一八〇輛、速射砲一五門、機関銃二七挺、小銃五四八挺などを押収した。日本軍攻略部隊の戦死者は一六名であった。

一方、ニューアイルランド島カビエンはウィルソン少佐率いる豪軍の一個中隊約二〇〇名が守備していたが、一月二十三日未明に日本の海軍陸戦隊が上陸した際、守備隊は抵抗せずにニューアイルランド島の奥地へと後退した。そのため海軍陸戦隊はなんらの抵抗も受けずに飛行場、市街を次々と占領していった。ただ

異境のカビエンを占領して記念の標柱を立てる海軍陸戦隊。でも、柱が少し傾いてますが…。

し、飛行場は豪軍が退避する直前に破壊されており、滑走路には直径八メートル、深さ二メートルにおよぶ穴が一三カ所も掘られていた。

ラバウル、カビエンを占領した日本軍はただちに飛行場の修復を開始、カビエンは占領した陸戦隊の手により一月末までに応急修理を終えた。ラバウル飛行場は本格的整備を行うことになり、当面は不時着時などの緊急用に使うこととなった。そこでラバウルは一月二十五日までに戦闘機用の滑走路と水上機基地を設置、二十六日には九六式艦上戦闘機一六機が進出した。さらに二月初めに陸攻用の滑走路も整備され、二月七日に陸攻三機が進出、十四日には第二四航空戦隊司令部も進出し、以後、ラバウルは南方最大の航空基地として整備、拡大されていった。

MO作戦、MI作戦、FS作戦

開戦時の快進撃がストップし、幻と化した日本軍の拡大作戦

一九四二年五月〜七月

「第二段作戦」をめぐる連合艦隊と軍令部の対立

ハワイ真珠湾の奇襲攻撃とマレー・シンガポール攻略作戦を皮きりに始まった対米英蘭戦争＝太平洋戦争は、その後、開戦の最大目標であった蘭印（らんいん）（オランダ領東インド。現在のインドネシア）の油田地帯占領にも成功し、第一段作戦は大本営が思った以上の順調さで完了した。しかし次なる「第二段作戦」については、開戦前には何ら具体的プランは練られていなかった。

日本陸軍は南方資源地帯を確保して、長期持久態勢の確立という所期の目的を達したことから、第一段作戦で使用した兵力を満州（中国東北部）へ戻そうとしていた。もともと陸軍の仮想敵国はソ連（ロシア）であり、アメリカとの戦争は「海軍の縄張り」という意識が強かった。だからアメリカに対しては、当面、積極的に攻勢をとろうとは考えていなかった。

一方、日本海軍は積極的な攻勢を維持していこうとしていたが、第二段作戦の方針をめぐって、実戦部隊を束ねる連合艦隊と、作戦を立案・指揮する軍令部との間で意見が対立していた。

真珠湾奇襲攻撃を成功させた山本五十六（やまもといそろく）大将率いる連合艦隊は、アメリカとの戦争は短期決戦で行うべきだとしていた。それには米国の戦意を喪失させること

ポートモレスビー飛行場のB17爆撃機の駐機場。ここからラバウルなど日本軍前進基地空襲に飛び立っていた。

が第一で、ハワイ占領は最も効果的であるとしていた。

そこで連合艦隊司令部は、まずハワイ西方にあるミッドウェー島を占領し、次いでハワイを攻略すべしとの作戦を提案していた。また、ハワイ攻略作戦の準備ができるまでの間、インド洋に進出してセイロン島(現スリランカ)を攻略、英艦隊を撃滅して後顧(こうこ)の憂(うれ)いを取り除くというプランを考えた。

これに対して軍令部(総長・永野修身(ながのおさみ)大将)は、フィリピンを脱出したマッカーサー大将の落ち着き先となっており、いずれ連合軍の反攻拠点となることが予想されるオーストラリアに目を向けていた。オーストラリアを無力化し、可能ならば南方資源地帯と目と鼻の先にある豪州北部地域を占領することを検討していた。

しかし陸軍は、連合艦隊のセイロン島攻略案に対しては、攻略しても補給線が長くなり確保することは難しいと主張し、オーストラリア攻略案については、日本の国力の限界を超えているとして反対した。ハワイ攻略作戦案については海軍部内でも意見が一致してい

ポートモレスビーのタタナ島の米第101沿岸防衛隊の高射砲陣地。襲撃してくる日本軍飛行機を待ち構えている。

なかったので、陸軍側には提案されなかった。

ニューカレドニアを占領し米豪を分断せよ！

ただし、オーストラリアの無力化については陸軍も理解を示していた。そこで、軍令部から新たに提案されたのが「米豪連絡路の遮断」であった。オーストラリアそのものの攻略は無理でも、米豪の間にあるニューカレドニア、フィジー、サモアを攻略して米豪の連絡路を分断、補給を断ってオーストラリアの脱落を図るというものであった。

このFS作戦の準備として、ニューギニア東南岸のポートモレスビーを攻略することも決定した。ポートモレスビーから出撃した米軍のB17爆撃機が、南方最大の航空基地として機能していたニューブリテン島のラバウルをたびたび空襲していたからである。また、連合艦隊の主張も一部認められて、セイロン島攻略は行わないものの、機動部隊の艦載機による空襲を実施し（インド洋作戦）、ミッドウェー島攻略も行われることになった。こうして一九四二年（昭和十七）四月

日本軍が占領をあきらめたミッドウェー島。手前のイースタン島と奥のサンド島を含む一帯をミッドウェー島と呼ぶ。イースタン島は島全体が滑走路に見える。

以降の日本軍の第二段作戦のスケジュールは、次のように決定された。

・四月―インド洋作戦
・五月上旬―ポートモレスビー攻略（ＭＯ作戦）
・六月上旬―ミッドウェー島攻略（ＭＩ作戦）
・七月中旬―ニューカレドニア、フィジー占領、サモア破壊（ＦＳ作戦）

ＭＯ作戦はグアム島、ラバウル攻略に活躍した陸軍の南海支隊（堀井富太郎（ほりいとみたろう）少将）基幹の兵力が上陸作戦を担当し、大型空母「翔鶴」「瑞鶴」、小型空母「祥鳳」ほか、重巡六隻、軽巡三隻などの艦隊が上陸部隊を支援、護衛し、第四艦隊司令長官の井上成美（いのうえしげよし）中将が総指揮を執（と）ることになった。

さらにＦＳ作戦は、海軍から第二艦隊、第四艦隊、第一航空艦隊の空母六隻、戦艦二隻、重巡一四隻、軽巡五隻などが、陸軍から歩兵九個大隊基幹の兵力が投入されることになった。

珊瑚海海戦の「引き分け」で中止されたMO作戦

一九四二年五月四日、南海支隊を乗せた攻略部隊がラバウルを出撃した。米軍は日本軍の暗号を解読して空母「レキシントン」「ヨークタウン」を基幹とした機動部隊を派遣してきており、五月七日～八日にかけて、日米機動部隊の間で激しい戦闘が行われた。いわゆる「珊瑚海海戦」である。

空母同士が初めて戦ったこの海戦で、日本の機動部隊は「レキシントン」を撃沈、「ヨークタウン」を大破させたが、自らも軽空母「祥鳳」を失い、正規空母「翔鶴」は飛行甲板が使用不能となった。海戦後、井上中将はポートモレスビー攻略部隊の引き揚げを命じ、作戦は中止された。

珊瑚海海戦での「引き分け」はその後の戦局に影響を与えた。続くミッドウェー攻略作戦には「翔鶴」「瑞鶴」は参加できず、日本海軍は空母四隻で作戦に臨んだが、六月五日～六日の海戦で米軍の待ち伏せによりすべての空母を失う大敗北を喫した。そのためミッドウェー島攻略も中止された。

米太平洋艦隊司令長官だったチェスター・W・ニミッツ元帥は『ニミッツの太平洋海戦史』（実松譲・冨永謙吾共訳、恒文社刊）に記している。

ニミッツはまず「戦術的に見るならば、サンゴ海海戦は日本側にわずかに勝利の分があった」といい、「しかし、これを戦略的に見れば、米国は勝利を収めた。開戦以来、日本の膨脹は初めて抑えられた。ポート・モレスビー攻略部隊は、目的地に到着しないで引き揚げなければならなかった」と続け、こう結んでいる。

「この海戦には他の重要な結果が含まれている。戦略上の成功は、この海戦が行なわれていた五月六日のコレヒドール降伏による苦悩のいくらかを、精神的にアメリカ人から取り除くのに役立った。さらに重要なことは、空母『翔鶴』の損傷修理と打ちのめされた空母『瑞鶴』の飛行隊再建の必要から、これら両艦ともミッドウェー海戦に参加できなかったことである。両空母がミッドウェー海戦に参加していたならば、この海

チェスター・W・ニミッツ元帥。

戦の成果に決定的な役割りを十分果たしていたであろう」

このMO作戦に続くMI作戦の中止を受けて、大本営は六月七日にFS作戦を二カ月間延期することにしたが、七月十一日に中止が決定された。日本が〝敗北の道〟を歩み始める象徴的な出来事ではあった。

ガダルカナル島の戦い①

米軍の本格的反攻戦を見誤った日本軍

一九四二年八月〜

米豪遮断をめざしてガ島へ進出した日本軍

大平洋戦争の幕開けとなったハワイ真珠湾の米太平洋艦隊に対する奇襲攻撃で、山本五十六大将率いる連合艦隊は米空母部隊を撃ち漏らしてしまった。そこで海軍、なかんずく連合艦隊司令部が次に求めた決戦場はミッドウェーであった。西太平洋に浮かぶミッドウェー島（米領）を攻略して米太平洋艦隊をおびき出し、姿を見せるであろう米空母群を一挙に撃滅する——。

成功すれば、アメリカにとっては決定的なカウンターブローになるはずであった。だが、米軍は日本海軍の暗号解読で事前に作戦内容をつかんでいたことと、作戦を実施した連合艦隊の第一航空艦隊（南雲機動部隊）が犯したいくつかの錯誤が重なって、逆に日本は主力空母四隻を一挙に失うというカウンターブローを食らい、敗退した。

連合艦隊にはもう一つ切り札があった。連合軍の対日反攻拠点となるであろうオーストラリアとアメリカとの連絡路を遮断して、オーストラリアを孤立させて中立化を図るという作戦である。その前進基地獲得をめざして行ったのが、前項で記したニューギニアのポートモレスビー攻略のMO作戦であり、フィジー、サモア攻略のFS作戦であった。

だが、MO作戦の中止に続いて、ミッドウェー海戦の完敗によって空母部隊によるFS作戦の実行も不可能となった。そこで次善の策として海軍が考えたのが、ソロモン諸島の島伝いに陸上基地を推進し、基地航空部隊によってフィジー、サモアなどを攻略しようとい

第１陣に続いて米軍が「レッド・ビーチ」と名付けたルンガ岬の海岸に上陸する米海兵隊。

う作戦であった。この陸上基地強化作戦はSN作戦と称された。これにはもうひとつ、トラック、ラバウルなどの日本軍主要基地を防衛するための前進基地確保という意味も含まれていた。こうして飛行場建設に適した場所として選ばれたのが、ソロモン諸島の東の外れにあるガダルカナル島――ガ島であった。

一九四二年（昭和十七）七月一日、飛行場建設のために二八一八名（推定）の隊員がガ島に送りこまれた。その大半は飛行場建設に派遣された海軍設営隊の軍属で、軍人総数は六〇〇名たらずであった。防衛庁戦史室の戦史叢書によれば、以下の通りである。

・第一一設営隊（隊長・門前鼎大佐）
　隊員一三五〇名（うち軍人約一八〇名）
・第一三設営隊（隊長・岡村徳長少佐）
　隊員一二二一名（うち軍人約一五〇名）
・第八四警備隊ガ島派遣隊（隊長・遠藤幸雄大尉）
　隊員二四七名（呉第三特別陸戦隊含む）

隊員数は資料や証言によってまちまちであるが、いずれにしても軍人は六〇〇名前後しかおらず、装備も

米軍が拡張したルンガ飛行場。米軍は「ヘンダーソン飛行場」と呼んだが、ガダルカナルの戦いは、この飛行場の争奪戦であった。

きわめて貧弱で、高角砲六門、山砲二門の他は軽機関銃と小銃だけであった。元来が戦闘部隊ではないから、小銃も全員には行き渡らないほどだったというが、飛行場建設は突貫工事で開始された。

来攻兵力の判断に大きな誤算

一方、ミッドウェー海戦で日本軍の快進撃を阻止したアメリカは、ソロモン諸島に対する本格的な反攻作戦に着手した。ニューブリテン島、ニューアイルランド島およびニューギニアの奪還をめざす「ウォッチタワー作戦」の実施である。

そんな最中の一九四二年七月四日、たまたまガ島上空に迷い込んだ偵察機が、日本軍が飛行場を建設しているのを発見した。これを米豪連絡線に対する重大な脅威と受け止めたアメリカは、ガ島を「ウォッチタワー作戦」の第一攻略目標にした。この日本軍に対する最初の本格的反攻作戦の上陸部隊には、バンデグリフト准将率いる第一海兵師団とターナー海軍少将の水陸両用部隊が充てられた。その掩護には空母三隻を基幹

太平洋戦争初期の米軍戦域区分

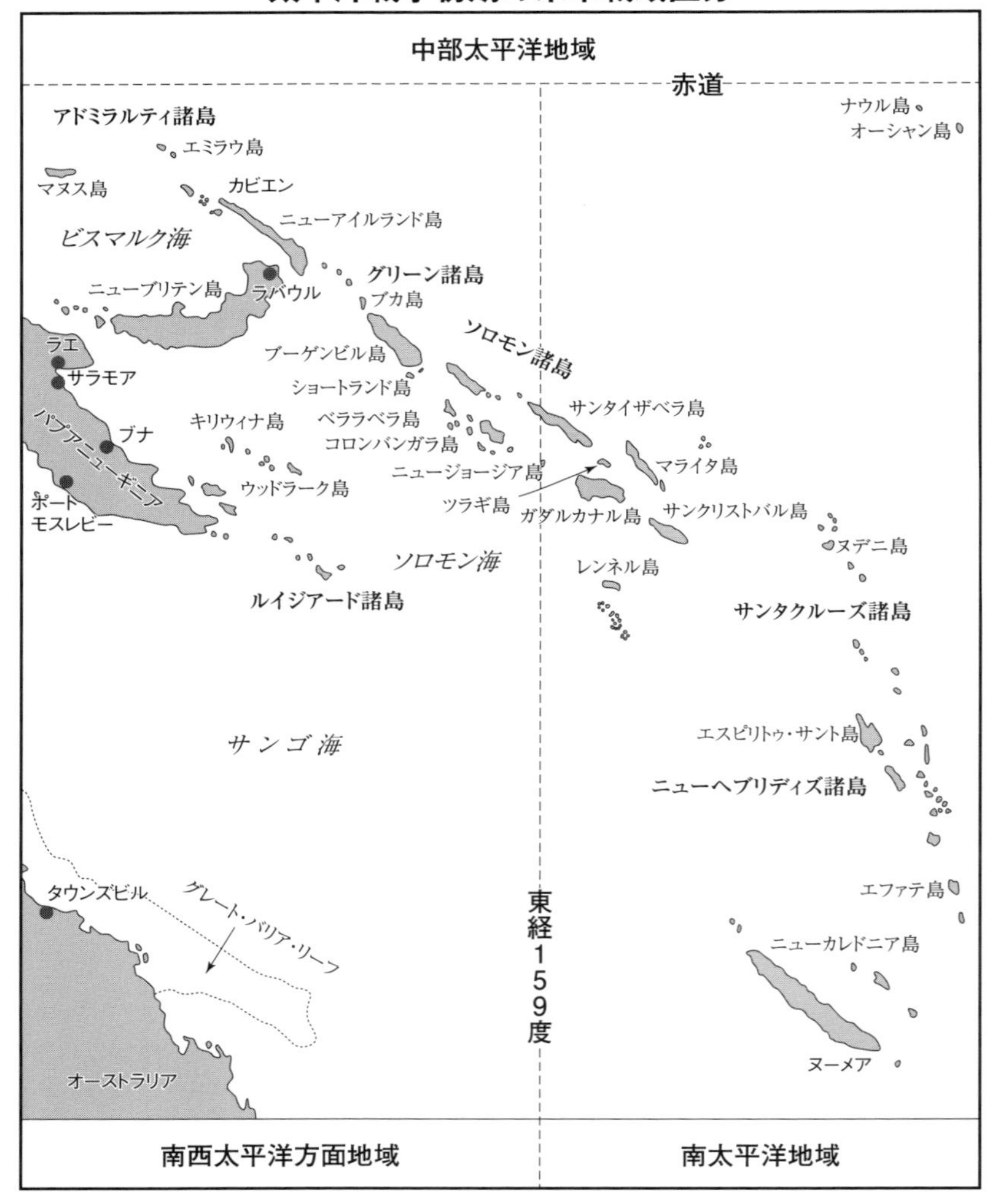

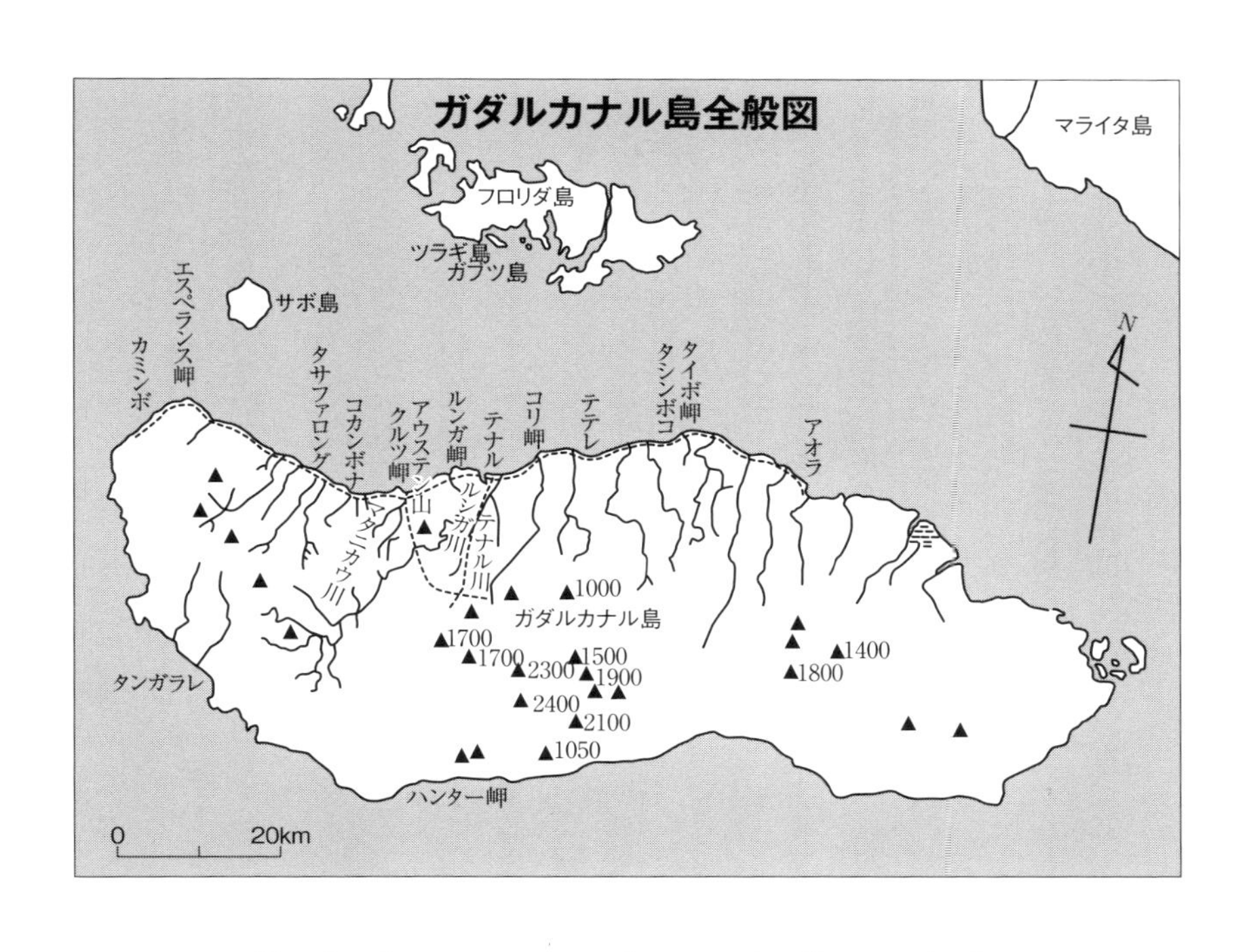

とするフレッチャー少将の機動部隊が任命された。

日本軍はこの反攻の予兆をとらえていた。七月初めに、大船団がアメリカ西海岸の軍港を出航したとの情報が伝えられ、軍令部の通信諜報班は南東太平洋におけるアメリカ軍通信の活発化をとらえて警報を発していたのである。ラバウル以南の防衛を担当する第八艦隊司令部（司令長官・三川軍一中将）は、ソロモン方面への米軍反攻を懸念してガダルカナルへの陸上兵力の増強を要請した。だが、この要請は無視された。大本営は、米軍の本格的反攻は早くても一九四三年以降になると予想していたからである。

一九四二年八月七日の午前六時過ぎ、米上陸部隊の一部が、ガ島の対岸にあるツラギ島の海軍水上機基地を急襲してきた。そして主力は、猛烈な艦砲射撃の後、米軍がレッド・ビーチと名付けたガ島のルンガ岬に上陸を開始した。この間、日本軍の反撃は全くなかった。

「なぜジャップは反撃してこないのか？」

「これはなにかの罠に違いない」

米兵たちは疑心暗鬼の中を、次々と海岸線にたどり着いた。

「なぜジャップは反撃してこないのか?」日本軍設営隊員の証言

当時、ガ島の飛行場建設は午前四時半から午後十時まで二交代制で行われていたから、隊員の朝は早い。この日も午前四時前には大半の隊員は起きていた。隊員たちの記憶では、午前三時過ぎに最初の空襲警報のサイレンとラッパが鳴り、四時過ぎに再度鳴る。二回目の警報が鳴ったときは食事中の者もいた。同時に爆撃と機銃掃射につづいて艦砲の砲弾があちこちで炸裂しはじめ、各設営地は混乱の巷と化す。

岡村少佐の第一三設営隊は、この日たまたま平常より早く起床し、全員が朝食をとり、朝礼を終えて作業現場に向かうべく出発したときだったため、比較的整然と退避行動に移ることができた。

しかし第一一設営隊ではまだ総員起床前であったことと、米軍の上陸予定地点の正面に近い海岸線にあったこともあり、文字通り大混乱に陥った。

のちにガ島は「餓島」と言われる飢餓地獄に追い込まれるが、設営隊の食糧は山と積まれたまま米軍に捕獲されてしまった。

一木支隊の将兵の死体で埋め尽くされたイル川河口一帯の海浜は、まさに地獄の戦場そのものであった。

第一一設の軍属で、当時一九歳と若手グループの隊員の一人であった岡谷捷夫（おかやはやお）さん（静岡県焼津市）たちの分隊は、一三設と同じ予定でこの朝を迎えている。岡谷さんは、その時の模様をこう語っている。

「私たちの隊は四時起床で、薄暗いうちに朝食をすませ、朝礼のために集合したとき『空襲だ！』となった。ところがゲタバキの二枚羽が飛んで来たもんだで、『なんだ、友軍機じゃねえか』と、いったんバラバラに逃げた隊員がまた集まってきた。そうしたら照明弾をバカンバカン落とされて、艦砲もグァングァンくる。それ空襲だってんで、もう命令も何もない、みんなてんでんバラバラに逃げたですよ」

岡谷さんたちは五、六人で、しばらくは飛行場に入る手前の竹薮みたいなボサの中でじっとしていたが、「敵が上陸してくるぞ！」という情報があったため、ルンガ川を渡ってジャングルの中に入って行った。

「そのときは一〇〇人くらいいましたかね。八月七日の晩はそこでみんなと一緒に過ごし、九日ごろかな、みんな腹ペコだし、それで東京のトビ職の渡辺さんが

『ここにいてもしようがねえ』と言いだし、以後、グループを離れて渡辺さんと青島という仲間の三人で行動をとるようになりました」

このように第一一設営隊員の行動はバラバラであった。隊長の門前大佐自身、わずか十数名の部下を連れてルンガ川を渡り、西方に撤退したほどである。

第八四警備隊との連絡もとれなかった。やがて門前大佐一行は第一三設営隊と合流することができ、両隊は夜陰を利用して海岸道を西へ進み、マタニカウ川を渡ってクルツ岬の西方にある小さな川の西岸に指揮所を設営した。そして間もなく、第八四警備隊の遠藤大尉一行も合流、門前大佐が指揮官、岡村少佐が副指揮官のような立場で〝ガ島守備隊〟を統率することになった。こうして一三設と八四警備隊を主力とするガ島守備隊は、無名の川（のちに小川と呼称）の左岸を指揮所（のちに海軍本部と呼称）に第一夜を送るのである。

決死隊を編成して糧秣庫に逆戻り

岡谷さんと同じ静岡県出身の増田実さん（藤枝市在住）は、一九二三年（大正十二）十二月生まれだから、このときは一八歳の少年であった。二四年生まれの徴用者もいたというが、最年少の部類に入る。前出の岡谷さんたちは一週間目に本隊と合流しているが、増田さんたちは四四日間もジャングルの中をさ迷っていた。その初日の模様を語ってもらう。

「最初の空襲警報が鳴ったあと烹炊所（ほうすいじょ）へご飯を取りに行き、幕舎に戻って食器に盛り付けているとき、二度目の空襲警報のラッパが鳴ったです。三機編隊の飛行機が来て、飛行場に曳光弾（えいこうだん）をバラバラッと落とした。そうしたら飛行場の北側（海岸寄り）に陣地を構えていた守備隊が高角機関砲をバンバン撃ち出した。こりゃただごとではないと思い、飯も食わずに逃げ出したですよ。みんなてんでんバラバラ、寝ぼけっ面（つら）でね」

第一一設の幕舎群は海岸から五〇〇メートルほどの所に並んでいた。増田さんたちの幕舎は東の端にあり、隣には医務室があった。その医務室の東側に農場がある。隊員用の野菜畑である。

「私は広い農場へ行けば状況が分かると思い飛び込んだです。農場前の海岸は椰子林になってまして、そこに移動したです。それでボサの中に伏せておったですが、なにせ一八歳の子供だで、怖いもの見たさにそおっと顔を上げて沖を見ると、艦艇で真っ黒なんですよ。

日本軍守備隊は最初のうちはバンバンやってたが、まもなく米軍の爆撃を受け、午前十時ころまでには完全に沈黙です。守備隊が沈黙してからは立つこともできないで、寝たまま小便して、じっとしてました。そのうちに頭上の椰子の葉がブァーと動いたかと思うと実がバラバラ落ちてくるようになった。飛行場を狙う米軍の艦砲射撃の砲弾が椰子の木すれすれに飛んで行くもんだでね。至近距離からですから、ほとんど水平攻撃みたいなもんですよ。なにしろ顔を上げて見ると、米兵が甲板の上で動いているのがチラチラ見えるんですから」

増田さんは、暗くなれば米軍の攻撃もやむだろう、それまで待つほかはないと考えた。幕舎の近くでもあるし、仲間も戻って来るに違いないと思った。

「夕方になると、米軍は海岸をサーチライトで照らしてきた。こりゃ危ない、幕舎に行かなくちゃと思い、戻ったです。なにしろ身に付けているのは服だけで、地下足袋(じかたび)も巻脚半(まききゃはん)もしていないし、朝めしも食っておらんから腹が減ってしようがない。水も一滴も飲んでないしね。

幕舎群は爆風で吹っ飛んでめちゃくちゃでしたが、自分の幕舎は東の端だったですぐ分かりました。それで、朝自分が盛った食器のめしを口に入れたら砂でジャリジャリ、とても食えん。幕舎内は私物も何もひっくり返ってて手のつけようがない。そこで南京袋三枚に毛布二枚、食器一個をしっかり抱えて出ました。けど、どっちへ行っていいかわからんで、やみくもに飛行場の方へ走ったですよ。

途中、自動車がエンコしてたり椰子が倒れていたりでどうしようもない。飛行場を横切り、ジャングルに入ったらそこに一〇〇人くらいいて、初めて合流でき

イル川河口の砂州で斃れた一木支隊先遣隊の兵士たち。米海兵隊カメラマンは、こんな解説を付している。「…右側の日本兵の右眉の上に弾丸の貫通の跡が見えるのに注意せよ。海兵隊の小銃の正確な狙いを物語る」

ました。朝からまったく一人だったで、ほっとしたですよ」

飛行場南側のジャングルに退避した一〇〇名近い第一一設営隊の隊員たちは、その晩決死隊を編成して糧秣庫（りょうまつこ）に乾パンを取りに行く。増田さんも一員に加わったが、暗夜のジャングルで道に迷い、一晩中歩き回りながらも糧秣庫を探しだし、戻ることができた。

翌日、一一設の約一〇〇人は上陸した米海兵隊から至近距離での攻撃を受け、再びバラバラになって退避行に移る。増田さんも数人の仲間とアウステン山の方角に進み、四四日間のジャングル退避行のスタートを切るのである。

そのガ島の増田さんが、椰子林のボサの中から「怖いもの見たさにそおっと顔を上げて沖を見た」ころ、ラバウルの第二五航空戦隊司令部（司令官・山田定義少将）と三川中将の第八艦隊司令部に、ツラギ通信基地から緊急電報が届いていた。八月七日午前七時三十分だった。

「敵、猛爆中！」

「敵兵力大　最後ノ一兵迄守ル　武運長久ヲ祈ル」

これがガ島の対岸に浮かぶツラギ島とガブツ・タナンボコ島守備隊の〝最期の電報〟であった。

電報を受けたラバウルの第二五航空戦隊の山田少将は、ニューギニアのラビ攻撃に向かうべく発進準備を整えていた攻撃隊（零戦一七機、一式陸攻二七機）の目標を変更し、ガダルカナルの上陸部隊攻撃に向かわせた。しかしこの攻撃隊は換装の時間を惜しんで陸用爆弾を積んだまま発進したため、大きな戦果をあげることはできなかった。

第二五航空戦隊が出撃した後、三川中将の第八艦隊も集められるだけの巡洋艦、駆逐艦を集めて、その日の午後にラバウルを出港した。そして八月八日の深夜、第八艦隊は米艦隊とぶつかった。第一次ソロモン海戦である。奇襲に成功した日本軍はわずかに六分で米艦隊の戦闘力を奪い、圧勝した。

だが、夜を徹して揚陸作業を続行していた約四〇隻の輸送船団には見向きもせず、無傷のまま残してラバウルに引き返してしまった。もしここで、米輸送船団を壊滅させていたならば、ガ島戦の行方は大きく変わっていたかもしれない。

ともあれ、海戦の圧勝によって日本軍の楽観論は強まり、ツラギ、ガダルカナルなどソロモン群島の要地奪回を目指す「カ」号作戦が策定された。陸軍も海軍の要請で一木支隊（約二〇〇〇名）の派遣を決定し、協力することになった。

当時、陸軍側には「ガダルカナル」に対する認識はほとんどなかった。もちろんガ島に飛行場が造られていたことなど知らなかったし、島の正確な場所すら知らなかった。その上、海軍の情報ではガ島に上陸した米軍は「二〇〇〇の敵偵察部隊」であるから、一木支隊で十分であると判断したのである。こうした手前勝手な敵情判断と情報分析の甘さが、その後の部隊のさみだれ式兵力投入、いわゆる増援部隊の「逐次投入（ちくじとうにゅう）」となり、〝餓島（がとう）〟の悲劇を生むことになる。

一夜で全滅した一木支隊先遣隊

一九四二年（昭和十七）八月十六日朝、駆逐艦六隻

に分乗した一木支隊の先遣隊約九〇〇名は、ガダルカナルに向けてトラック島の基地を出発した。一木支隊本隊と横須賀鎮守府第五特別陸戦隊（司令・安田義達大佐、六一六名）も輸送船で先遣隊を追った。

　もともと一木支隊と第五特別陸戦隊はミッドウェー攻略作戦のために特別編成された部隊であった。一木支隊の主力は旭川の歩兵第二八連隊で、支隊長は一木清直大佐である。しかし同作戦が機動部隊の大敗で中止されたため、グアム島で「訓練」をしていた。そして支隊は、連合軍がツラギとガ島に上陸した八月七日にグアムを出発して帰国の途についたのだったが、途中で呼び戻され、行き先を変更され、トラック島経由でガ島に向かったのだった。

　八月十八日夜半、先遣隊は駆逐艦輸送によってガ島東北部タイボ岬に無事上陸をした。敵に占領されたルンガ飛行場（アメリカの呼称はヘンダーソン飛行場）から東へおよそ四〇キロの地点である。

　無血上陸をした先遣隊は、後続の本隊を待たず、そのまま海岸沿いに飛行場をめざして進撃を開始した。ガダルカナル島の北部には、南部の山地から流れ出す何本もの川が南から北に向かって海に注いでいる。そのひとつベランデ川を渡り、タイボ岬から一五キロほど東方のテテレで朝を迎え、四名の将校に率いられた四組の斥候隊（三四名）を出した。

　将校斥候は海岸を飛行場方面に向かったが、その日の午後、待ちかまえていた米海兵隊と戦闘になり、半数が戦死してしまった。

　斥候隊の生存者を収容して西進を続けた先遣隊が、飛行場にほど近いイル川右岸に達したのは二十日夜。夜間の小競り合いの後、一木大佐は、早く追わなければ敵偵察隊は逃げてしまうと心配し、二十一日未明、先遣隊主力に突撃命令を下した。

　だが、先遣隊を待ち受けていたのは、戦意きわめて旺盛な二万の大軍であった。イル川の砂州を渡って敵陣への突入を試みた先遣隊は、たちまち猛烈な銃火になぎ倒され、その場に釘付けとなった。しかも敵は正面に戦車を繰り出し、迂回部隊が南にまわって十字砲火を浴びせてきた。先遣隊は壊滅的打撃を受け、一木大佐は軍旗を焼いて自決を遂げた。先遣隊九一六名のうち、日本側の記録では戦死七七七名、上陸地点の監視のため残留した兵や戦線離脱をした兵など生存者は一二四名といわれ、負傷などで捕虜になった将兵はわずかに一五名であった。

一木支隊の先遣隊がガダルカナルで全滅に瀕していたころ、柱島泊地にあった連合艦隊主力は、第二艦隊と第三艦隊（機動部隊）をもってガ島奪回作戦を支援するため、トラック基地に進出していた。空母三、戦艦四、重巡九、軽巡六、駆逐艦一二を主力とする大部隊である。

八月二十四日、米機動部隊と日本機動部隊の間に戦闘が開始された。第二次ソロモン海戦である。艦船の数では日本軍が有利であったが、戦いは日本軍が軽空母「龍驤」と駆逐艦を一隻失ったのに対し、敵に与えた損害はわずかに空母一の損傷だけであった。日本の敗北である。

この海戦の敗北によって、ガダルカナルへの増援部隊輸送計画は挫折した。連合艦隊司令部は飛行場を奪回するまで以後の船団による輸送を取りやめ、駆逐艦など軽快艦艇による急速輸送、いわゆる〝ネズミ輸送〟に切り替えることとなった。

失敗に終わった先遣隊の艦艇輸送

ラバウルの第一七軍司令部（軍司令官・百武晴吉中将）が、一木支隊先遣隊の苦戦を知ったのは一九四二年（昭和十七）八月二十一日の夕方だった。そこで第一七軍司令部は川口支隊の早急な増援を決定した。

川口支隊の基幹部隊は福岡の第三五旅団（旅団長・川口清健少将。歩兵第一一四連隊、歩兵第一二四連隊）で、本来は福岡・長崎の連隊を中心にした第一八師団の所属であったが、大本営直轄部隊としてボルネオ、ミンダナオなどの攻略作戦に従事していた。兵力は約三五〇〇名だった。そして攻略作戦が一段落し、一九四二年七月五日に第一七軍が新設されると同時に隷下に入り、FS作戦（フィジー、サモア攻略戦）部隊としてパラオ諸島で敵前上陸訓練を行っていた。

しかしFS作戦は中止された。川口支隊は一木支隊がトラック島を出航した同じ八月十六日に、輸送船佐渡丸と浅香丸に分乗してパラオを出発、トラック島経由で第一七軍司令部がいるラバウルに向かった。その船団が一路南下していた八月二十六日、前日の二十五日に一木先遣隊の全滅を確認した第一七軍司令部は、急遽、洋上の川口支隊に軍命令を発した。

約一個大隊を洋上で護衛の第二〇駆逐隊に移乗させ、二十七日の夜にガ島に上陸させろという。

戦術の中でもっとも愚かといわれる、一木先遣隊に続く兵力の逐次投入命令である。一木先遣隊が全滅してもなお、大本営も第一七軍司令部も、ガ島の米軍はせいぜい二〇〇〇から三〇〇〇名程度であろうと、勝手に判断していたのだ。

しかし軍命令とあれば仕方がない。川口少将は歩兵第一二四連隊第二大隊を先行させることにした。こうして約六〇〇名の大隊員を移乗させた第二〇駆逐隊の「夕霧」「朝霧」「天霧」「白雲」の四艦は、ガ島のタイボ岬をめざした。だが二十七日の朝、駆逐隊は連合軍の哨戒飛行艇の接触を受けたため、外南洋部隊指揮官（第八艦隊司令長官）は上陸を一日延期した。

ところが翌二十八日午後二時過ぎから駆逐隊は米軍の戦爆連合機の猛攻にさらされ、「朝霧」沈没、「白雲」大破、「夕霧」中破という大損害を被ってしまった。「朝霧」に乗船していた大隊員一四〇名中六三名が戦死し、駆逐艦の乗組員は二名が生き残っただけだった。煙突部を吹き飛ばされた「夕霧」でも乗組員三五名と大隊員二一名の死傷者を出していた。

駆逐隊は無傷の「天霧」が大破の「白雲」を曳航してショートランド島に向かい、艦艇輸送は失敗に終わったのだった。

一方、二十八日の午前一時過ぎにラバウルに着いた川口支隊主力は、そのままショートランドに向かい、ガ島上陸に備えた。

やってはいけない兵力の逐次投入始まる

ところで、八月十六日に輸送船三隻に分乗してガ島をめざした一木支隊の本隊約一三〇〇名は、八月二十二日にはタイボ岬へ上陸して先遣隊とともに飛行場奪回作戦に加わるはずであった。

しかし平均速力八・五ノットの船団はひっきりなしに敵航空部隊に襲われた。前進・退避を四回繰り返した八月二十五日、ついに海軍陸戦隊の乗った輸送船が被害を受け、船団はガ島行きを諦めてショートランドに引き返した。そこで偶然にも川口支隊と出くわし、

ヘンダーソン飛行場（ルンガ飛行場）を見下ろす山の上に築かれたアメリカ軍の塹壕。

連合艦隊の新方針に従ってネズミ輸送でともにガ島に向かうことになった。そして一木支隊本隊と川口支隊の一部が、高速艇でタイボ岬に上陸したのは八月二十九日夜半であった。

川口支隊は総勢約三五〇〇名であったが、川口支隊長と歩兵第一二四連隊長・岡明之助大佐の意見が衝突し、川口支隊長の率いる主力は駆逐艦八隻に分乗して八月三十一日タイボ岬に上陸。岡大佐の率いる歩兵第一二四連隊の連隊本部と第二大隊は、大発（大型発動機艇）による舟艇機動で島から島へ三〇〇浬（約五五六キロ）を乗り越えて九月五日、ガ島北端のエスペランス岬にたどり着いた。主力がほとんど無傷であったのに対して、岡大佐の舟艇機動組は途中敵機の銃爆撃を受け、エスペランス岬に到着したとき兵力は三分の一になっていた。

タイボ岬の上陸点まで後退して本隊の到着を待ち望んでいた先遣隊の生き残りを含め、指揮官を失った一木支隊は川口少将の指揮下に入り、「熊部隊」と称することになった。

待ち構えていたアメリカ海兵隊

一九四二年九月六日、岡部隊到着の報告を待って川口支隊はルンガ飛行場南側地区への移動を開始した。一木支隊の戦訓を生かして、敵の防備堅固な海岸沿いの道を避け、迂回して背後の山岳側から飛行場を攻撃する作戦を立てたのである。

ガ島上陸に成功した川口支隊の総勢はおよそ五四〇〇名。ただし、このうち同部隊の約四五〇〇名はエスペランス岬にあり、交通連絡はほとんど不可能な状態にあった。また、駆逐艦輸送では重火器の輸送が難しく、支隊の火力は高射砲二門、野砲四門、速射砲四門程度にすぎなかった。しかも補給の難しい戦場への出動であったにもかかわらず、食糧もまた最低限に抑えられ、二週間分を携行するのがやっとだったのである。

まず先陣を切って第三大隊がジャングルに分け入った。第一大隊と青葉大隊（第二師団先遣隊）も西進に続いて迂回に入り、熊部隊はしばらく海岸を進んだのち最後にジャングルに潜り込んでいった。

迂回して包囲し、物音もたてずに敵陣に忍び寄って一気に銃剣突撃を敢行する……。日本陸軍得意の戦法である。だが、大陸の平原で磨き抜かれたこの戦法も、ジャングルに覆われた南洋の孤島で、しかもアメリカ軍が相手では通用しないことに誰も気づかなかった。

日本軍の迂回作戦を察知したバンデグリフト准将はツラギから増援を呼び寄せ、飛行場南側の高地の稜線上に堅固な陣地を築いたのである。日本軍の突撃路となりそうな道筋には有刺鉄線を張り巡らせ、さらにその後方には、一〇五ミリ榴弾砲が配置されていた。この高地が、後に「血染めの丘」と呼ばれることになる。

川口支隊の総攻撃失敗に終わる

総攻撃は九月十二日午後九時に予定された。月齢ゼロ、闇夜である。だが、完全夜襲を目論んで選んだ闇夜が致命的な失敗をもたらした。暗黒のジャングルと複雑な地形に呑み込まれて攻撃隊はたちまち方向を見失い、四分五裂。司令部内でさえ前進の途中ではぐれる者が続出し、夜明けに残っていた者はわずかに四、五名という有り様であった。川口少将はやむをえず総攻撃を十三日に延期した。なお、資料によっては十二日夜に敵第一線陣地を突破した部隊があったとしているものもあるが、その夜に銃声を聞いた者はほとんどいない。初めてのジャングルに度肝(どぎも)を抜かれ、十二日夜には、全部隊が自分の位置さえつかめずに右往左往していたというのが真相のようである。

十三日夜、やっと全部隊の掌握に成功した川口支隊は総攻撃を敢行した。敵偵察機が投下する照明弾の明かりのなか、銃剣を閃(ひらめ)かせた日本兵がジャングルを飛び出して敵陣に殺到する。

アメリカ兵は照準を合わせる間もなく、自動小銃を乱射した。敵陣の前にまたたく間に日本兵の死体の山が築かれていく。将兵はその死体の山を乗り越えて突撃を繰り返した。

九月十四日午前二時、予備の田村大隊が投入された。そして田村大隊は敵第二線陣地を突破した。夜明け前、第六中隊の一部は飛行場南東部に進入し、そのうち数名は海兵隊司令部に斬り込んだが、たちまち蜂の巣となって息絶えた。

川口支隊の攻撃もここまでであった。午前二時三十分、丘の防備の指揮をとったエドソン中佐は、バンデグリフト准将に宛てて「丘の確保は可能」との見通しを伝えている。

戦死六〇〇名以上と五〇〇名以上の負傷者を出して、川口支隊の総攻撃は挫折した。ちょうど同じころ、東部ニューギニアのジャングルのなかでも、ガダルカナルと同じ悲劇が繰り広げられていた。大陸の野戦方式を熱帯ジャングルにそのまま持ち込んだ、軍上層部の無知と無能ゆえの悲劇であった。

川口支隊編成表

支隊長　川口清健少将
歩兵第35旅団（長・川口少将）
歩兵第124連隊（長・岡明之助大佐）
　第１大隊（長・国生少佐）
　第２大隊（長・鷹松少佐）
　第３大隊（長・渡辺中佐）
熊大隊［一木支隊先遣隊の生存者と後続の一木支隊第２梯団を主体にした混成大隊］（長・水野鋭士少佐）
青葉大隊［第２師団の歩兵第４連隊第２大隊］（長・田村昌雄少佐）
独立工兵第６連隊［第４小隊欠］（長・脇谷中佐）ほか配属部隊

一方、舟艇機動によってエスペランス岬に上陸した岡部隊はどうなっていたか。

カミンボ周辺にバラバラになって上陸した五〇〇名足らずが、なんとか集結を果たして行軍を開始したのが九月八日だった。ルンガ飛行場の西側を流れるマタニカウ川の手前、クルツ岬周辺に到着したのが、十日である。部隊はここで海軍部隊と合流し、四、五日分の食糧と弾薬を持つだけの軽装備となってマタニカウ川沿いを南に向かう。東と南からの支隊主力の総攻撃に呼応して、西から飛行場を攻撃するためである。

支隊主力と同じように彼らもまたジャングルに悩まされたが、やっと平原に出たとき、異様なものに遭遇する。ボロをまとい、やせ細り、目だけをギラつかせた丸腰の日本人たちである。

「兵隊さん、余りもので結構ですから、なにか食べる物を分けていただけないでしょうか」

折り目正しく口をきく男たちは、米軍上陸時にジャングルに追い込まれた飛行場設営隊の生き残りだった。同情した同部隊将兵は、涙とともに手を合わせる彼ら

テナル川付近に築かれた陣地で銃を構える米海兵隊員。1人はブローニング自動小銃を、他はスプリングフィールド小銃を手にしている。米軍はこうした陣地を数多く設けて日本軍を待ち構えていた。

に乏しい食糧を分け与えた。だが、それがわずか数週間後の自らの姿であることには、誰一人気づかなかった。

支隊主力から派遣された連絡将校によって、総攻撃が九月十三日に延期されたことを知った同部隊は、再びジャングルを切り拓(ひら)きながら敵前線をめざして進撃を開始した。しかし、ジャングルとの格闘に時間をとられているうちに、東の方から激しい銃砲声が聞こえてきた。総攻撃には間に合わなかったのである。

総攻撃が失敗に終わった川口支隊は、マタニカウ川左岸に布陣した岡部隊と合流して態勢を立て直すことになった。各部隊は、三々五々西への移動を開始した。

このとき各部隊の将兵は飢餓地獄の入り口に立たされていた。たとえば一木支隊の生き残りで編成された熊部隊の場合、ルンガ飛行場のすぐ東を流れるルンガ川に沿って往復するなど全行程は約三六キロにも延び、十六日を費やしている。この間、人間の食い物らしいものは皆無である。全員が激しい栄養失調状態に陥っていた。しかも体力が消耗すれば、病気に対する抵抗力も弱くなる。マラリア、アメーバ赤痢などがたちまちのうちに全部隊に蔓延(まんえん)し、斃(たお)れる者が相次いだ。マタニカウ川上流の渡河点では海軍陸戦隊員の服装をした多数の死体を見ているが、彼ら自身、すでにその姿に近いものとなっていた。

武器も装備も途中で投げ捨て、熊部隊の生き残りがほとんど意識を失った状態でクルツ岬の同部隊陣地にたどり着いたのは、十月一日頃のこと。友軍に迎えられた気の緩みが災いしてか、辛く苦しい行軍にも耐え抜いた多数の将兵が息を引き取っていった。

やせ細り、すでに幽鬼(ゆうき)の相を呈した熊部隊の将兵にも食糧が分配された。だがそれは定量の三分の一。ガダルカナルは、ついに「餓島(がとう)」の兆(きざ)しをあらわにしてきた。

川口支隊の戦闘参加兵力は六二一七名で、戦死六三三名、負傷五〇五名、行方不明七五名(のちに戦死確認四五名)という大きなものだった。一方、米軍側の損害は参加兵力の約二〇パーセントで、戦死三一名、負傷一〇三名、行方不明九名、合計一四三名だった。

ガダルカナル島の戦い②

兵力の逐次投入で相次ぐ総攻撃の失敗

〜一九四二年十月〜

今度は第二師団を投入したが、二日で壊滅

一木支隊の全滅に続く川口支隊の敗北に、軍上層は衝撃を受けた。歩兵戦闘のエキスパートを繰り出しての飛行場攻撃が失敗に終わったことに自信をなくし、第一七軍司令部のなかには、ガダルカナルを放棄すべしとの意見も出始めていた。しかし、戦況の実相を把握していないことに加え、この攻防戦に面子をかけていた大本営の作戦参謀連にとっては、ここで引き下がるわけにはいかなかった。

一九四二年九月十八日、陸軍兵力と資材を増加して一挙にガ島奪回を行うとの新しい作戦計画が立てられた。新たに投入されることになったのは、ニューギニアへ派遣されることになっていた丸山政男中将率いる第二師団（仙台）である。兵力一万七五〇〇名。これに火砲一七八門、総兵力の二十日分の食糧と弾薬を持たせ、一気に決着をつけようとの作戦であった。第二師団司令部の陣容も一新されて、参謀長に宮崎周一少将が、また高級参謀に小沼治夫大佐が着任した。

この作戦の成否のカギは、予定通りの人員と装備、なかでも重火器、弾薬、食糧を確実に送り届けることができるかどうかにあった。陸軍は高速船団を編成し、海軍の護衛のもとで一挙に送り込むことを提案したが、ガダルカナル戦ではすでに多数の艦艇や輸送船、それに飛行機を失っていた海軍はなかなか首をタテに振らなかった。

そこで、ラバウルにおける現地協議の行き詰まりに業を煮やした参謀本部作戦班長に就任していた辻政信

ジャングル内から攻撃をしてくる日本兵に向かって砲撃を浴びせる米軍砲兵隊。米軍は圧倒的な火力で日本軍を掃討した。

中佐は、トラック基地に飛んで山本五十六連合艦隊司令長官に直談判（じかだんぱん）を行った。このとき辻参謀はガ島に乗り込んで〝現地指導〟に当たっていた。山本長官は、ガ島作戦の海軍の責任を痛感している旨を述べ、責任をもって護衛を引き受けることを確約した。

陸海共同の大作戦が決定された。海軍主力はソロモン北方水域を行動して敵機動部隊を牽制しつつ、一部は船団の直衛に当たる。さらに高速とはいっても輸送船団は航空攻撃には脆（もろ）いので、事前に敵航空部隊の活動を完全に封じておく必要がある。そこで船団輸送に先立って、高速戦艦二隻でルンガ飛行場に艦砲射撃を実施し、飛行機や施設を焼き払うとともに滑走路を破壊することなどが決められた。

物乞いと化した敗残部隊

十月九日、百武第一七軍司令官をはじめ、第二師団主力と軽火器が艦艇輸送によってガ島北西部のタサファロングに上陸した。重火器や食糧、弾薬などは、十月十四日から十五日にかけて六隻の輸送船で届けられ

第２師団編成表

師団長　丸山政男中将
第２歩兵団（長・那須弓雄少将）
　歩兵第４連隊（長・中熊直正大佐）
　歩兵第16連隊（長・広安寿郎大佐）
　歩兵第29連隊（長・古宮正次郎大佐）
野砲兵第２連隊（長・石崎益雄大佐）
工兵第２連隊（長・高橋卓三大佐）
輜重兵第２連隊（長・新村理市大佐）
独立山砲兵第10連隊［１個中隊欠］
野戦重砲兵第４連隊［１個中隊欠］
独立山砲兵第20大隊（長・梶中佐）
独立速射砲第２大隊
独立速射砲第６大隊
迫撃第３大隊（長・鬼塚義淳中佐）
野戦高射砲第38大隊（長・中村泰三少佐）
野戦高射砲第45大隊
東海林支隊［歩兵第230連隊の第２大隊欠］
　　　　（長・東海林俊成大佐）
川口部隊［川口支隊の生存者］（長・川口清健少将）
北尾部隊［一木支隊の生存者］（長・北尾少佐）
　ほか配属部隊

ることになっていた。

暗闇のなか、上陸作業に没頭する第二師団将兵のそばに、「お手伝いいたします。同部隊の者です」と近寄ってきた数人の兵隊があった。

ところが暫くすると、いつの間にか彼等の姿は消えていた。変に思った第二師団の兵士たちが装具や物品を点検してみると、背嚢が何個か紛失し、軍司令官の

第38師団編成表

師団長　佐野忠義中将
伊東部隊（長・伊東武夫少将）
　第38歩兵団（長・伊東少将）
　歩兵第228連隊（長・土井定七大佐）
　歩兵第124連隊（長・岡明之助大佐）
　独立山砲兵第26大隊［主力］
　迫撃第３大隊［主力］
東海林支隊（長・東海林俊成大佐）
　歩兵第230連隊［一部欠］（長・東海林大佐）
堺部隊（長・堺　吉嗣大佐）
　歩兵第16連隊（長・堺大佐）
　独立速射砲第４大隊
　迫撃第３大隊の1個中隊
鈴木部隊（長・鈴木章夫大佐）
　歩兵第４連隊（長・鈴木大佐）
　独立速射砲第２大隊の1個中隊
予備隊
　歩兵第229連隊（長・田中良三郎大佐）
　歩兵第230連隊第２大隊の一部　ほか配属部隊

弁当も盗まれていた。飢餓に追い込まれた一木支隊と岡部隊将兵の仕業であった。それだけではなく、上陸地点の海岸には飢えと病気でやせ衰えた兵士たちがジャングルからよろめきだし、第二師団将兵に物乞いをする風景があちこちに現出していた。第二師団の将兵は彼等を哀れみ、あるいは泥棒部隊となじったが、わずか一カ月後には自分自身も同じ姿になっているとは

ヘンダーソン飛行場の攻防は続く。日本軍の海空からの攻撃で炎上するB24リベレーター爆撃機。

想像だにしなかった。

ともあれ、第二師団の隠密上陸作戦は成功した。兵員もほとんど無傷であった。

十月十三日夜、翌日の船団輸送に先立って、高速戦艦「金剛」「榛名」によるルンガ飛行場攻撃が実施された。焼夷効果をもつ特殊弾を含め、合計約九〇〇発の大口径砲弾はルンガ飛行場に壊滅的な打撃を与えた。とくに航空用ガソリンが大量に焼かれ、一時、米連合軍は危機的状況に陥ったという。

十月十四日、第三水雷戦隊の駆逐艦に護衛された六隻の高速輸送船団が、タサファロングに到着した。徹夜の揚陸作業が開始された。そして、あと数時間で揚陸完了という午前五時過ぎ、一機の米艦爆が船団めがけて果敢な攻撃を仕掛けてきた。夜明けとともに日本軍の上陸を知った米軍が、傷だらけの飛行機を必死で修理し、発進させたのである。

米航空部隊の攻撃は午前七時過ぎから本格的になった。ジャングルの中に置き忘れて焼失を免れたガソリンを飛行機に積み込み、取るものも取りあえず攻撃を開始したのである。昼を過ぎると、エスピリトゥ・サントから飛来した大型爆撃機も攻撃に加わった。

午後三時までに、輸送船団六隻のうち三隻が撃沈され、残る三隻は揚陸を中止してショートランドに引き返していった。のちの調査で、船団が積み込んできた物資は三分の二が揚陸済みとなっていたという。物資輸送はかろうじて成功というところだったろうか。

一方、敵機動部隊の牽制にあたった海軍主力は、手痛い打撃を被っていた。十月十一日から十二日にかけての「サボ島沖夜戦」で、レーダーの登場によって第六戦隊が壊滅していたのである。

夜間の銃剣突撃で潰えた一個師団

全員上陸に成功した第二師団は、当初、海岸正面からの攻撃を計画していたが、砲兵力の差を痛感して飛行場南側のジャングル地帯を迂回しての奇襲戦法に切り替えた。一木支隊、川口支隊が失敗した戦術とまったく同じである。悲劇に終わった作戦の教訓はどこにも生かされていなかった。

「丸山道」と称する迂回路の啓開作業は、すでに十月十二日から始められていた。空中から発見されるのを避けるため、樹木は伐採せず、兵士一人が通れるだけの空間を切り拓(ひら)いていった。だが地形はきわめて急峻で、兵士は藤蔓(ふじづる)の縄梯子(なわばしご)を使って断崖(だんがい)をよじ登らなければならなかった。戦車はもちろん重火器を運ぶことすら困難で、攻撃は結局のところ、一木・川口両支隊と同じように夜間の銃剣突撃に頼るしかない。

十月二十四日、予定より二日遅れて総攻撃が開始された。悪路に前進を阻まれたためであった。しかもこの間には、右翼攻撃隊の指揮に任じた川口少将が、敵前で罷免(ひめん)されるという〝事件〟も起こっている。攻撃正面が九月の夜襲のときと同じ「血染めの丘」であることを知って迂回を進言したため、攻勢意欲なしとみなされたからという。真相は、作戦を立案した辻政信参謀が、自分の作戦にケチをつけられたことに腹を立て、強力に川口罷免を主張したからとも言われている。

総攻撃は敢行された。だが、結果は惨澹(さんたん)たる敗北であった。暗闇のジャングルで将兵は方角を見失い、やみくもに突撃した敵陣には、万全の備えが施されていた。三度にわたって同じ失敗が繰り返されたのである。敵陣の前には前二回に数倍する死体の山が築かれ、左翼隊長那須弓雄(なすゆみお)少将をはじめ連隊長、大隊長のほとんどが戦死した。翌二十五日の攻撃と合わせ、米軍側の資料では二〇〇〇から三〇〇〇の死体が残されていたという。二万に近い大軍が、たった二日の攻撃で壊滅したのである。

生き残った将兵の大部分はジャングルのなかで散り散りとなり、飢えに苦しめられながら「丸山道」を西へ西へと敗走していった。

兵員だけ上陸できた第三八師団

たった二日間の銃剣突撃で総崩れとなった第二師団にとって、頼みの綱は第三八師団の一日も早い到着であった。その第三八師団主力と装備、それに食糧、弾薬などの補給品を積んだ一一隻の大船団は、一九四二年十一月十三日にショートランド島を出港した。そしてガ島西端のタサファロング海岸に到着したのは十五日夜であった。だが、一一隻の船団は、到着したときにはわずか四隻になっていた。海上で八次に及ぶ米航空部隊の襲撃に遭い、七隻が海没していたのだ。

四隻の輸送船は沖合に停泊せず、海岸に突入して砂浜に乗り上げ、揚陸作業を開始した。しかし、夜明けとともにルンガ岬西方の米軍砲兵陣地から砲弾が飛来し、さらに航空部隊の攻撃も加わった。輸送船は四隻ともたちまち火に包まれた。結局、揚陸に成功したのは、兵員約二〇〇〇名、食糧約一五〇〇俵、野砲・山砲弾約二六〇箱だけであった。

この輸送船団をめぐって、はるかガ島の沖合では日米の機動部隊主力による「第三次ソロモン海戦」が展開されていた。結果は、レーダーを備えた米艦隊に日本の艦隊は完敗していた。

増援の第三八師団は総勢約七六〇〇名。先遣隊として艦艇輸送によって上陸した者もあったから、ほぼ五〇〇〇名が上陸したことになる。しかし、それは装備も食糧もない、いわば手ぶらの部隊であった。第三八師団主力の到着を待って、第二師団の生き残りと合わ

マタニカウ川河口付近で擱座した日本軍戦車の中から日本軍兵士の遺体を引きずり出し、泥を塗り、タバコで歯を作って遊ぶ米兵。

せて再度総攻撃を実施するとの第一七軍の計画は根底から崩れ去ったのである。

対するアメリカ軍は第二師団の総攻撃を撃退したあと、十月末から猛烈な反撃に転じてきた。とくにマタニカウ川河口付近に対する攻撃は、飛行機、砲兵、戦車、それに海上からの艦砲を合わせた猛攻であった。

この方面には住吉砲兵部隊と歩兵第四連隊、第一二四連隊が進出していたが、攻撃が始まってわずか一週間後の十一月七日には、兵力は合わせて五〇〇名ほどに減少していた。

十一月に入り、ガ島に残されている日本軍の食糧は、今や食い延ばしても十一月二十日までが限度となった。第二師団とともに揚陸に成功した多量の食糧、弾薬も、実は揚陸の三日後、タサファロング沖合に現れた米駆逐艦、巡洋艦の艦砲射撃によって大部分が焼き払われていたのである。

ガ島がいよいよ「餓島」の様相を深めていく一方で、後方の補給基地となったラバウルには、前線に輸送できない補給品の山ができつつあった。輸送船団壊滅後の補給をどうするか、研究が進められた。その結果、駆逐艦によるドラム缶輸送、潜水艦による補給、空中補給などが実施されることとなった。輸送艦艇がガダルカナルで停泊する時間を最小限に短縮し、しかも、揚陸用の小舟艇が少なくても済むような方法として考案されたのであった。

折り重なって死んでいく行き倒れ患者

十一月下旬、第一七軍はこの時点での在ガダルカナル人員総数は一万九七〇〇名、このうち、戦闘に耐え得る者はわずかに七〜八〇〇〇名と計算している。

この頃になると、十月下旬に上陸した将兵のなかにも栄養失調による死亡者が出始めていた。

補給が途絶えた最初のころは、それでもまだ食うものはあった。椰子の実である。地面に落ちて短い芽を出したばかりの椰子の実には椰子パンとも椰子リンゴとも称されるものが詰まっていた。また、コプラは食用にもなれば乾燥させて燃料にもなった。だが、椰子の林は砲爆撃で掘り返され、ほとんど取り尽くした後

第38師団を輸送してきた「鬼怒川丸」は、海岸に突っ込んで将兵と物資を揚陸したが、間もなく米軍機の爆撃にさらされた。

には虫、ヘビ、カニなどがたまに手に入るだけで、大半はジャングルの草を食うしか方法はなくなっていたのである。

岡田栄さん（静岡市）は第三八師団第二三〇連隊（東海林俊成大佐）第二大隊の軍曹として、十一月中旬にガ島に上陸した。

「一一隻の船団のうち、七隻までが空襲でやられました。わたしらの船も羅針盤をやられ、闇夜の海をウロウロして、ようようガダルカナル島を見つけて、空襲のさなかを海岸に乗りあげて上陸したんです。すると、海岸を骨と皮だけの兵隊が杖にすがって、ヒョロヒョロ歩きよるんで『お前ら、どこの隊や』と聞いたら、なんと一カ月前に先発した同じ東海林支隊の連中やった。じきに経験させられましたけど、一週間ほど会わんやったら、互いに誰が誰やら判らんようになります。痩せて痩せてね……」

萩原要作さん（静岡市）も岡田さんと同じ第二大隊の伍長だった。

「とにかく、悲惨の一語につきます。ただただ杖をついてヨロヨロ歩きよるだけでね。水のあるところには必ず白骨がありました。鉄カブトかぶって、銃を持ったまま白骨になっとるのも、あちこちで見ました。ひと休みのつもりが、そのまま永久の眠りになってしまうんです」

将兵の間では人の最期の予測が行われていた。

①自分で立てる者─余命三十日。
②身体を起こして座れる者─余命二十日。
③寝たまま大小便をする者─余命三日。
④物言わぬ者─余命二日。
⑤瞬きをしない者─翌朝まで。

ともかく、杖にすがってでも歩ける者が一番健康だった。しかし、歩くときは少しでも楽になろうと、軍服のボタンさえもぎ取った。信じられないような話だが、ボタンさえ重かったというのである。

ミミズを食糧に陣地を死守

十二月初め、第一七軍は戦線を整理して持久態勢を整えた。クルツ岬西方の海岸線から「丸山道」を経てアウステン山にいたる線を確保し、補給と増援を待って攻撃を再興する計画である。海岸線の防御は第二師団、中間を第三八師団が固め、アウステン山の岡部隊につないでいた。岡部隊は十月下旬からアウステン山に立て籠もり、米軍の猛攻に耐えながら確保し続けていたのである。

しかしこのころになると、各部隊の状況は実に惨憺たるものであった。総兵力は上陸時の数分の一に減少し、残った者も、飢餓はすでに極限に達し、マラリア、アメーバ赤痢などの疫病に倒れてまともに戦える者は皆無と言ってもよかった。

たとえば第二師団の場合、各連隊の戦闘兵力はそれぞれ二～三〇〇名。それをまとめて集成一個大隊を編成したが、一人の例外もなくマラリアの発熱患者であった。また野砲兵連隊は、各種火砲合わせて手持ち三門。弾薬は各砲それぞれ五〇～一〇〇発を残すのみ。しかしそれでも第二師団の場合は、海岸線近くに布陣していたから恵まれていたといえる。駆逐艦によるドラム缶輸送や潜水艦によるゴム袋輸送で細々と届けられる食糧が、多少でも支給されていたからだ。

悲惨をきわめたのはアウステン山の岡部隊であった。十一月に入ると食糧の補給が途絶えた。餓死者が続出し、将兵は谷川のビンロウ樹の芽を食い尽くして木の葉や根、トカゲ、果てはミミズまでをも貪っていた。連日の砲撃と飢餓によって一日に一〇名、一五名という恐ろしい勢いで死者が増えていく。陣地のなかには濃厚な死臭が漂っていた。死者を埋葬する気力も体力も残されていなかったからである。

死者の激増は全戦線にわたっていた。十二月後半に入って、第二師団では一日に一〇〇名という記録が残っている。米軍の攻撃によるものもあったが、大部分は餓死である。ガ島の日本軍はいよいよ末期的様相を呈しはじめていた。

餓死者続出、ついに撤退命令下る
命を盾に撤退を掩護した傷病兵

一九四二年（昭和十七）十二月三十一日午後、宮中において御前会議が開かれた。そして、ガダルカナル

飢餓地獄に襲われた日本兵たちは痩せ細り、そこかしこに斃れていった。

からの撤退が決められた。日本の戦史上かつてなかった決断であった。大本営はその時点でも、独立混成第二一旅団と歩兵第五一師団を送り込む計画を立てていたが、それらの大兵力の輸送にあたる輸送船が確保できず、実行を見送っていたのである。

一九四三年一月十五日、撤退命令が第一七軍司令官に伝えられた。一日熟慮した軍司令官は撤退を決意、第二、第三八師団長も同意して全軍に伝えられた。一月二十日であった。ただし撤退の意図は秘匿され、軍命令は「軍ハ『エスペランス』方面ニ機動シ後図ヲ策セントス」となっていた。

このころ、ガ島に上陸した連合軍兵力はおよそ五万。戦車をともなって日本軍陣地の間隙に侵入し、徹底的な掃討作戦を開始していた。日本軍は、文字通りの『全滅』に瀕していたのである。一月十五日ころ、第二師団の第一線兵力は三〇〇名足らずに減少し、ほかの部隊も大同小異であった。一兵残らず息絶える時は、もう目前に迫っていた。大本営の決断は、かろうじて間に合ったのである。

銃弾で斃れた者、飢餓で斃れた者、ガ島の戦死者はさまざまだった。この写真は12月25日に撮影された。

撤退は、北端のエスペランス岬とカミンボから、駆逐艦二〇隻を使用して三次にわたって行われることになった。二月一日、四日、七日の三回、集結地からもっとも遠い第三八師団、次いで第二師団の順となった。問題は、いかに撤退の意図を米軍に悟られることなく、全軍を乗艦地まで集結させるかであった。撤退を掩護するためにラバウルにおいて第三八師団の補充兵からなる一個大隊（矢野大隊）が編成され、一月十四日にエスペランス岬に上陸して配備についた。

二月一日、第一次撤退は整然と完了した。傷病兵と第三八師団合計五四一四名である。四日の第二次撤退も無事に終わった。第一七軍司令部、第二師団合計四〇九七名。

これら三次にわたる撤退を掩護してセギロウ川右岸に進出し、押し寄せる米軍の攻撃を支えたのは矢野大隊と松田部隊（川口支隊の熊部隊、一木大佐の後任として一月中旬に着任した松田教寛大佐の名をとってこのころは松田部隊と呼ばれていた）であった。新鋭の矢野大隊は、すでにマタニカウ川左岸まで進出してい

米軍の視線を巧みにかわして日本軍が引き揚げていった後のエスペランス岬。手前は撃墜された零戦の残骸。

た米軍に果敢な攻撃をかけた。撃つと一〇倍ものお返しがあるため、それまで沈黙を守っていた重砲や高射砲も一斉に撃ちだした。わがもの顔に海岸線を往復していた米魚雷艇にまで高射砲の水平射撃が加えられた。あるいは海岸では、真っ昼間、これみよがしに東に向かっての行軍が行われた。対岸のサボ島の米軍に観測させるためである。幕僚代表として殿（しんがり）軍の指揮のために残った第一七軍参謀・山本築郎少佐の計略であった。この計略に米軍は乗せられた。日本軍の新たな攻撃と判断したのか出足が止まり、その場で陣地の構築にとりかかったのである。

二月四日、第二次撤退終了の報を受けて、矢野大隊と松田部隊もカミンボに向けて後退を開始した。最前線部隊をセギロウ川の線に後退させ、陣地には一人歩きが不可能な傷病兵が残された。たとえ傷病兵でも陣地に立て籠もって撃ち返している限り米軍は近づかない。これらの傷病兵は最後尾部隊の撤退を自らの命を盾として掩護したのである。ガダルカナルの撤退が最後まで平穏裡に行われたのは、これら独歩不能の傷病

1943年3月22日、ブーゲンビル島エレベンタでガ島から引き揚げてきた第17軍に対する「聖旨伝達式」が行われた。百武軍司令官をはじめ、各部隊の代表者が並んで侍従武官の聖旨を聞いている。

兵の勲功でもあった。

二月七日、第三次撤退も無事終了した。矢野大隊、松田部隊の合計一九〇〇名は駆逐艦四隻に分乗し、ブーゲンビルを目指してガダルカナルを離れていった。

日本の戦史上最初にして最大の撤退作戦は成功した。だが、人間の倫理すら崩壊する凄惨な戦場で、最後の一兵まで撤退させることは不可能であった。最後の駆逐艦がカミンボを離れたその後にも、集結地をめざして必死の行軍を続けている将兵もあった。集結に遅れ、米軍の捕虜となって九死に一生を得た歩兵第一二四連隊第二大隊の大内証身さんの手記によれば、二月十一日前後、カミンボ周辺には三〇数名が取り残されていたとある。

中部ソロモン諸島の攻防

一九四三年二月〜敗戦日

ガ島の轍を踏んだ中部ソロモン諸島の攻防戦

次期防衛線をめぐる陸海軍の対立

「転進」という名でガダルカナル島を撤退してから、日本の陸軍と海軍はどこで米軍＝連合軍の進攻を食い止めるかという線引きをめぐって対立していた。陸軍は中部ソロモンを確保するメリットは認めながらも、これらの島々に兵力を配置しても補給が困難となり、やがてガ島の二の舞を演じるのではないかと恐れていた。それよりも、むしろソロモン諸島から撤退し、ニューブリテン島とニューアイルランド島の線まで下がるべきだと主張していた。

対する海軍は、ソロモン諸島の確保にこだわった。ソロモン諸島を失えば、航空前線基地ラバウルが連合軍の攻撃圏内に入り、ラバウルが無力化されれば連合艦隊の拠点となっているトラック島も失うことになりかねないという危機感があったからである。そこで中部ソロモン諸島を確保して、米軍の進攻を食い止めるべしと主張した。

最終的に陸軍と海軍の主張を足して二で割ったような折衷案が採用された。それは、中部ソロモンのニュージョージア、イサベル両島の防衛は海軍が担当し、ソロモン諸島北端のブーゲンビル島の防衛は陸軍が担当するというものだった。

こうした日本軍に対して、ソロモン方面の作戦を担当する米南太平洋方面部隊指揮官ウィリアム・F・ハルゼー大将は、ラバウル攻撃の足がかりとして、まずニュージョージア島を占領することを考えていた。

一九四三年（昭和十八）二月二十日に、米軍はガ島

1943年6月30日、ムンダ飛行場対岸のレンドバ島に上陸する米軍。わずか140名足らずの日本軍守備隊はあっという間に全滅した。

とニュージョージア島の中間に位置するラッセル島を占領した。六月三日になると米軍はニュージョージア島攻略計画を決定した。ムンダ、コロンバンガラ島に対する攻略のため、西部上陸部隊がまずレンドバ島を占領する。また、ニュージョージア島南部はレンドバ島に対する補給基地として、東部上陸部隊が速やかに占領するというものだった。

補給線を断たれた中部ソロモン

中部ソロモン防衛は、第八艦隊（司令長官・鮫島具重中将）が第八連合特別陸戦隊（司令官・太田実少将）と各地に散らばる陸軍部隊を合わせて指揮することになっていたが、五月三日、新たに南東支隊（隊長・佐々木登少将）が編成され、陸軍部隊を指揮することになった。そして六月二十三日にはラバウルにあった歩兵第一三連隊をコロンバンガラ島に派遣し、南東支隊の指揮下に入れた。

だが、それからわずか一週間後の六月三十日、米軍はレンドバ島に上陸してきた。レンドバ島には海軍陸

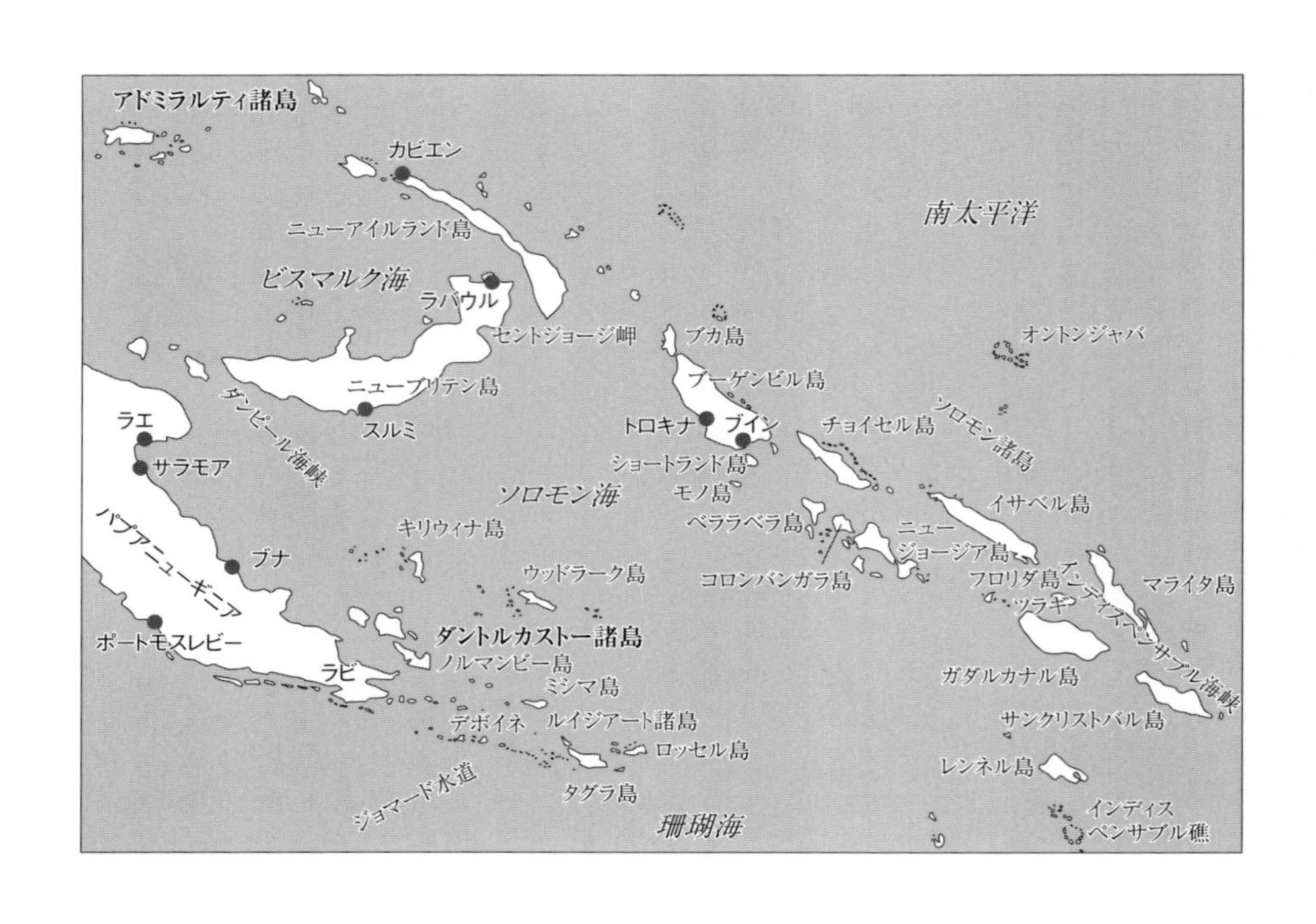

戦隊の一個中隊と、米軍の上陸から半月ほど前に配備された歩兵第二二九連隊第七中隊（一個小隊欠）の合計一四〇名がいるだけだった。守備隊はたちまち駆逐され、上陸初日に米軍は六〇〇〇名の将兵と大量の補給物資の揚陸に成功していた。

一方、ニュージョージア島の南端、セギ岬、ビル地区、ウィクハム錨地には陸海合わせて四個中隊が配備されていた。米海兵隊の第四襲撃大隊は六月二十日、すでに測量隊をともなってセギ岬に上陸していたが、このときは日本軍との接触はなかった。しかし、六月二十七日に舟艇でセギ岬からビルへ向かう途中、日本軍の斥候が米軍を発見し戦闘が始まった。六月三十日からビル港では激しい戦いが行われ、七月一日に日本軍は撃退された。

ウィクハム錨地方面の占領は米第一〇三歩兵連隊ほかが担当した。六月三十日、米軍はバングヌ島南岸に上陸し、日本軍の集結地に向かって前進、正午ごろから始まった戦闘は米軍の一方的なもので、午後三時までに日本軍を駆逐した。

陥落直後のニュージョージア島のムンダ飛行場。米軍はすぐさまこの飛行場を使い始めた（1943年8月4日撮影）。

敗退した日本軍は陸路ムンダやコロンバンガラ島に撤退するが、多くの将兵がジャングルの中で脱落した。呉六特の山田栄三海軍元大尉の戦後の回想によれば、ウィクハムから一六四名が脱出したが、約七十日後、コロンバンガラ島にたどり着いた者はわずか五名だったという。

六月三十日から七月四日まで、日本の陸海軍機延べ三四八機がレンドバ島を空襲し、何隻かの米輸送船を葬ったが、日本軍の航空機の損害の方がはるかに多かった。南東支隊はレンドバ島に対する逆上陸作戦を計画したが、兵員を輸送する舟艇の手配がつかず、米軍の警戒も厳重で成功する可能性が乏しいので躊躇（ちゅうちょ）していた。そうした最中の七月四日に米軍がムンダの裏側のライス湾に上陸を始め、六日にはムンダ東方のザナナ海岸に上陸した。南東支隊は各地から兵力をムンダに集めて防衛に努め、頑強に抵抗したが、米軍がニュージョージア島に上陸してから一カ月後の八月四日、ついにムンダ飛行場が米軍の手に落ちた。

だが、ニュージョージア島の戦闘は米軍が予想して

コロンバンガラ島を飛び越してベララベラ島に上陸する米軍。

いたよりも長引いた。当初、米軍は一個師団程度の短期作戦のつもりだったが、最終的に四個師団、四万名近い兵力を投入しなければならなかった。米軍はこのあとコロンバンガラ島に上陸する予定だったが、コロンバンガラ島の攻略も多くの困難と犠牲が予想された。そこで、日本軍守備隊のほとんどいないベララベラ島を占領し、コロンバンガラ島を孤立させる作戦に出た。

八月十五日早朝、第三水陸両用部隊（T・S・ウィルキンソン海軍少将指揮）の指揮により米軍はベララベラ島に上陸し、さっそく飛行場の建設にとりかかった。まさかベララベラ島に米軍が上陸してくるとは思わなかった日本軍は、コロンバンガラ島にある兵力の一部をベララベラ島に転用したが、やがてこの二つの島は補給線を断たれて孤立し、ガ島と同じく将兵は飢えによって崩壊しかねない状況に追い込まれた。そこで大本営は八月末に、中部ソロモン諸島の兵力をすべてブーゲンビル島、ニューブリテン島へ後退させることを決定した。

コロンバンガラ島からの撤退は九月二十八日〜二十

日本軍機の空爆で炎上するベララベラ島沖の米輸送船（9月25日）。

九日と、十月二日の二回にわたって行われ、四〇〇〇名近い行方不明者を出したものの、なんとか成功をおさめた。ベララベラ島からの撤退は十月六日に行われ、五八九名を収容して翌朝ブインにたどり着いた。

三万余を失ったブーゲンビルの戦い

ブーゲンビル島には、ガ島から撤退した第一七軍司令部（司令官・百武晴吉中将）と、第六師団（師団長・神田正種中将）、第一七歩兵団（木島袈裟雄少将）らが配置され、また、ショートランド島には離島作戦用に新編成された南海第四守備隊（隊長・道下義行大佐）があった。

第一七軍は米軍の上陸地点を、可能性が高い順にブイン飛行場がある南部、ブカ島を含む北部、艦船の泊地に適した東海岸のキエタ地区、最後に西海岸南部だと考えていた。西海岸中央のエンプレス・オーガスタ湾一帯は、艦船の泊地に適さず、ちょっと内陸に入ると腰まで浸かる湿地帯が広がっていたため、初めから無視されていた。それでも九月には歩兵第二三連隊の中から、第一大隊第二中隊（隊長・堀之内正義中尉）に機関銃一個小隊、連隊砲分隊らを加えた二三四名をタロキナ岬に派遣した。しかし、補給が続かないので十月末に堀之内隊に撤収が命じられた。

一方、米軍はラバウルを圧迫するための飛行場ができればよいと考えており、いままで日本軍にさんざん手を焼いた経験から、すでに飛行場はあるが防備の厳重なブイン方面に上陸するよりも、無警戒のタロキナを飛行場建設地に選んだ。

十一月一日早朝、第三海兵師団が上陸を開始した。堀之内隊は米上陸部隊に対して応戦したが、攻撃を受けて正午ごろに全滅した。上陸初日で米軍は幅五キロメートル、奥行き五〇〇メートルの橋頭堡を築き、約一万四〇〇〇名の第三海兵師団将兵も上陸した。翌日には第三七歩兵師団も加わり、米軍の総数はおよそ三万四〇〇〇名に膨れ上がった。

西海岸の防衛を担当していたのはモシゲタに本部を置く歩兵第二三連隊（連隊長・浜之上俊秋大佐）だった。浜之上連隊長はタロキナに上陸した米軍の撃滅を

エンプレス・オーガスタ湾付近の湿地帯を前進する米兵。劣悪な環境だったため、日本軍は同地点に米軍が上陸してくるとは思っていなかった。

命じられ、また、ラバウルにいた第一七歩兵団の歩兵第五四連隊第二大隊を基幹とする八八〇名は、第二剣部隊と命名されてタロキナへの逆上陸を命じられた。

歩兵第二三連隊は十一月六日夜、ジャバ川左岸に集結したが、兵力は輜重兵（しちょうへい）を含めて約二二〇〇名。連隊は道なきジャングルを進み、いくつもの川を渡って七日夕方、米軍の警戒線に近づいた。このとき米軍の橋頭堡は幅七キロメートル、奥行き二キロメートルに達し、機関銃や迫撃砲を並べて日本軍を待ち構えていた。これに艦砲射撃や空爆が加わり、歩兵第二三連隊は壊滅状態に陥った。

十一月九日、浜之上連隊長は米軍の砲火を避けるために一時撤退を決意し、コロギ川の対岸まで下がった。このとき、浜之上連隊長は米軍の爆撃を受けて重傷を負った。歩兵第二三連隊は約四六〇名の死傷者を出す大損害を被ったが、この撤退は実情を知らない大本営や第六師団司令部の一部から批判され、浜之上連隊長は十一月十五日付で予備役に編入された。

第二剣部隊は十一月七日午前零時ごろにタロキナ沖

タロキナ上陸戦のさなか、ブーゲンビル島の海岸陣地（橋頭堡）で米人記者団と会見する南太平洋方面軍司令官ハルゼー大将（左端）。

に到達し、駆逐艦から舟艇に乗り換えて海岸をめざしたが、海流に流されてバラバラになり、満足な戦闘もできずに米軍に撃退されてしまった。

一九四四年（昭和十九）三月八日、食糧が三月中で底をつくため、食糧があるうちにと第一七軍は第二次タロキナ攻撃を実施した。

日本軍はブイン地区からエンプレス・オーガスタ湾に向かって二本の補給路を建設し、火砲、弾薬を次々と運んで総攻撃の準備を行い、三月八日午前四時十五分、日本軍の火砲が火を噴き、戦闘が開始された。米軍は最初こそ混乱したが、十分な砲弾を用意できない日本軍の砲声がやむと反撃に転じ、日本軍の火砲を破壊する。戦闘は三月二十四日まで続いたが、飛行場に突入しようとした部隊はほとんど壊滅した。そして三月三十一日、日本軍はタロキナから撤退した。

この第二次タロキナ攻撃での日本軍の戦死者はおよそ五四〇〇名、負傷約七一〇〇名であった。一方の米軍は二六三名の戦死者を出した。

日本軍はこの後、第六騎兵連隊、歩兵第一三連隊が米軍との接触を保ったが、米軍から大攻勢に出ることはなかった。しかし、一九四四年十一月二十二日、オーストラリア軍がブーゲンビル島の作戦を引き継いでから状況は一変する。

開戦前、ブーゲンビル島は国際連盟の信託統治領でオーストラリアが委任統治していたため、豪軍は積極的に攻勢をしかけてきた。西海岸沿いに進撃した豪軍は、一九四五年二月、プリアカ川左岸に「豪州台」と呼ばれる堅固な陣地を築いた。日本軍は豪州台に対して三月下旬から四月上旬にかけて二〇〇〇名余りの兵力で攻撃するが、約一〇〇〇名の戦死者を出して攻撃は失敗に終わる。

その後、豪軍は終戦までブイン地区に対して進撃を続けたが、ミオ川の渡河を豪雨によって阻まれ、その間に「八月十五日」となった。連合軍の進攻前におよそ四万八〇〇〇名いた日本軍将兵のうち、飢えと戦闘で斃れた者は三万三五四九名にものぼった。

ブーゲンビル島の戦いと並行して、ニューブリテン島でも激戦が行われた。一九四三年十二月十五日に連

火焔放射器で陣地にたてこもる日本兵を焼き殺そうとする米軍。丸太の陰に日本兵が隠れているという（1944年3月24日撮影）

合軍はマーカス岬に上陸し、二十六日にはグロセスター岬にも上陸した。こうして日本軍の航空基地ラバウルの外堀はすっかり埋められ、ラバウルは連日空襲にさらされた。

そして一九四四年二月二十日には最後まで残っていた海軍航空隊がラバウルを撤退し、残された陸軍第八方面軍、海軍南西方面艦隊らの将兵約一一万五〇〇〇名は、敗戦の日まで持久生活を強いられた。

ニューギニアの戦い

米豪軍を相手の凄惨で孤独な戦い

一九四二年三月〜四五年八月

陸路のポートモレスビー攻略も挫折する

日本軍がニューギニアの地に最初に進出したのは一九四二年（昭和十七）三月のラエ、サラモアだった。同地の航空基地から実施されるラバウル基地への空爆を阻止するためであった。もっとも連合軍＝米豪軍（アメリカ、オーストラリア軍）は地上部隊を置いていなかったので、無血占領に近かったが、翌日には上陸部隊（海軍陸戦隊と南海支隊の一部で、いずれも数百人という小部隊）に対する空爆が実施された。

ラエ、サラモアを攻略してみても、ラバウルに対する空襲はやまなかった。米豪軍はサラモアの南方ワウとポートモレスビーを基地として出撃してきたのである。ラバウルは連合艦隊のトラック島基地の外郭要地であり、そこがやられるとトラックが危ない。トラックが危ないと、南方の占領地域を維持することはできなくなる……。

それならばと、ポートモレスビー攻略が立案され、海路出撃して敵前上陸を敢行しようとしたが、船団は珊瑚海海戦に巻き込まれて阻まれ、作戦は失敗した。これが一九四二年五月のことである。

海路がだめなら陸路があると、大本営は二〇〇〇から三〇〇〇メートル級の山々が連なるオーエンスタンレー山脈を踏破して、背後からポートモレスビーを攻略しようと考えた。担当を命じられたのは南海支隊である。

支隊長の堀井富太郎（ほりいとみたろう）少将は、この作戦は補給が続かないとみて難色を示した。しかし、命令とあれば仕方

ニューギニアのジャングル地帯を進む日本軍。ポートモレスビー攻略をめざす日本軍に相対するのはオーストラリア軍の精鋭部隊で、ジャングルに潜んで日本軍を待ちかまえていた。

がない。もともと歩兵第一四四連隊基幹の約五〇〇〇名の兵力だった同支隊は、山脈に道を建設しなければならない関係上、独立工兵第一五連隊を配属された。補給のために新たな輜重隊が編成された。計算上は支隊員に最低限の食糧弾薬を補給するには三万名の輜重兵を必要としたが、もちろんそれは望むべくもなかった。支隊全体で一万名弱の兵力だったからである。

　将兵が七升五合の米を入れた背負子を背に、ジャングルに分け入ったのが八月末である。ガダルカナルではすでに米軍が上陸し、熾烈な飛行場争奪戦が始まっていた。

　ココダまでは細いながらも人道があり、行軍は〝順調〟だった。しかし標高が上がり、ジャングルが深くなるにつれて、豪軍があちこちで待ち構えて反撃しては撤退していく。補給も次第に途切れがちになり、少ない食糧を食い延ばしつつ戦っていくうちに、マラリアという大敵に悩まされはじめた。

　それでも果敢に戦って、約一カ月後にはイオリバイワに達した。五〇キロ先のポートモレスビーの街の火

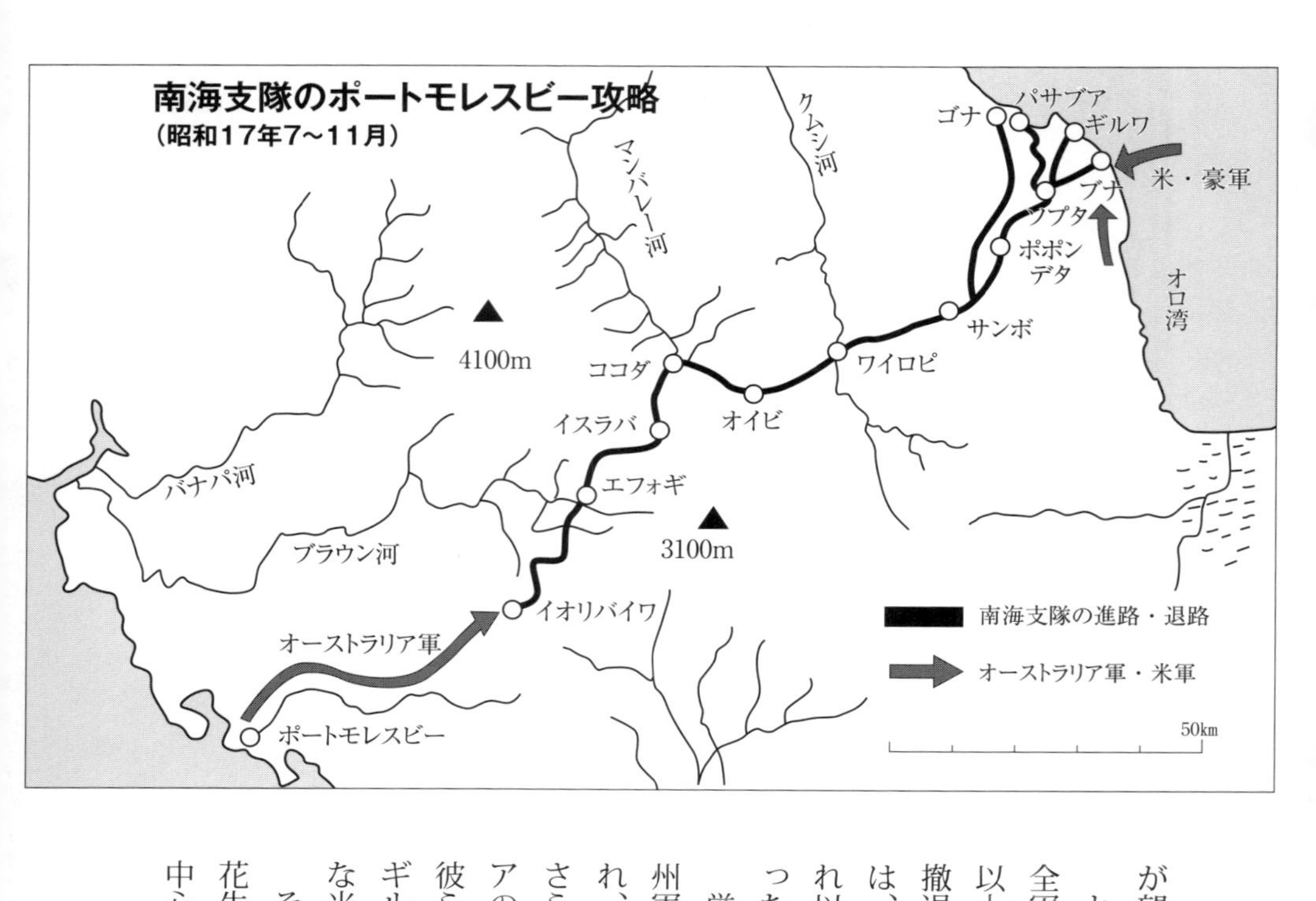

が望見できる地点である。

ところが、いよいよ突入という時に、堀井支隊長は全軍に撤退命令を出したのである。実は、すでに十日以上も前に、上級の第一七軍の百武晴吉（ひゃくたけはるきち）軍司令官から撤退命令が発せられていたのである。第一七軍としては、ガダルカナルの戦いに忙殺されて、堀井支隊にこれ以上の補給を続ける自信が持てなくなっていたのだった。

厳しい山道を引き返し始めた南海支隊を、強力な豪州軍が追撃を開始した。すでに支隊将兵の靴は糸が切れ、軍服はボロボロになっていた。雨と泥濘（でいねい）に長い間さらされてきたからである。身体はやせ衰え、マラリアの熱と下痢に悩まされながら山を下って行ったが、彼ら日本軍将兵がめざす南東部海岸のパサブアやブナ、ギルワ（総称してブナ地区という）には、すでに強力な米豪軍部隊が上陸していた。

そのブナ地区には「ブナ支隊」が編成され、山県栗花生少将が独立混成第二一旅団（実兵力二個大隊）を中心とする約一万名のさまざまな部隊を指揮していた。

ご購読ありがとうございました。今後の出版企画の参考に致したいと存じますので、ぜひご意見をお聞かせください。

書籍名

お買い求めの動機

1　書店で見て　　2　新聞広告（紙名　　　　　　　　　）

3　書評・新刊紹介（掲載紙名　　　　　　　　　）

4　知人・同僚のすすめ　　5　上司、先生のすすめ　　6　その他

本書の装幀（カバー），デザインなどに関するご感想

1　洒落ていた　　2　めだっていた　　3　タイトルがよい

4　まあまあ　　5　よくない　　6　その他(　　　　　　　　　)

本書の定価についてご意見をお聞かせください

1　高い　　2　安い　　3　手ごろ　　4　その他(　　　　　　　　　)

本書についてご意見をお聞かせください

どんな出版をご希望ですか（著者、テーマなど）

郵便はがき

料金受取人払郵便

牛込局承認

5559

差出有効期間
平成31年12月
7日まで
切手はいりません

162-8790

東京都新宿区矢来町114番地
神楽坂高橋ビル5F

株式会社ビジネス社

愛読者係 行

ご住所 〒 TEL:　　　(　　　)　　　FAX:　　　(　　　)		
フリガナ お名前	年齢	性別 男・女
ご職業	メールアドレスまたはFAX メールまたはFAXによる新刊案内をご希望の方は、ご記入下さい。	
お買い上げ日・書店名 年　月　日　　市区町村　　書店		

南海支隊がブナ地区にたどり着いたときには、オーストラリア軍は先回りして日本軍を迎え撃ってきた。海岸で斃れた日本兵。

そういうところに南海支隊は飛び込んだ形になった。以前にも増した激烈な戦いが続いた。しかし、米豪軍は砲弾を雨あられと浴びせ、タコつぼ陣地にこもっては小銃と手榴弾で肉薄攻撃するだけの日本軍を翻弄した。全滅する部隊が相次ぎ、残存の南海支隊もほぼ全滅状態に追い込まれていた。

戦線が入り乱れる中で、ブナ支隊が海岸沿いに西に退却したのは一九四三年（昭和十八）一月末だった。

連合軍のニューギニアに対する反攻は、南西太平洋方面軍最高司令官ダグラス・マッカーサー大将の戦略のもとに進められ、以後、ニューギニア要地に順次上陸しては兵站を推進していった。そのマッカーサーの最終目的地は東京であったが、とりあえずの目的地は〝フィリピン奪還〟だった。

サラモア、ラエは持ちこたえられたか

ブナの戦いのあたりから、東部ニューギニア（東経一四一度以東）は新設の第一八軍（安達二十三中将）の担任となった。一九四三年三月初旬、サラモア、ラ

エの防備を堅固にするために、第五一師団をラバウルから輸送することになった。一月に送り込まれていた同師団歩兵第一〇二連隊基幹の岡部支隊が、南方のワウ航空基地を攻略したが、地理不案内と補給途絶で失敗していたからだった。

駆逐艦隊に護衛された八隻の輸送船団が、ニューブリテン島とニューギニアに挟まれたダンピール海峡にさしかかったとき、いきなり連合軍機による空襲が始まり、第五一師団将兵を満載した輸送船八隻がすべてが撃沈されてしまった。約五〇〇〇名の半分は海没し、救助された者はその後何回かに分けて舟艇や駆逐艦でラエに上陸した。のちに「ダンピール海峡の悲劇」と呼ばれる戦いである。

第五一師団はこうした状況で主としてサラモアの防備についたが、六月末に始まった連合軍上陸部隊との戦いは火力は一〇〇分の一、人員も数分の一というのが実情だった。このようにラバウルからの補給はほとんど空襲で阻止された。そこで第一八軍はより安全なウェワク地区に揚陸されたが、そこからサラモア、ラ

現地住民は地面に地図を書いて日本軍の位置を連合軍の兵士に教えている。

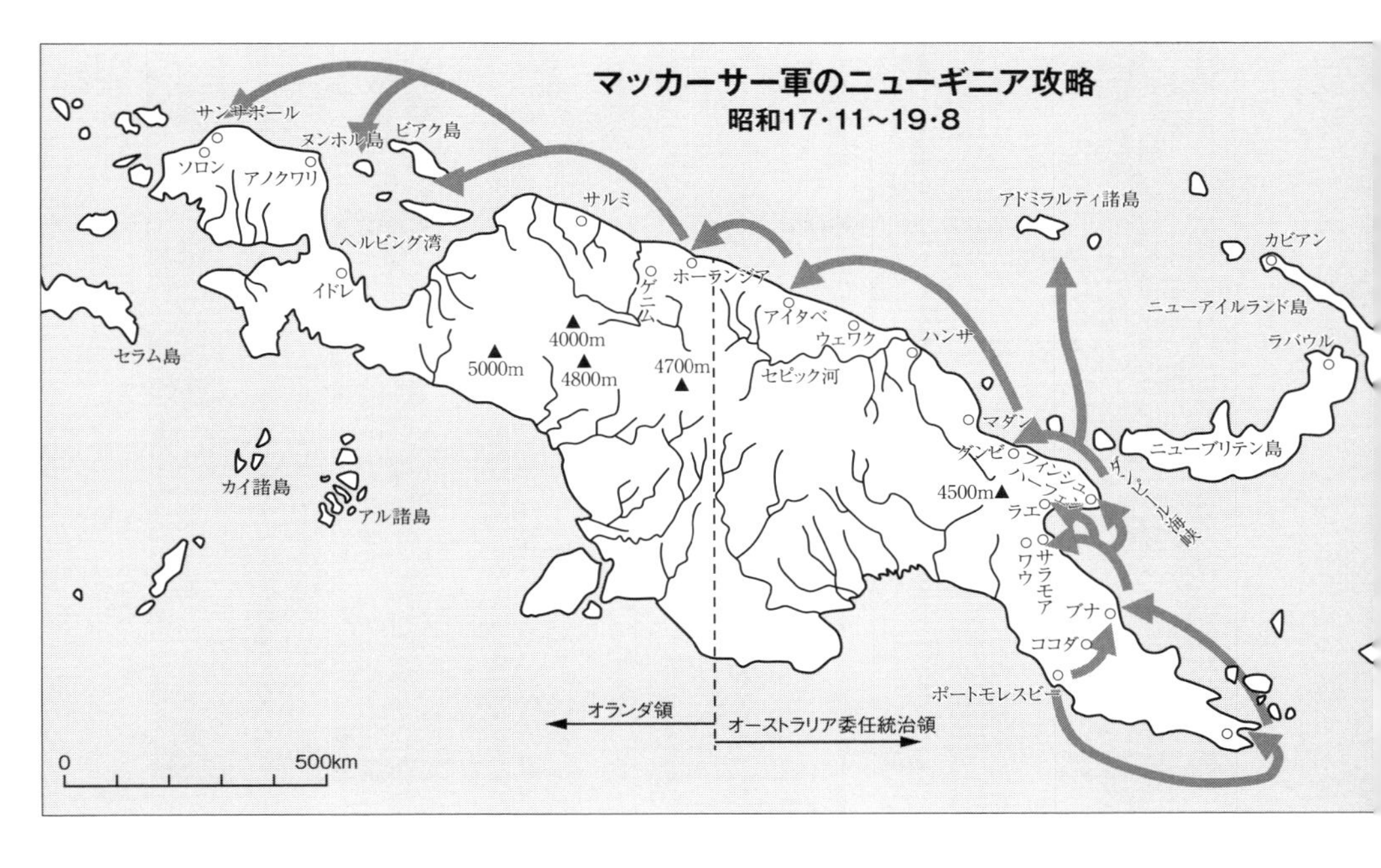

エの戦場まではゆうに一〇〇〇キロはあり、道路もなかったのである。

それでも第五一師団はサラモア、ラエを二カ月持ちこたえた。これは多分に連合軍の戦術が、やみくもな陣地突撃を避けたことにあったと思われる。

九月初め、連合軍はラエに上陸した。ラエは第五一師団の退路にあたり、サラモア救援のため進撃中の部隊が阻止されることは明らかとなった。玉砕か、撤退か……。安達軍司令官は万難を排して撤退することを命令した。

死のサラワケット越え

第五一師団が退却路として選んだのは、三〇〇〇から四〇〇〇メートル級のサラワケット山脈を越えて、北岸のキアリに達するルートだった。直線では一二〇キロ程度だが、いわゆる道というものはなかった。ただ、半年前に約五〇名の特別工作隊（独立工兵第三〇連隊所属）が、補給の可能性を探るために踏破したという事実を信頼しての選択だった。

「カエル跳び作戦」でニューギニアを攻め上がるマッカーサー司令官。

各自が約十日間の米（六〇〇グラムという）を支給され、一九四三年九月中旬、退却が始まった。第五一師団の三九〇〇名をはじめ、海軍部隊やかつての南海支隊の生き残りなどを合計すると、およそ八五〇〇名を数えた。

藤蔓（ふじづる）で作られたハシゴで絶壁を這い上り、丸太橋を渡り、断崖にへばりつくようにして横歩きし、寒気に震えながらの退却である。標高三〇〇〇メートルともなると気温は零下二〇度まで下がった。そのうえ飢えとマラリアの身体では斃（たお）れる者、足を踏み外して谷底に落下する者などが続出した。

最高峰サラワケット山は標高四五〇〇メートル。その手前のアベンから頂上に達する道程はことに断崖が多かった。海軍将校だった田島一夫氏もこの退却を経験した一人だが、犠牲者が集中したのはこのアベン〜サラワケット頂上間だったと推定している。

一カ月以上かかったこの退却行で、約六四〇〇名が目的地キアリに到着したが、そのうち一〇〇〇名は入院が必要な患者だった。

フィンシュハーフェンの戦い

第五一師団がサラワケット越えで難行苦行の途についたころ、連合軍はフィンシュハーフェン付近のホポイに上陸した。フィンシュハーフェンは南太平洋から中部太平洋への入り口ダンピール海峡を押さえる要衝である。だからこそ第一八軍も重要拠点として重視していたのだが、兵力の推進が遅すぎた。防衛を予定されていた第二〇師団はマダン上陸以来、スコップとモッコでマダン〜ラエ間の軍用道路の建設に従事していたのである。

もうラエまでの道路はいらない。第二〇師団は急遽フィンシュハーフェンに急行することになった。しかし、戦場まで四〇〇キロの道のりを四〇キロの重武装で歩いて駆けつけたのである。砲兵部隊は砲を分解し、何キロかずつ何度も往復して〝進撃〟した。約一カ月かかってまず歩兵部隊が到着し、到着した部隊から攻撃を始めた。地図もない。加えて飢えも激しい。こうしてろくに敵情も探らないままの最初の総攻撃は、十

ホーランジアに向かう兵のために輸送船上で礼拝を行う米従軍牧師。

月十七日に開始された。

海上から逆上陸部隊（第七九連隊杉野中隊他）を挺進させるという決死的な戦法はあったものの、不運にして事前にキャッチされ失敗に終わった。相手にする上陸部隊は戦車部隊を伴う豪軍三個旅団だが、海上から続々と補給されるその兵力は、ただの三個旅団ではなかった。

日本軍陣地上空には終日戦闘機と爆撃機の姿が絶えず、一発砲撃すると一〇〇発のお返しがあった。地表にマイクロフォンを仕掛けた地域もあり、話をしただけで砲弾が飛んできた。歩兵部隊が突進すると、その進路にあらゆる火器を動員して平射弾幕を張った。かといって、豪軍はやたらとは日本軍陣地に突入しなかった。白兵戦までして日本軍を壊滅させる必要はなかったからである。

十一月下旬、総攻撃を準備中に猛反撃を受けて、第二〇師団長・片桐茂中将は攻撃中止命令を発した。「フインシュの奪回確保は絶対不動の方針」であり、「補給困難でも精神力で頑張れば戦える」と強調していた安達軍司令官も撤退を認めないわけにはいかなかった。同師団の兵力はわずか一カ月半で三分の一にまで激減していたのである。

ホーランジアからの敗走

一九四四年（昭和十九）一月二日、米豪連合軍はグンビに上陸した。グンビの西ウェワクには第四〇師団主力がおり、第一八軍はグンビを挟んで分断された。とりあえず第二〇、第五一の両師団にフェニステール山系を迂回してマダン集結を命じた。飢え、酷熱、マラリア、豪雨のなかで将兵は次々に斃れていく。両師団は三月末、やっとの思いでマダンに集結した。

行軍はさらに続く。ウェワクの防備が急務になってきたからだ。軍は五一師団にウェワクへ、第二〇師団にその西方のアイタペ進出を命じたが、そのいずれもラム河とセピック河に挟まれた大湿地地帯を歩いて渡らなければならない。泥濘の中を這うようにして渡渉（としょう）したその最中に、連合軍がアイタペとホーランジアに同時上陸した。

もう、第一八軍などは眼中になく、必要な兵站基地を求めて好きなように「カエル跳び作戦」を展開していたのである。

大部隊の突然の上陸を眼前にしたホーランジアの各部隊は狼狽（ろうばい）した。ここは重要な航空基地で第六飛行師団がいたが、すでに大空襲によって大部分の飛行機は壊滅していた。兵員こそ約一万五〇〇〇名もいたが、野戦輸送部隊や兵站部隊、航空基地支援部隊、海軍の警備隊や名ばかりの第九艦隊司令部などばかりで、戦闘部隊はほとんどいなかったからである。

連合軍の攻撃で炎上するホーランジアの日本軍陣地。

戦えなければ逃げるより仕方がない。半数近くが追撃してきた連合軍との戦いで戦死し、残りはジャングルに分け入って西をめざしたが、ほとんどがマラリアと飢餓とジャングルに呑み込まれてしまった。

ようやく脱出できた数千名が、サルミの付近に達したが、同地には第三六師団主力が米豪軍と戦闘中で、敗戦部隊を救出できなかった。

連合軍はフンボルト湾を擁するホーランジアを巨大な兵站基地と艦隊泊地に変えた。そして、さらに西部ニューギニアの要地を次々攻略し、フィリピン進攻への重要な基地を確保するため、連合軍は攻勢を一層強めてきた。その重要な飛行基地の一つとして狙われたのに、ビアク島とヌンホル島の日本軍飛行場があった。この「ビアク、ヌンホル島の玉砕戦」は第三部で紹介するので、ここでは先を急がしていただく。

アイタペの戦い

ビアク島の戦いが玉砕に終わった直後の七月六日、第一八軍はアイタペに布陣している連合軍に戦いを挑んだ。それは坂東河と呼んでいたドリニュモール河を挟んで戦われたから、「坂東河の戦い」とも言われる。

アイタペ上陸を迎えて、第一八軍は進退に窮した。さりとて上陸軍を打破して西に進むだけの戦力はない。ガダルカナルの部隊のように救出される希望はまったくなかった。南方軍も大本営も戦わずに自活するよう命令したが、他の誰よりも「楠公(なんこう)精神」を尊ぶ安達軍司令官の採(と)るところではなかった。敗北はもとより覚悟のうえ、いささかでも連合軍に出血を強要し、連合軍の日本への進攻速度を遅らせ、「国史の栄光に副(そ)わんことを期し」て挑んだ戦いだった。

第一八軍は最後の段階で三個師団（残存五万五〇〇〇名）すべてが一つの戦場で戦うという光栄に感激しつつ、坂東河を渡った。

例によって連合軍は反撃しつつ後退する。しかし、武器弾薬が乏しく、腹を空かした日本軍はそれ以上追撃できない。やがて各地で猛烈な反撃を受けはじめ、じりじりと後退を余儀なくされた。八月三日まで続いた戦いで、第一八軍の兵力はほぼ半減した。

第一八軍は初めてアレキサンダー山系に退避し、自活生活に入った。最後に支給された食糧は一人当たり米麦合わせて一日二合の計算で二週間分だった。あとはサゴ椰子澱粉を採取し、タロ芋などを現地人から供出させたり栽培したりして自活した。

しかし、アイタペの連合軍は山中の日本軍を追撃攻撃した。第一八軍も遊撃戦で応戦しつつ、一九四五年（昭和二十）の夏を迎えた。

目標を失い、飢えが続き、未来への展望が開けない軍隊の規律は、当然のことながら大いに低下した。一九四五年七月二十五日、安達軍司令官は玉砕命令を下した。軍規崩壊で自滅するより、栄光の死を選んだのである。一万三〇〇〇名強にやせ細った軍が、その日に備えて息をひそめていたそのとき、停戦命令が下り、オーストラリア軍に降伏した。

第3部　孤島の玉砕戦

〈概説〉

広大な太平洋に見捨てられた孤島の日本軍の最期

攻勢に転じた米軍の二正面作戦

開戦直後、太平洋戦線では米陸軍のマッカーサー大将と、米太平洋艦隊司令長官のニミッツ大将がそれぞれ対日戦を戦っていたが、一九四二年（昭和十七）三月三十日、米統合参謀本部はマッカーサー大将とニミッツ大将の担当地域を明確にし、マッカーサー大将を南西太平洋方面軍司令官、ニミッツ大将を太平洋方面軍司令官に任命、さらに七月二十日には、①ニミッツ軍はギルバート諸島、マーシャル諸島を攻略する中部太平洋進攻コースを取り、②マッカーサー軍は日本の前進基地ラバウルを無力化して、西部ニューギニアからフィリピンへと向かう進攻コースを取るとする二方向からの進攻作戦を決定した。

一九四三年二月には、およそ六カ月間続いたガダルカナル島の戦いが、日本軍の撤退によって幕を閉じた。米軍にとっては大規模な地上戦での初めての勝利であり、日本軍にとっては初の完敗だった。

さて、ガ島の攻防戦に敗退した日本軍では、米軍の進攻をどこで食い止めるのかが検討されていたが、ここでも陸海軍は防衛すべき範囲について意見を大いに異にしている。

陸軍はマリアナ諸島～西カロリン諸島（パラオ諸島

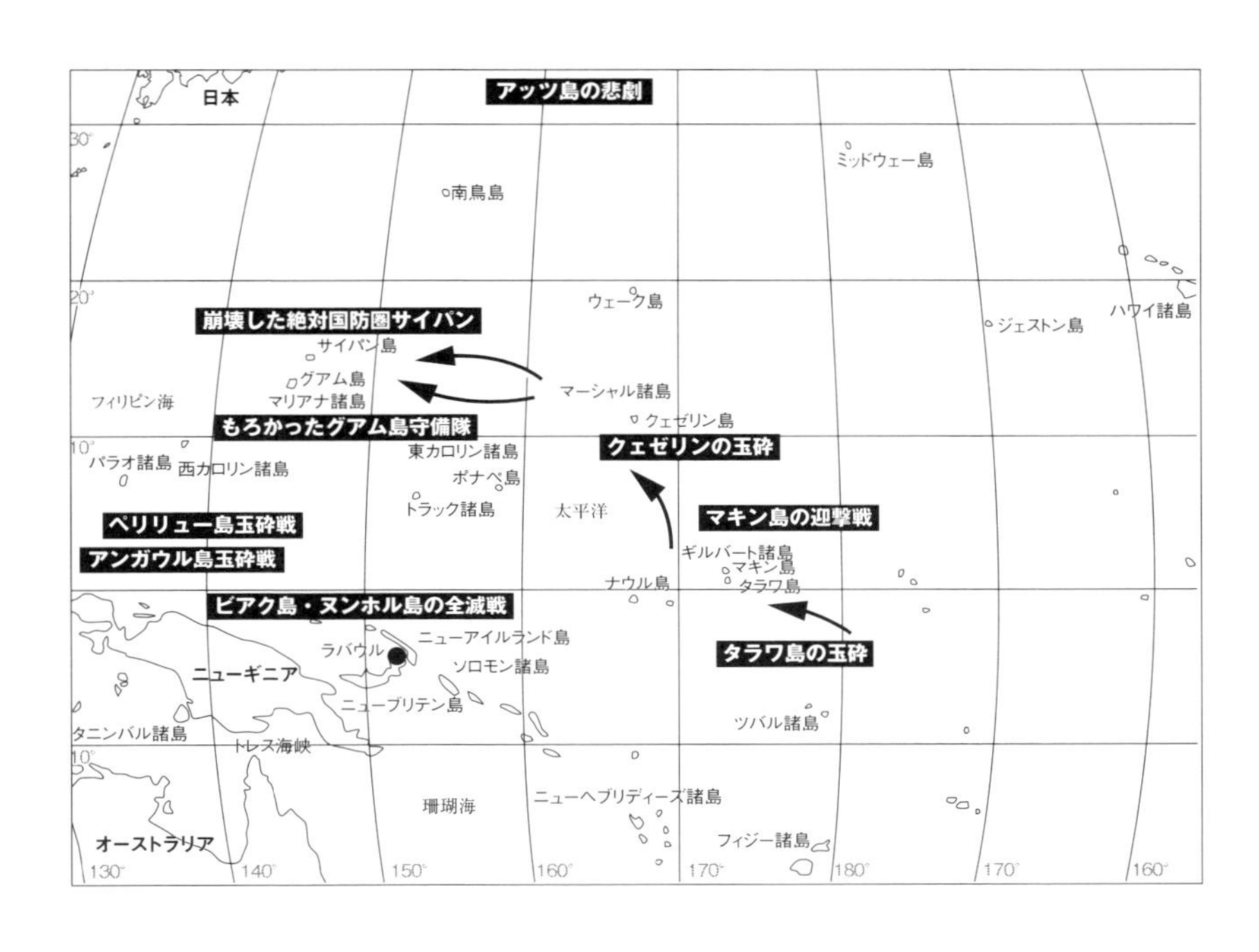

など）～西部ニューギニアの線まで一挙に縮小すべきだと主張したのに対して、海軍はこれに強行に反対した。最大の理由は、まだ米艦隊と一挙に雌雄を決する艦隊決戦構想を捨てていなかったからである。

陸軍が東カロリン諸島のトラック島をはじめ、これより東にあるマーシャル諸島などの防衛は不可能だと判断して、後方に主陣地を築いて戦力を集中、迎撃しようと考えていたのだが、海軍はあくまでも艦隊決戦によって勝利を収めることを第一としており、南方最大の連合艦隊の根拠地であったトラックはもとより、艦隊決戦が行われると想定していたギルバート諸島、マーシャル諸島も、艦隊の再建が終わるまで確保していたいというのである。

そして一九四三年九月三十日、「帝国戦争遂行上太平洋及印度洋方面に於て絶対確保すべき要域を千島、小笠原、内南洋（中西部）及西部ニューギニア、スンダ、ビルマを含む圏」を定め、一九四四年（昭和十九）中頃を目処に米軍の進攻に対応する態勢を確立するとした。いわゆる「絶対国防圏」構想である。

「内南洋（中西部）」とあるように、海軍が主張していたトラックは絶対国防圏の中に含まれているが、マーシャル諸島やギルバート諸島は外された。ただし、海軍はトラック〜マリアナ諸島〜パラオ諸島を「後方要線」、マーシャル諸島〜ギルバート諸島を「決戦海面」とする考え方は変えなかった。艦隊決戦にいまだに望みをつないでいたのである。

しかし、第一線の指揮官の意見は違っていた。「第二六航空戦隊意見」には「積極的に作戦してもすぐ兵力が無くなる。消極的にやってもいずれは無くなる。結局補給を続けて呉れなければ自滅の外なし。損耗補給戦、補充の早い方が勝つ」と、戦場の実態を理解しない作戦計画に疑問を呈する声もあった。

また、絶対国防圏に配置するための兵力として、満州（中国東北部）から大規模な部隊の転用が図られたが、移動は必ずしも順調とはいえず、しかも輸送途中で米潜水艦によって撃沈されるケースが頻発した。そして、大本営が目処とした一九四四年中頃を待たずに、米軍の進攻は始まった。マッカーサー軍は六月三十日

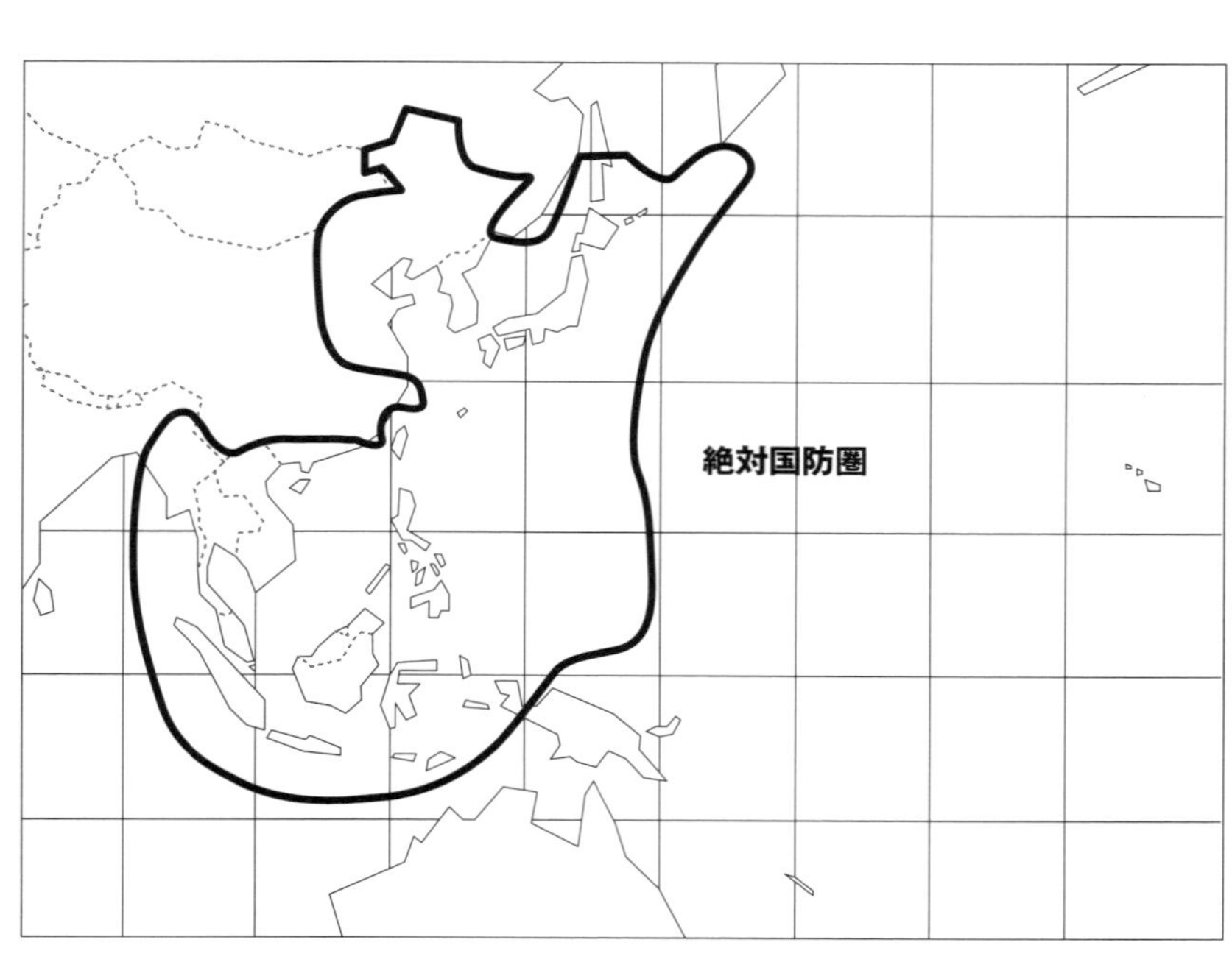

米軍の空爆にさらされ、無力化された連合艦隊の前進基地トラック島。

にソロモン諸島中部のレンドバ島に上陸、八月初めにニュージョージア島のムンダ飛行場を占領、十一月にはブーゲンビル島に上陸し、ニューギニアでも反攻作戦に転じていた。

一方、ニミッツ軍も十一月にギルバート諸島へ、一九四四年一月にはマーシャル諸島に進攻してきた。ギルバートおよびマーシャル諸島に来襲した米軍に対して、日本は基地航空部隊による攻撃を実施したが、多数の航空機を失って敗退し、航空部隊の再建が再び遅れることになった。そして一九四四年二月十七日〜十八日には、トラック島が米機動部隊の大空襲を受けて基地機能を喪失した。絶対国防圏を策定してからわずか数カ月の間に、米軍は日本の防衛ラインを易々と突破してしまったのである。

これら米軍に攻略・奪還、或いは占領された太平洋の島々には多くの日本軍が配置されていた。それら本国から〝見捨てられた〟部隊は、自らの最期をどう迎えていたのだろうか——。

アッツ島の悲劇

一九四三年五月

戦略なき占領の犠牲になった アッツ、キスカ島守備隊

めまぐるしく変わる占領目的

ガダルカナル島で敗れ、ニューギニア戦線でも日本軍が敗走を続けているとき、北海のアリューシャン列島でも日本軍は追い詰められていた。アッツ島とキスカ島守備隊である。

日本軍がミッドウェー作戦と並行してアッツ、キスカ両島を占領したのは一九四二年（昭和十七）六月であった。日本軍がアメリカの領土を占領したのは、このアリューシャン作戦が最初で最後であった。目的はミッドウェー作戦を成功させるための牽制と、米ソに対して北方の防衛体制を強化することにあった。

アッツ攻略作戦は六月七日の夜九時過ぎから開始され、上陸部隊の北海支隊は八日の午前零時過ぎ、無血上陸に成功した。抵抗はまったくなく、北海支隊の『戦闘概報』は「住民米人二名、現地住民三七名」と記している。キスカも同様で、海軍陸戦隊は七日午後十時二十七分に無血上陸し、「三時間にて島内掃蕩」し「戦果、捕虜、医師、コック各一、我方被害なし」と戦闘概報に記した。

当初、アッツ、キスカの占領は越冬が難しいことなどから「冬季まで」とされていたが、攻略部隊の「施設を強化すれば越冬は可能」「長期確保は予想以上の価値あり」といった報告から、大本営は六月十八日に

アッツ島に上陸した陸軍部隊は、当初、雪が少ないため「越冬も可能」と判断した。それは6月という季節のためで、やがて将兵は猛烈な寒さと吹雪の中で飢餓に襲われる。

長期確保を決定している。以後、両島には陸海軍兵力が続々と増強され、一九四二年九月十五日に海軍の第五一根拠地隊（司令官・秋山勝三少将）が新編成され、陸軍も十月二十七日に北海守備隊（司令官・峯木十一郎少将）を編成してキスカに司令部を設置した。兵力は陸海とも約三〇〇〇、合計約六〇〇〇名が守備についた。

しかし、前記の大本営の方針変更でもわかるように、日本軍指導部はアリューシャン列島に対する確固とした戦略も戦術も持っていなかった。それは増強した守備隊のたび重なる部署変更にもみることができる。時期は前後するが、大本営は次のように次々と守備方針の変更をしている。

①一九四二年八月二十七日から九月七日にかけてアッツ上陸部隊の北海支隊をキスカに引き揚げ、アッツを放棄する。

②十月三十日、米軍の空襲激化と潜水艦の活発化を知った大本営は再びキスカ、アッツ両島の保持に作戦変更、米川浩中佐を指揮官とする北千島要塞歩兵二

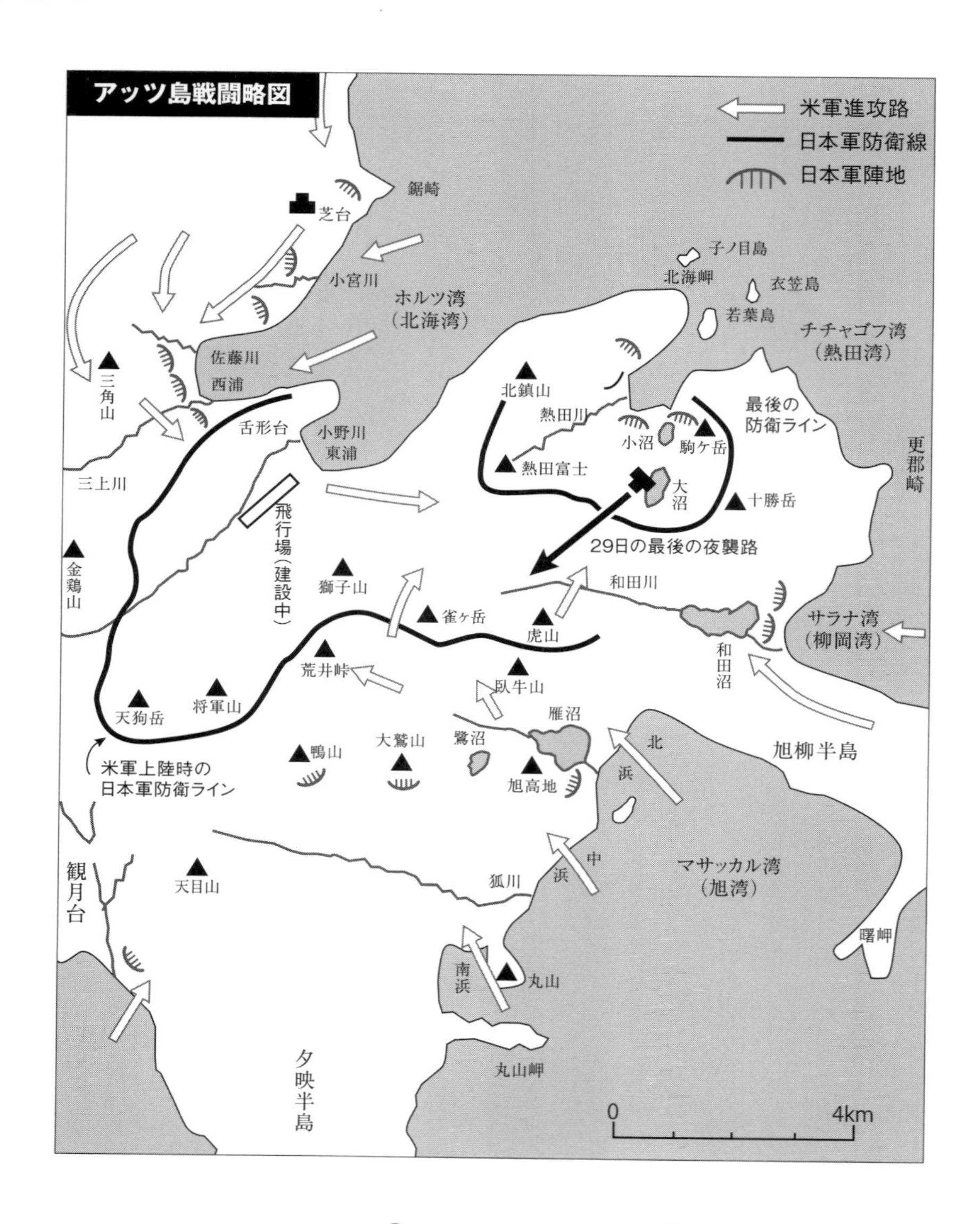

個中隊と独立工兵一個小隊をアッツに送り再占領する。重点はキスカ。

③十一月十日、北海守備隊の編成により司令官の峯木少将と司令部、キスカに進出。

④十一月二十八日、大本営はキスカ、アッツに加え、両島の中間にあるセミチ諸島の攻略を命じ、攻略部隊（独立歩兵第三〇三大

隊）を派遣したが輸送船「ちえりぼん」が米軍機の空襲によって浸水擱座、攻略作戦は延期（中止）され、再度キスカ、アッツを二大防衛拠点に変更——。

さらにその後、大本営はアッツを中心にアッツ南東のアガッツ島とセミチ諸島を加えた新防衛群を考え、攻略に着手しようとしたが米軍の反攻作戦の前に実施できなかった。このように、確たる戦略もないままに占領したことが、場当たり的に守備隊の部署を変更することになり、十分な防御態勢も築けないまま米軍の反撃作戦を迎えることになったのである。

米軍のアリューシャン反攻計画

日米戦が始まった当時、アリューシャン方面の米軍部隊は貧弱で、日本軍がキスカとアッツを占領したころウムナック島に飛行場の整備を終えたばかりであった。当初、キスカとアッツの日本軍を空襲していたのは、この飛行場を基地にしたＢ24爆撃機で、機数もわずかであった。海上戦力も貧弱で、当初は旧式の潜水艦六隻しか配備されておらず、ようやく一九四二年六

日米の激戦地になったアッツ島北東部。手前がマサッカル湾。上方がホルツ湾。

アッツ島に上陸したのは陸軍部隊だったが、キスカ島には６月７日に海軍舞鶴第３特別陸戦隊が上陸した。

月末から新鋭の艦隊潜水艦八隻が増強されて、日本の海上輸送隊攻撃に成果を見せるようになったばかりだった。しかし、米太平洋艦隊司令長官のチェスター・W・ニミッツ大将（太平洋方面軍司令官兼務）には、それ以上の海上戦力をアリューシャン方面に割く余裕はなかった。

当時の米海軍はガダルカナル島の攻防に追われており、たび重なるソロモン海での海戦で多くの艦艇と航空機を失っていたからである。そのガ島をめぐる攻防戦に勝利の目途が出てきた一九四二年十二月九日、ニミッツは合衆国艦隊司令長官のアーネスト・キング大将（海軍作戦部長兼務）との定期会談に臨むためサンフランシスコに飛んだ。そのときのニミッツは「ソロモン海域における今後の作戦」と題するレポートを持参していたが、もう一通、「アリューシャン方面の状況に関する考察」という別の覚書も持参していた。

その覚書の中で、ニミッツは日本軍が占領しているアッツとキスカ近くに飛行場をつくるために陸軍をアムチトカ島に進出させ、同時に日本軍占領地に対する上陸作戦に備えて部隊に訓練をほどこす必要があると提案した。ニミッツ同様、キングにとってもアメリカの領土であるアッツとキスカを日本軍に占領されていることは耐え難いことであり、国民の士気にも影響することを知っていたから、ニミッツの提案に反対する理由はなかった。

会談にはトーマス・C・キンケイド少将も招かれていた。それまでキンケイドはウィリアム・F・ハルゼー大将指揮下の司令官として数次のソロモン海戦や南太平洋海戦を戦ってきたが、急遽、本国に呼ばれたのだった。ニミッツはアリューシャン作戦を発動するにあたって、北太平洋地域司令官のロバート・A・シーボルド少将を更迭（こうてつ）し、後任の司令官にキンケイドを任命するつもりでいたからである。シーボルドは怒りっぽいことで悪名が高く、陸軍側をすっかり怒らせていた。交渉ごとに長（た）けているキンケイドなら陸軍との関係も改善されるだろうし、北方作戦を成功に導くに違いない、ニミッツはそう判断したのだ。

将兵とともに壮絶な最期を遂げた山崎保代大佐。死後2階級特進で中将になった。

そしてニミッツのヨミどおりキンケイド少将は陸軍側との関係を改善し、早くも一九四二年末にはアダック島（キスカ東方約三七〇キロ）を奪回し、翌一九四三年一月十二日にはアムチトカ島（キスカの東方約一〇〇キロ）に部隊を上陸させてきた。そして一カ月後の二月十七日ごろには、早くも飛行場を完成させて日本軍輸送路の遮断作戦を開始していた。

好機を逸したアッツ島沖海戦

キスカとは目と鼻の先のアムチトカ島への米軍進出は、日本軍をあわてさせた。

一九四三年二月五日、大本営はキスカ、アッツ両島の防衛強化を決め、兵員と物資輸送を増強することにした。そして、それまで第五艦隊司令長官（細萱戊子（ほそがやぼし）

郎中将）の指揮下にあった北海守備隊を新たに編制した北方軍（樋口季一郎中将）の隷下に移し、二月十一日付で北海守備隊の編成も改正した。すなわち北海守備隊を第一地区隊と第二地区隊に区分し、第一地区隊は歩兵三個大隊を基幹にキスカを守備し、第二地区隊は歩兵一個大隊を基幹にアッツの防衛にあたり、両地区隊には新たに合計一五〇〇名の兵力を増強することにした。そして二月十六日付で第一地区隊長には佐藤政治大佐が、第二地区隊長には山崎保代大佐がそれぞれ任命された。

日本の輸送船団を襲ってきた米軍機を高角砲で迎撃する日本兵。

同時に大本営は急遽、キスカ、アッツ両島の守備隊を総動員して飛行場と水上基地の建設にとりかかった。しかしアムチトカに飛行場を獲得した米軍の空襲は日を追って激しくなる。その空襲下で、機械力に乏しい日本軍の飛行場建設は遅々として進まなかった。

一方、キスカ、アッツ両島奪回の準備を整えたキンケイド少将は、積極果敢な攻撃に出た。まず二月十九日早朝、チャールス・H・マックモーリス少将率いる重巡洋艦「インディアナポリス」と「リッチモンド」、駆逐艦四隻からなる艦隊は二時間にわたってアッツ島を砲撃し、島の西方海域に進出して日本軍輸送船団を待ち伏せた。護衛艦（海防艦「八丈」）を付けた輸送船（陸軍輸送船「あかがね丸」）がアッツ島に向かっているという情報が寄せられたからだ。情報は正確で、「あかがね丸」は二十日の夕方、護衛艦と分かれ単独でアッツに入港しようとした。その寸前、米艦隊に捕捉され、猛攻撃を受けて撃沈されてしまった。

衝撃を受けた第五艦隊は、以後の軍需品輸送は艦隊が護衛する大規模な集団輸送方式に改め、その第一次輸送船団が三月四日に北千島の幌筵（ほろむしろ）を出港、三月十日にアッツ入港に成功した。

続いて第二次集団輸送が計画され、第五艦隊は三隻の輸送船を護衛して三月二十二日と二十三日にそれぞれ幌筵を出港した。そして荒天にはばまれながらアッツに近づいた第五艦隊とマックモーリス少将の艦隊（巡洋艦二隻と駆逐艦四隻）は、三月二十七日の黎明、アッツの西方約二〇〇浬（約三七〇キロ）で激突した。戦力は巡洋艦四隻と駆逐艦四隻の日本が圧倒的に優勢で、そのうえ日本艦隊は速力でも勝っていた。ところが日本の第五艦隊は米艦隊との距離を詰める際、後部砲塔を使用するためジグザグ運動を繰り返していたから、せっかくの優速の利点を発揮できなかった。

一方の米軍は煙幕を張り、巧妙な射弾回避運動によって優勢な日本の攻撃力を押さえ込み、戦場脱出に成功した。対する細萱中将は作戦指揮のまずさといくつかのミスが重なり、米艦隊撃滅の絶好機を逃してしま

上陸した米第7歩兵師団に対して守備隊は徹底抗戦した。米軍は48時間たっても海岸に釘付けにされ、ブラウン師団長は更迭された。

った。そのため、アメリカでは「コマンドルスキー諸島海戦」と呼ぶこの「アッツ島沖海戦」の指揮能力を問われ、一九四三年四月一日付で更迭された。

米アッツ攻略部隊が無血上陸

アッツ島沖海戦を境に、北方海域の制海・制空権はほぼ米軍に握られてしまった。そのためキスカ、アッツへの補給は潜水艦によって細々と行われることになる。当時、キスカには陸軍が約二五〇〇名、海軍が約三五〇〇名いたが、食糧は両軍合わせても「七月末までは食い延ばし可能」（大本営への北海守備隊報告）の状態で、陸軍兵力約二五〇〇名のアッツは「食糧は食い延ばして五月末まで」（同）で、両島とも飢餓の一歩手前のありさまだった。

北海守備隊第二地区隊長に任命された山崎保代大佐がアッツにたどり着いたのは、そうした将兵たちが空腹の中で必死に飛行場建設を行っていた一九四三年四月十八日だった。本来、山崎大佐たち地区隊司令部は、三月末の第二次集団輸送の際に進出する予定で乗船していたが、アッツ島沖海戦のため幌筵に引き返し、この日、潜水艦でやっと進出できたのである。

山崎大佐がアッツに進出したころ、アッツ攻略部隊の米第七歩兵師団と第一八四歩兵連隊はネバダ州の砂漠で訓練をしていたが、水陸両用作戦訓練のためカリフォルニア州の海岸に移動して最後の仕上げに励んでいた。

米統合参謀本部がアリューシャン作戦を承認したときの第一目標はキスカ島で、上陸日を三月一日においていた。しかし兵員の訓練に加えて輸送船の調達が間に合わず、上陸作戦は延期されていた。じりじりしていたキンケイド少将は、三月三日にハワイのニミッツ長官に申し入れた。

「いっそキスカをやめて、ターゲットをアッツにしたらどうでしょう。アッツの日本軍はキスカの兵力の半分くらいだし、こちらの兵力も少なくてすみます」

ニミッツはキンケイドの意見を入れ、フランシス・W・ロックウェル海軍少将（北太平洋地域上陸作戦海軍部隊司令官）に攻撃計画の立案を命じ、上陸予定日を五月七日と定めたのだった。

四月下旬、米第七歩兵師団を基幹とするアッツ攻略部隊はカリフォルニアからアラスカに進出し、五月四日午前七時半、アッツに向けて出撃した。しかし海は大荒れで霧に閉ざされ、ロックウェル少将は上陸を二日延ばして九日とした。戦艦三隻、重巡三隻、軽巡三隻、駆逐艦一九隻、輸送船五隻、護衛空母一隻の攻略部隊は、風速四〇メートルの大シケの海上で天候の回復を待った。

五月十二日、相変わらず濃い霧は海面をおおっていたが、ロックウェル少将は南北両岸からの上陸作戦の決行を命じた。作戦開始は午前十時四十分、まずアッツ北岸のホルツ湾から約一〇〇〇名の部隊が上陸し、三十分遅れて南岸のマサッカル湾（旭湾）から主力二〇〇〇名が戦艦の艦砲射撃を合図に上陸を開始した。そして夕刻の五時十五分前までに一五〇〇名が上陸に成功した。日本兵の姿は見えず、完全なる無血上陸だった。

壮絶な日本軍守備隊の最期

米軍が上陸したときのアッツ島の日本軍陸海軍部隊は次のようだった。

山崎保代大佐を地区隊長とする陸軍部隊の兵力は約二五〇〇名で、主要装備は山砲六門、高射砲八門（一二門との資料もある）だけだった。海軍部隊は第五一根拠地派遣隊（基地通信隊および電波探信儀設定隊）約一〇〇〇名がいた。山崎大佐のもと、臨時の指揮を第五艦隊航海参謀の江本弘少佐が執（と）った（江本参謀は五月十日に現地の実情視察と指導のために潜水艦で来島、米軍の上陸を迎えたため現地部隊を指揮していたもの）。

五月十二日の夕方までに、マサッカル湾から上陸した米先遣偵察隊は海岸から二〇〇〇メートル以上島内に進撃していた。日本軍守備隊は迫撃砲などで反撃をはじめたが、攻撃は散発的だった。日本軍は主作戦場を島の中央山岳地帯に置いていたから、部隊の大半は山中に布陣していた。

「後藤平敵集団地点」を夜襲して斃れた日本軍将兵。

戦闘二日目を迎えた十三日、米軍は南北両戦場でジリジリと包囲網を縮めていた。そして午後に入りマサッカル湾からの艦砲射撃に加え、空母搭載機による空からの銃爆撃も行ってきた。ことに艦砲射撃は激烈で、米軍の記録によれば、戦艦「ペンシルバニア」の弾薬庫は十五日の朝にはほとんどカラになったという。

米軍が上陸したときアッツ島北岸ホルツ湾の西浦、東浦地区を守備していた佐藤国夫上等兵と小林世海義工兵上等兵、高木発明工兵一等兵は、米軍を目前にしたときの気持ちを『特集文藝春秋』（一九五六年四月五日発行）の座談会「雪と氷の島・アッツの最後」でこう語っている。

小林　正直いってこれは駄目だと思ったですね。三日か四日でやられる……これは私一人の感じたことかもしれませんが。

佐藤　いや、皆そうだったでしょう。敵が来たら最後だ、と思わざるを得ないですよ、普段が普段だから（笑い声）

小林　第一体が弱っているんです。栄養失調の患者が

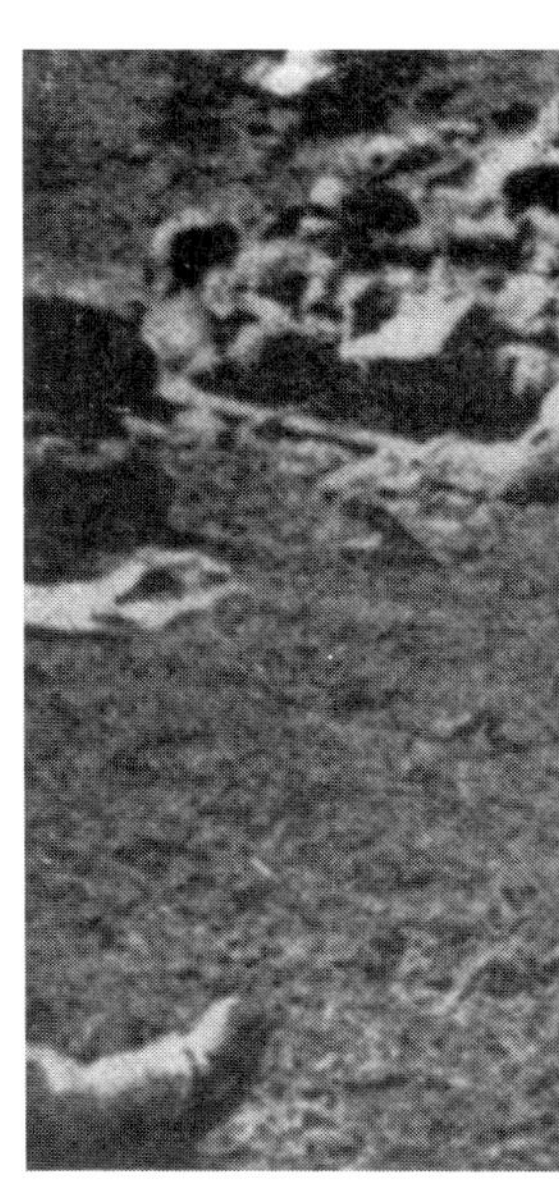

出はじめていたんですからね。一つの飯盒（はんごう）の飯を五人で分けて食べたり、お菜はふきの佃煮だけ。後から来た人達は自分の持って来たものを食べているから……。ともかく潜水艦で流してくれる米袋が唯一の食糧補給なんです。それでも気持ちの上では負けるなんて考えたこともなかった、どんな苦労したってもう暫くの間だ、と日本の勝利を疑ったことはなかったのですが、実際に敵を見た時には、これは危ない、と痛切に感じました。それとは別に、ホッと安堵を覚えたのも本当です。玉砕あるのみ、ということですね。そしてこの気持ちが全員の心を最後までピタッと一致させたんですね。

高木　小銃弾は常時一五〇～一六〇発持っているんだが、そんな程度のものは一寸射ったらもうなくなっちまう。ところがこの日の戦闘が始まってから二時間位して猛烈な艦砲射撃を受けて、その上を爆撃でやられたんです。ですから弾の補給地にはゆけないし、連絡もなくなるし、ただジリジリと退いていくほかないんです。

佐藤　十四日には西浦湾を守備していた佐藤中尉の一個小隊が夜襲をかけた。ところが電探に察知されて全滅しているんです。あと一〇〇メートル位のところで機関銃で一斉にやられたそうですが。ともかく一二〇名の兵が全身蜂の巣のようになって倒れてしまったんだ――。

　アッツ島への米軍上陸を知った大

アッツ島守備隊編成表

北海守備隊第２地区隊＝隊長・山崎保代大佐
　独立歩兵第303大隊（渡邊十九二少佐）
　北千島要塞歩兵隊（米川浩中佐）
　第６要塞山砲兵隊（遠藤平少尉）
　高射砲大隊（青戸慎士大佐）
　工兵中隊（小野金造大尉）
　船舶工兵隊（小林徳雄大尉）
　独立無線第16小隊（長谷川明少尉）
　北千島要塞歩兵隊通信隊（小野虎雄少尉）
　第30碇泊場司令部熱田支部（内田松五郎中尉）
　野戦病院大浦班（大浦二郎軍医大尉）
　　総兵力・約2500名

本営は、当初、増援軍を送って西部アリューシャンの確保を決定し、北海道の第七師団主力のアッツ派遣を検討していた。しかし、アッツ島からの戦況報告は大本営を次第に悲観的にし、五月十九日、大本営は増援中止、守備隊を「撤収」してアリューシャン諸島の放棄を決定したのである(正式決定は五月二十日)。実際、現地アッツからの報告は悲痛で、日本軍守備隊は各所で撃破され、中央山岳地帯に追いつめられていた。

　五月二十九日午後七時三十分、キスカの北海守備隊司令部はアッツの第二地区隊からの悲痛な報告電を受領した（午後二時三十五分発信）。

一、二十五日以来、敵陸海空の猛攻を受け、第一線両大隊はほとんど潰滅（全線を通じ残存兵力約一五〇名）のため、要点の大部を奪取せられ、かろうじて本一日を支うるに至れり。

二、地区隊は海正面防備兵力を撤し、これを以て本二十九日攻撃の重点を大沼谷地方面より後藤平の敵集団地点に向け、敵に最後の鉄槌を下してこれを殲滅、皇軍の真価を発揮せんとす。

三、野戦病院に収容中の傷病者はその場に於いて、軽傷者は自身自ら処理せしめ、重傷者は軍医をして処理せしむ。非戦闘員たる軍属は各自兵器を採り、陸海軍とも一隊を編成、攻撃隊の後方を前進せしむ。共に生きて捕虜の辱めを受けざるよう覚悟せしめたり。（以下略）

　この日の朝、米軍のロックウェル少将は、最後の日本軍が立てこもる島の北東のチチャゴフ湾地域に総攻撃令を出した。しかし、上級司令部に訣別電を発した山崎大佐以下生き残っている決死隊員は、じっと夜が訪れるのを待った。そして、あたりが夜の闇におおわれると、山崎大佐以下約一五〇〇名の日本軍は、銃剣をかかえて大沼（コリー湖）沿いに粛々と丘を下りた。

　米海軍大佐で戦史研究家のウォルター・カリグは、その著『バトル・リポート』に書いている。

「コリー湖沿いに肺腑をえぐる怒号が、夜の闇を引き裂いた。日本軍は米軍前哨線を雪崩のように通過した。彼らは夜明けの薄明かりの中で、狂気の集団のようになって歩兵部隊を襲い、個人壕に眠る米兵を殺した。

さらに日本の突撃部隊は谷を直進してマサッカル湾に入る峠に向かった。一隊はキャンプの中におどり込み、テントを引き裂き、箱を破り、弾薬をひっくり返し、先頭の日本兵が殺した米兵の死体をまた刺し貫いた。米軍はなんとかして陣容を立て直し、抵抗線を作ろうと必死になった。小銃を持っている者は、日本兵に気づかれずに撃つことができた。しかし日本兵は気にもとめず、叫びながら疾風のように駆け回った。

この疾風は峠にさしかかった。そこには師団の工兵隊がキャンプを張っていた。この連中は谷の向こうで小銃の音が聞こえるので、何事が起こったのかと警戒していた。そして抵抗線を作り、このものすごい日本兵の嵐に向かって急斉射を加えた。バンザイ突撃は終わった」

米軍の記録によれば、アッツで捕虜になった日本兵は二九名で、大半は意識不明の中で捕らえられたという。米軍の損害は、上陸部隊一万一〇〇〇名のうち戦死約六〇〇名、負傷者約一二〇〇名という。

アッツ守備隊の全滅は五月三十日午後、大本営から発表され、翌三十一日付の朝日新聞は「山崎部隊長ら全将兵　壮絶夜襲を敢行玉砕」と一面トップで報じた。国民に対して「玉砕」という表現が使われたのは、このときが初めてであった。玉(たま)と砕(くだ)け散(ち)る——全滅を美化した新たな軍隊用語ともいえた。

アッツの次はキスカだ、現地の将兵は誰もがそう思っていた。しかし大本営は米軍がアッツに上陸した直後の五月二十日に、キスカ撤収を決めていた。撤収作戦は七月二十九日に決行され、陸軍二四〇一名、海軍二七七三名、合計五一〇〇名余の全将兵が奇跡的に幌筵に撤収したのだった。

タラワ島の玉砕

全滅戦で米軍に挑んだ孤島の陸戦隊

一九四三年十一月

米軍の「ガルバニック作戦」開始

日本の海軍陸戦隊がイギリスの植民地であるギルバート諸島のタラワ島、マキン島を占領したのは日米開戦直後の一九四一年（昭和十六）十二月十日だった。ギルバートはアメリカの戦略・戦術基地ハワイと豪州を直線で結ぶ要点上にあり、ここを占領して航空基地を建設すれば米、豪の交通路を遮断することができるなど、日本にとっての戦略価値ははなはだ大きいと大本営、ことに海軍部は判断し、攻略を実施したのだった。

アッツ島に次ぐ玉砕の地になるタラワは十数の環礁から成っている島で、主島は南西端にあるベティオ島である。そのベティオ島に海軍は飛行場を建設し、一九四三年（昭和十八）二月二十五日付で横須賀第三特別根拠地隊（司令官・柴崎恵次海軍少将）を新編成、司令部と主力部隊をベティオ島に派遣した。兵力は約四六〇〇（防備兵力約二六〇〇名、設営隊員、航空基地員約二〇〇〇名）で、守備隊は椰子丸太とサンゴ砂を入念に重ねて構築した陣地や鉄筋コンクリート製の指揮所などを次々造り、二平方キロの小さな島を要塞化し、上陸米軍の水際撃滅作戦を狙っていた。

一方、対日撃破計画を策定した米統合幕僚長会議は一九四三年七月二十二日、太平洋艦隊司令長官のチェスター・W・ニミッツ大将（太平洋方面軍司令官兼任）にナウル島とギルバート、マーシャル両諸島攻略の計画案の提出を命じた。

統合参謀本部の計画によれば、日本を降伏させる最終前線基地をマリアナ諸島に置き、そのマリアナ攻略の第一段階がマーシャル諸島の奪取だった。しかし日本軍航空基地の航続範囲内にあるマーシャルにいきなり攻略部隊を進めることは危険で、まずマーシャル諸島の写真偵察と支援基地獲得のためにナウル島とギルバート諸島の占領が必要と判断したのである。

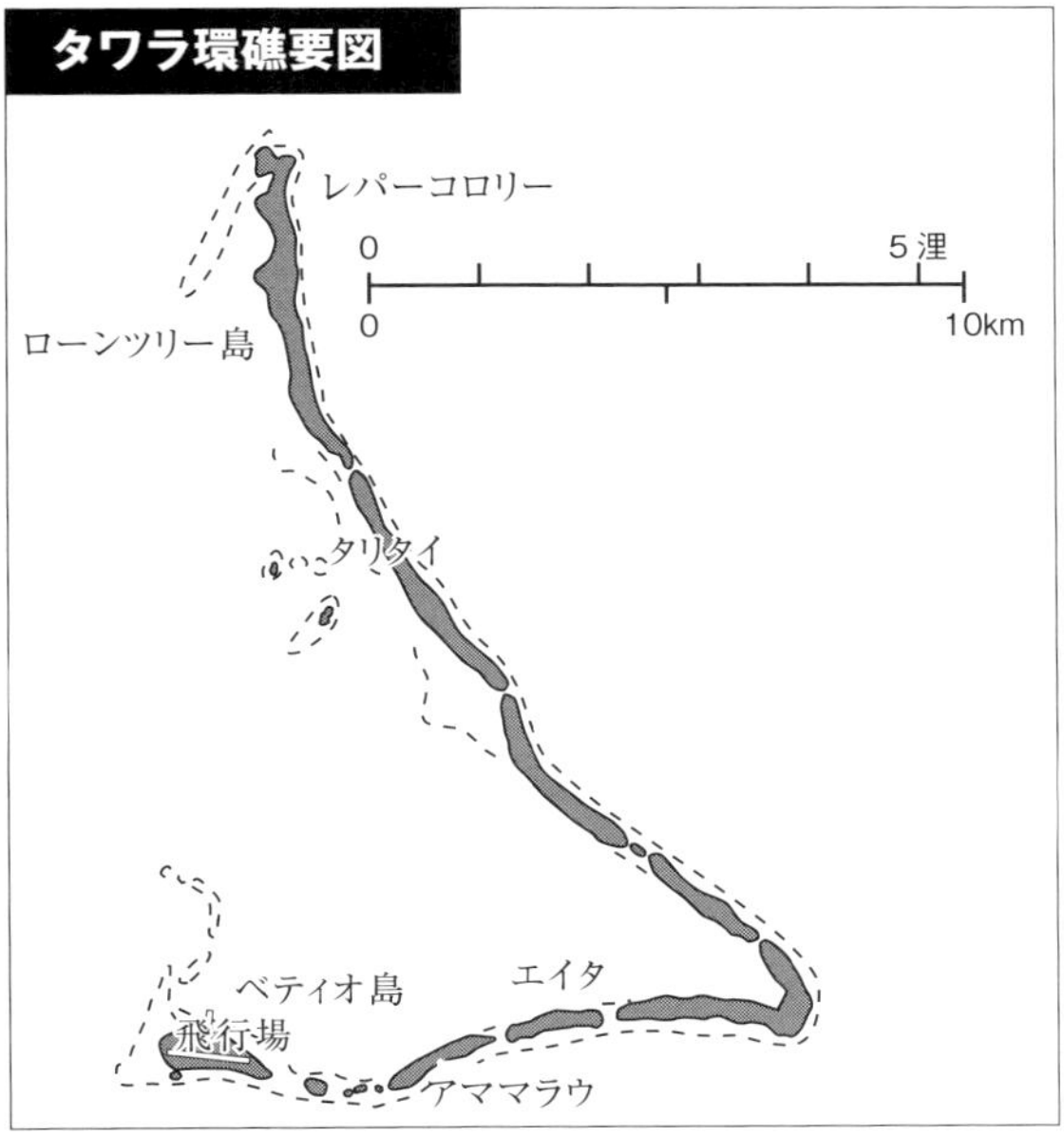

タワラ環礁要図

　ニミッツ長官は八月五日にギルバート攻略のための作戦部隊「第五艦隊」を創設し、司令長官にレイモンド・A・スプルーアンス中将を指名した。第五艦隊は四つの主要部隊から構成されていた。リッチモンド・ケリー・ターナー少将を指揮官とする上陸作戦海軍部隊、ホーランド・スミス海兵少将指揮の地上戦闘部隊である上陸作戦軍団、ジョン・H・フーバー少将指揮の防衛基地航空隊、それにチャールズ〝ボールディ〟パウナル少将を指揮官とする高速機動部隊（空母）である。

　当初の目標はナウルとタラワだったが、ナウル島は地形的に攻略が困難とされ、代わりに日本のマーシャル諸島により近いマキン島が選ばれた。作戦は「ガルバニック（電撃）作戦」と名付けられ、作戦開始は一九四三年十一月二十日と決定された。

　ターナー少将の攻略部隊はマキン攻略の北方攻撃部隊とタラワ攻略の南方攻撃部隊の二つに分けられた。北方攻撃部隊の地上戦闘部隊は陸軍の第二七師団第一

ギルバート攻略に向かう米第５艦隊。上方が空母「レキシントン」、手前が戦艦「ワシントン」。警戒飛行をしているのはＳＢＤドーントレス艦上爆撃機。

六五連隊戦闘団（兵員約六五〇〇名）で、これを戦艦四隻、重巡四隻、護衛空母四隻、駆逐艦一三隻が海上から支援することになった。

南方攻撃部隊は実質的な独立指揮権を持っていて、ハリー・Ｗ・ヒル少将の指揮下に置かれた。地上戦闘部隊は第二海兵師団（師団長＝ジュリアン・スミス少将）で、これを戦艦三隻、重巡三隻、護衛空母五隻、駆逐艦二一隻が支援する。そしてパウナル少将の機動部隊（高速空母四隻）の艦上機は日本軍基地の空襲と上陸作戦の援護を割り振られた。

十一月上旬、米軍機はマーシャル方面の偵察を入念に繰り返し、十一月九日からはギルバート、マーシャル全域に対し猛爆撃を加え、二〇〇隻の艦船はジリジリとマキン、タラワに近づいていった。

血染めの珊瑚礁

十一月二十一日午前四時三十分、米海兵隊員は米軍が初めて戦闘に導入した新しい水陸両用車ＬＶＴ（上陸用装軌車）とＬＣＶＰ（車輛兼兵員揚陸艦）に乗り

タラワの北岸にたどりつき、ただちに砲煙けぶる日本軍飛行場に突入する米海兵隊員。

移り、ベティオ島の上陸地点めざして舳先（へさき）を整えた。

日本軍の沿岸砲台から二〇センチ砲二門が火を噴いた。ただちに旗艦「メリーランド」の四〇センチ砲が応戦、他の戦艦、重巡、駆逐艦も一斉に砲撃を開始した。そして砲撃は延々二時間半も続けられ、約三〇〇〇トンの砲弾を撃ち込んだ。海岸一帯は砲撃の硝煙と砂塵（さじん）におおわれ、ヒル少将の旗艦からは海岸を見ることができない。少将は水陸両用車が海岸に到達する時間を四十分とみていた。そのため到達予定五分前の午前八時五十五分に支援砲撃を停止させたが、実際の水陸両用車群はまだはるか彼方で立ち往生していた。

タラワ島周辺の海は、島の人たちが「乱潮」と呼ぶ激しい潮の干満に見舞われることが多い。あるときは潮位が異

タラワ島守備隊編成表

第３特別根拠地隊本隊（司令官・柴崎恵次少将）
- 横須賀鎮守府第６特別陸戦隊（主力）　約902名
- 第４施設部派遣隊（技術士官・溝間憲三）
- 第111設営隊（隊長・村上功機関大尉）　約2000名
- 755航空隊　約30名
- 佐世保第７特別陸戦隊（隊長・菅井武雄中佐）　1669名

ベティオ島の海岸に設置された日本海軍の80ミリ砲。主に駆逐艦に搭載された砲で、タラワには6門あった。

常に高くなり、あるときは異常に低くなる。それが何時間も続くのが「乱潮」で、この日は異常低位の「乱潮」であった。おかげで米軍の水陸両用車群は外海と礁内を隔てるリーフ（隆起珊瑚礁）を乗り越えることができず、多くの海兵隊員たちは肩まで水に浸かりながら徒歩で礁内を進まなければならなかった。

一方、日本軍の柴崎司令官は、米軍はベティオ島南岸の外海から上陸してくると読んでいたため、守備隊を島の南部海岸線に展開させていた。ところが米軍は北側の礁内から上陸を敢行してきたため、急遽部隊を北側に移動し、必死に防衛線確保に努めた。このとき、前記のようにうまい具合に米軍の砲撃がやんだ。椰子丸太とサンゴ砂を幾層にも重ねて構築した日本軍陣地は吸収性のある防護層となり、爆弾や大口径砲弾の直撃威力を大きく緩和していた。これら陣地に巧みに掩蔽されて生き残っている二〇センチ砲、一四センチ砲、それに機銃が礁内を歩いてくる米海兵隊員めがけて一斉に発射された。白く透き通った礁内の海面はたちまち海兵の血でオレンジ色に染まっていった。

日本軍の反撃を退けて小休止する米海兵隊員たち。手前には戦闘で斃れた米海兵隊員と日本兵の遺体が放置されている。

横須賀第三特別根拠地隊の戦車隊員で、奇跡的に生き残った大貫唯男（おおぬきただお）海軍上等兵曹は『実録太平洋戦争』（中央公論社刊）の中にこう記している。

「耳を聾（ろう）するばかりの激しい銃火の前に、敵の舟艇は座礁し、米兵はつぎつぎに倒れ、海に落ちて、ものの見事に出鼻をくじいたように見えたが、敵も果敢に、わが銃火を真向に受けながら陸続と浅瀬を渡り、戦友の死体を踏みこえて、ついに島の一端の桟橋に取りついてしまった」

タラワに上陸した米軍は約一万八六〇〇名で、このうち三四〇〇名の死傷者（うち一〇〇〇人以上が戦死または戦傷死）を出しているが、その大半はこの水際（みずぎわ）の戦闘で斃（たお）れた者であるという。

橋頭堡を築いた米軍は果敢な攻撃を開始した。そして上陸三時間後には、日本軍の防空壕、塹壕は死傷者で埋めつくされていた。このため柴崎司令官は司令部の作戦地下壕を負傷者の治療所に充て、司令部は外海側（島の南側）の防空壕に移ることにした。ところが敵弾は、その移動中の柴崎司令官を撃ち抜き、少将は

銃口を眉間に当て、足の指で銃の引き金を引き、自決した日本兵たち。「生きて虜囚の辱めを受けず」の教えを貫き、米軍の投降勧告を拒否して死を選んだ。

戦死する。午後二時ごろだった。

タラワ島守備隊は水も食料もなく、弾薬の補給もないまま二日目、三日目を迎え、激しい消耗戦を強いられて刻一刻追いつめられていった。生き残った守備隊員たちは米兵をできるだけ引きつけてから小銃、手榴弾、銃剣で最期の戦いを挑んだ。そして戦闘五日目の十一月二十五日の朝、米軍はタラワの完全占領を発表したのである。

日本軍守備隊で生き残ったのはわずかだった。将校一名、下士官一六名、設営隊として徴用されていた朝鮮人一〇四名に日本の民間人一四名など計一四六名が捕虜となった。

マキン島の玉砕

23対1の戦いに敗れたマキン守備隊

一九四三年十一月

全島要塞化で徹底抗戦した日本軍

　マキン島を攻略するターナー少将指揮下の北方攻撃軍も、タラワのベティオ島攻撃の南方攻撃軍とほぼ同時刻の一九四三年（昭和十八）十一月二十一日午前二時ごろ、マキン環礁のブタリタリ島への艦砲射撃で火ぶたを切っていた。そしてラルフ・スミス陸軍少将（歩兵第二七師団長）率いる上陸部隊（六四七二名）の第一陣は午前五時三十分過ぎに海岸線に殺到した。

　タラワのベティオ島と違い、日本軍守備隊の反撃はまったくなかった。日本軍は海岸線から三キロ近く陸地に入った内陸部に主陣地を構えていたのである。このため米軍の第一陣は午前八時三十分までにはほぼ全員が海岸に到達していた。

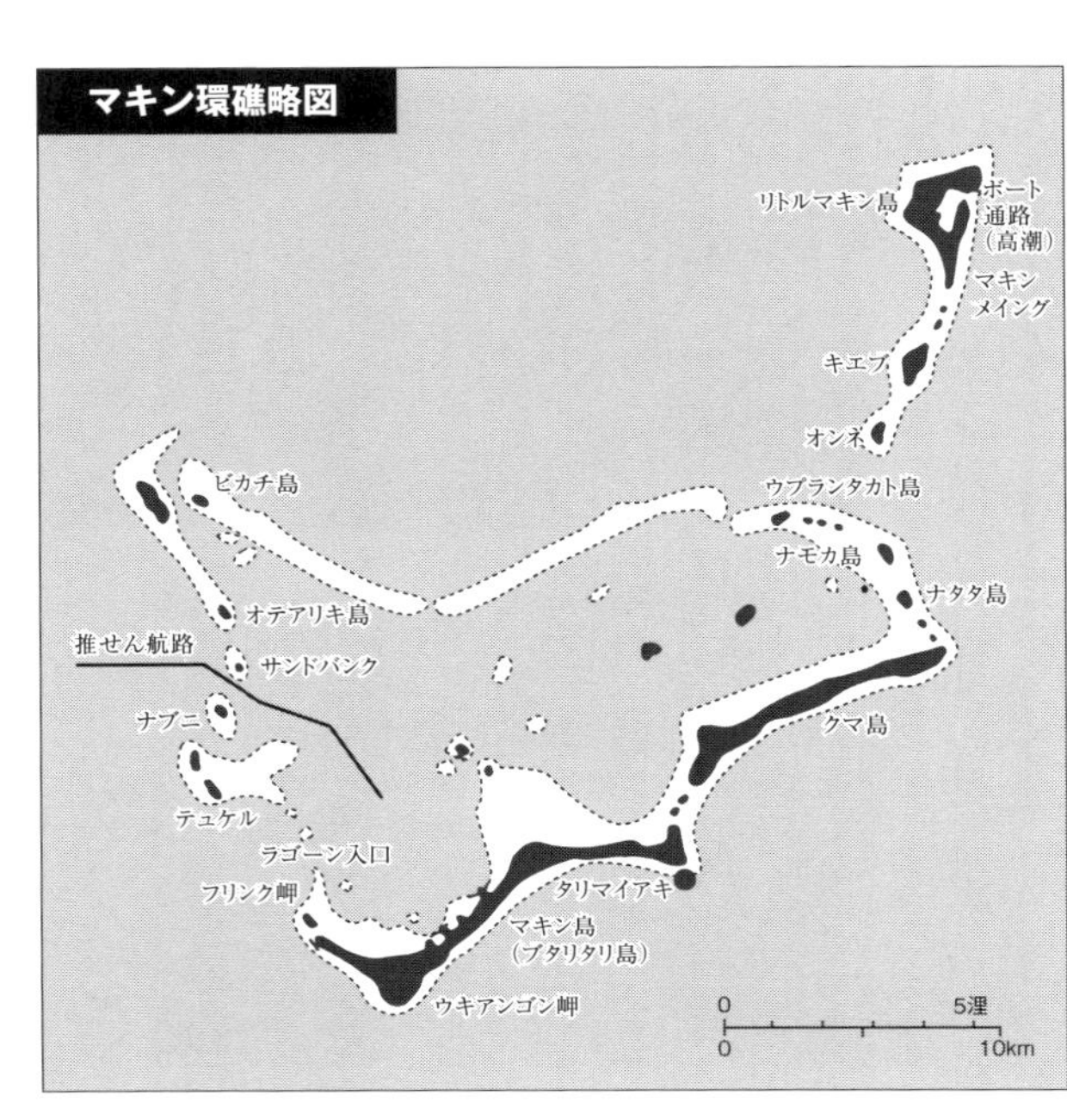

米軍機動部隊の爆撃を受けて炎上する、マキン環礁ブタリタリ島。

海岸線に橋頭堡を築いた米軍は前進を始めた。しかし日本軍の反撃はない。日本軍は米兵たちが射程距離に入るのを塹壕やトーチカの中でじっと待っていたのだ。陣地の前には対戦車壕や掩体壕（えんたいごう）が島を横断するように延びていて、その防御ラインに米兵たちが近づいたとき、初めて銃砲が一斉に火を噴いた。

日本軍の射撃は正確で、もともとがニューヨークの

米軍の攻撃で無残に破壊されたブタリタリ島の日本軍桟橋に、米第７空軍部隊の補給物資を積んだＬＳＴが着く。

マキン島守備隊編成表（1943年11月）

第３特別根拠地隊分遣隊（司令官・柴崎恵次少将）	
横須賀鎮守府第６特別陸戦隊（分遣隊）	243名
第111設営隊	約340名
第４施設派遣隊	
第952航空隊	約60名
第802航空隊	約50名
	計約700名

州兵で戦闘経験のない米兵たちはたちまち前進を阻まれてしまった。

日米両軍はほんの数十メートルの距離で接近戦を展開し、一進一退を繰り返した。米軍は工兵隊の突撃班を前線に投入して、日本軍の掩体壕を一つ一つ潰（つぶ）す作戦に出た。こうして日米両軍は炎熱の戦場でまる一日、激しい戦闘を続けるのである。

全滅覚悟の日本軍守備隊は一歩も引かない。だが二三対一という圧倒的兵力差と、無尽蔵とも思える物量戦の前に日本軍はこの日の夜までに全陣地が破壊されてしまった。

占領したマキン島で、日本軍の食糧や物資を調べる米軍兵士。

そしてマキン島の守備隊は十一月二十四日にはほぼ全滅していた。

米軍側の戦史によれば、マキン島の米軍戦死者は六五名、負傷者一五二名という。日本側は一〇五名（陸戦隊員一名、ほかは朝鮮人建設隊員）が捕虜となったのみで、他の五八八名は戦死したと思われる。

マキン島を占領した米軍は、ただちに飛行場を整備して日本の中部太平洋の基地攻撃の前進基地にした。写真は滑走路の南西に整然と並んだベルＰ39型機。

クェゼリンの玉砕

空陸からの立体攻撃で壊滅した日本軍守備隊

一九四四年一月〜二月

「フリントロック作戦」の始動

ギルバート諸島を制圧した米軍の矛先は、当然のごとくマーシャル諸島に向けられた。そのターゲットは世界最大の環礁であるクェゼリンだった。

クェゼリンは日本の委任統治領であるマーシャル諸島の海陸防衛の中枢であったから、一九四一年（昭和十六）一月以来、海軍の第六根拠地隊司令部が置かれており、この年の一月、防衛強化のために陸軍の第一海上機動旅団の第二大隊（工兵、通信）と第七中隊が増派されていた。当時の守備兵力は海軍が第六根拠地隊司令官・秋山門造（あきやまもんぞう）少将以下約四一一〇名で、陸軍が第一海上機動旅団第二大隊長・阿蘇太郎吉（あそたろうきち）大佐以下約一〇二〇名、合計五〇〇〇余名の守備隊がいた。

「フリントロック（火打ち石銃）作戦」と名づけられた米軍のクェゼリン攻略作戦は、一九四四年（昭和十九）一月二十九日、マーク・A・ミッチャー少将指揮の第五八機動部隊によるマーシャル諸島に点在する日本軍飛行場の空爆で始まった。攻略作戦の総指揮はギルバート攻略と同じく第五艦隊のスプルーアンス中将が執（と）り、地上兵力には新たに編成された第四海兵師団とアッツ戦の陸軍第七歩兵師団も増加された二万一〇〇〇余名が投入された。

翌一月三十日からは艦上機の空爆に加えて戦艦と駆逐艦の艦砲射撃も加わり、早くもクェゼリンの飛行場は使用不能になり、他の島の日本軍航空隊も壊滅状態に追い込まれてしまった。そして二月一日朝、米軍は猛烈な事前砲爆撃の後、戦艦以下一七隻の艦艇と輸送

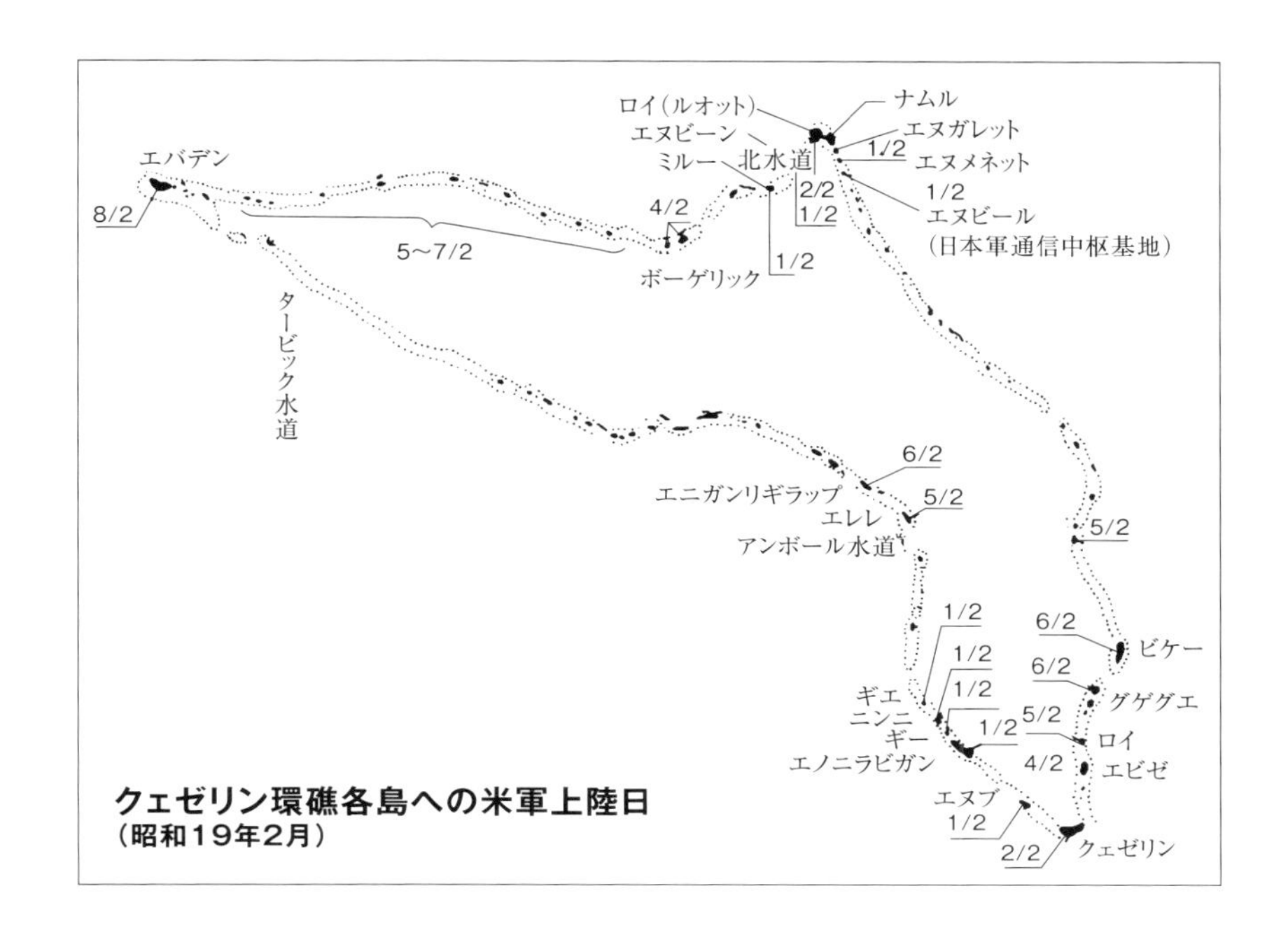

クェゼリン環礁各島への米軍上陸日
（昭和19年2月）

船四五隻でもって、クェゼリン環礁北部のルオット、ナムル両島と南部のクェゼリン島に上陸を敢行してきた。

午前七時三十分、南部のクェゼリン本島に水陸両用の軽戦車を先頭にした第一陣が殺到した。しかし事前の砲爆撃にもかかわらず日本軍守備隊の抵抗は予想以上に激しく、第一陣は後退を余儀なくされた。そこで米軍はクェゼリン本島の西方に連なる小島に上陸し、エヌブ島には野砲四八門を陸揚げして本島攻撃の態勢を敷いた。

明けて二月二日朝、米軍は再度本島への上陸戦を敢行してきた。危惧した日本軍の攻撃はまったくなかった。米軍は軽戦車を盾に島内に進撃し、日本軍のトーチカを見つけるや

クェゼリン本島守備隊編成表

第６根拠地隊（司令官・秋山門造海軍少将）
〈陸軍〉
　第１海上機動旅団第２大隊
　第１海上機動旅団第３大隊の一部
　南洋第１支隊の一部
〈海軍〉
　第61警備隊／第６通信隊／第６潜水艦基地隊／第４軍需部クェゼリン支部／同第４運輸部／第４施設部／第４気象部／第４経理部／横須賀海軍工廠派遣員ほか

米軍は上陸にあたっての事前空爆を徹底して行った。写真は空爆に晒されるクェゼリン環礁のもっとも北に位置するルオット島（ロイ島）。

ルオット、ナムル両島への同時上陸作戦が開始された。この島はクェゼリン環礁の中でもっとも激しい戦闘が行われたところである。

米軍はコンクリートの地下壕をダイナマイトで爆破した。そして生き残った日本兵が救出され、救護所に回されたという。

ナムル島の日本軍司令部の前にふんどしの日本兵が飛び出してきた。くわえタバコながら銃を構える米兵たちも真剣そのもの。

クェゼリンを占領した米軍は6700フィートの滑走路を整備し、日本のトラック諸島、マリアナ諸島攻略の前線基地に整備し、第7空軍司令部も置いた。

戦車砲を撃ち込んでいった。ところが、最初は鳴りを潜めていた日本軍が突如反撃に出てきた。艦砲射撃で曲がりくねった鉄骨や、崩れかけたトーチカの陰から迫撃砲や臼砲弾がいきなり飛んできたのである。あわてた米軍は沖に停泊している艦艇群に艦砲射撃を要請したが、小さなトーチカに命中させるのは容易なことではなかった。

そこで米軍が採った新たな攻撃法が、火焔放射器によるトーチカ攻撃である。携帯式の火焔放射器を水陸両用戦車の車内に持ち込み、車体前部の小孔から噴射するという方法である。

攻撃は功を奏し、トーチカ内に立てこもる日本兵は次々と焼き殺されていった。そして米軍はこの日の正

午には早くも飛行場の西端にまで達し、勝敗の帰趨（きすう）を決めつつあった。

根拠地隊の秋山少将は「各隊は一兵となるまで陣地を固守し、増援部隊の来着まで本島を死守すべし」と檄（げき）を飛ばす。しかし、その秋山司令官も夜の八時ごろ、前線視察のために壕を出たところで、艦砲をまともに受けて戦死する。

本島の南地区を守備する阿蘇大佐指揮の陸軍部隊も苦戦続きで、夜襲を試みるものの、ことごとく米軍の集中攻撃の前に挫折を重ねていた。そしてこの夜、北部のルオット、ナムル両島の守備隊は数次の夜襲ののち全滅していた。

二月三日、日米の激闘は続くが、残存兵力もわずかになった日本軍守備隊に戦線挽回のチャンスはなくなっていた。そして四日の夜明けとともに日本軍陣地は米軍戦車に次々踏みつぶされ、海軍首脳部は全員が自決した。残された陸海軍将兵は阿蘇大佐の指揮で最後の抵抗戦を挑んだが、五日の午前十時、大佐自身も戦死し、クェゼリンの戦闘は終わりを告げたのであった。

クェゼリン本島での日本軍戦死者は約四一三〇名、全守備隊の八割以上が戦死し、対する米軍は参加人員二万一三四二名中、戦死者はわずか一七七名に過ぎなかった。なお、本島以外の日本軍は三五六〇名中、戦死者三二一〇名で、米軍は二万一〇四名中、戦死は一九五名であった。

ビアク、ヌンホル島守備隊の玉砕　一九四四年五月～八月

南海の孤島に散った飛行場守備隊

ビアク島、一カ月間の死闘

チェスター・ニミッツ大将の米太平洋方面軍はギルバート諸島→マーシャル諸島→マリアナ諸島と攻め上って日本本土を衝き、ダグラス・マッカーサー大将の南西太平洋方面軍はニューギニア北岸沿いに攻め上り、フィリピンを経て日本を衝くという統合参謀本部の対日二正面作戦は順調に推移していた。そしてニミッツ軍がマリアナ攻略をめざして集結しているとき、マッカーサー軍はビアク島攻略に入っていた。

ニューギニアのポートモレスビーを出撃地点に、マッカーサー軍はブナ→ラエ→サラモア→フィンシュハーフェン→グンビ→アイタベ→ホーランジアとニューギニア北岸を攻め上り、一九四四年（昭和十九）五月

ビアク島に接岸した米軍の上陸用舟艇群に体当たり攻撃を行ってきたが、ほんの直前で撃墜されて炎上する日本軍の爆撃機。

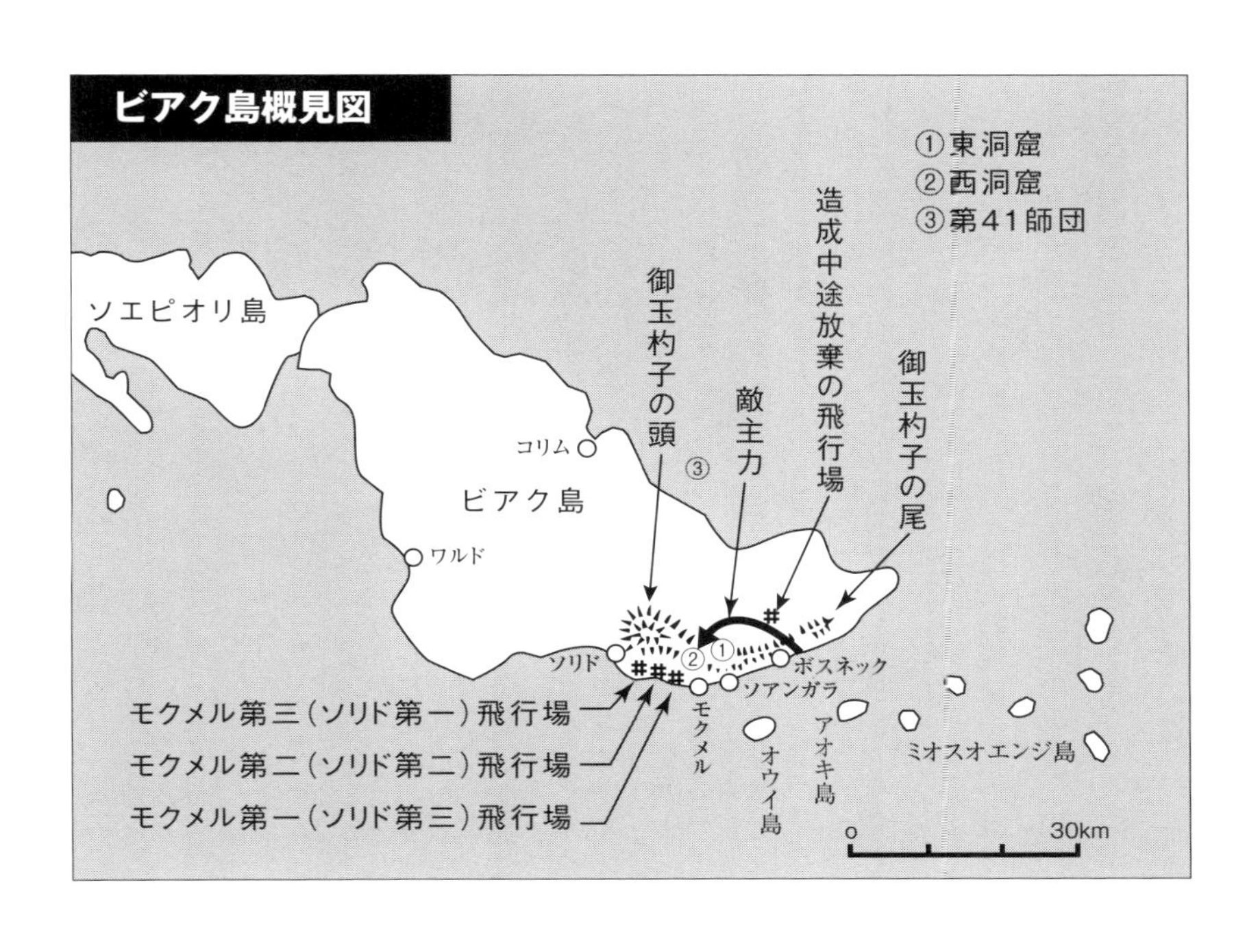

十九日にはワクデ島とサルミに上陸、ニューギニア西端の攻略に入った。そのニューギニア西端攻略の一翼を担うウォルター・クルーガー陸軍中将の第一〇軍団（アラモ軍団）所属の第四一師団（H・H・フラー少将）を主力とした部隊は、ビアク島に向かった。

ビアク島（ショーテン諸島）はニューギニア西端のフォーゲルコップ半島の東にある小さな島で、面積は淡路島のおよそ三倍ほどで、日本軍の飛行場があった。この飛行場を奪取することは、六月なかばに予定されているニミッツ軍のマリアナ攻略と、その後に予定されているパラオ攻略の支援基地になる。

もちろん日本軍もビアク島の戦略的価値には十分気づいており、葛目直幸（くずめなおゆき）大佐の指揮する第三六師団歩兵第二二二連隊基幹のビアク支隊約四〇〇〇名が防備についていた。そのほか飛行場建設部隊や台湾特設勤労団などを合わせた約六七〇〇名に、さらに千田貞敏少将指揮の海軍部隊約一〇〇〇名がいた。この総計約一万二〇〇〇名の兵力は、一九四四年一月に進出以来、三つの飛行場と頑丈な地下陣地の完成を急いでいた。

しかしフラー少将の米攻略軍は、ビアクの日本軍がまだ〝万全の防御態勢〟を築く前の一九四四年五月二十七日、五〇隻の艦船と百数十機の戦爆連合航空隊に支援されて強襲上陸を敢行してきた。上陸部隊は猛烈な艦砲射撃と爆撃のあと、南東海岸にあるビアクの中心街であるボスネックと日本軍の飛行場に近いモクメル村に同時上陸した。

ビアク島に上陸し、ただちに日本軍飛行場に向かって進撃する米軍。やがて日本軍の総反撃を食う。

日本軍の沿岸からの反撃はほとんどなく、上陸は簡単だった。米軍はただちに海岸道路沿いをモクメルの飛行場をめざして前進した。ところが米軍の先頭部隊が飛行場まで二〇〇メートルに近づいたとき、道路の右手に連なる丘陵地帯に造られた日本軍の機関銃陣地や迫撃砲陣地が一斉に火を噴いた。米軍上陸時の日本軍の沈黙はワナだったのである。

日本軍の攻撃は熾烈（しれつ）で、米軍は一歩も前進できず、最先頭の歩兵第一六二連隊第三大隊は後続部隊の援護を受けながら退却せざるを得なかった。

翌朝、日本軍は九五式軽戦車を投入、米軍も大型のシャーマン戦車を繰り出すなど再進撃を試みるが、日本軍の反撃は強力で、米軍はそのたびに撃退されていった。フラー少将は軍団司令部に増援を求め、やっとのことで第一飛行場を占領したのは六月七日だった。

日本の大本営もビアク死守を打ち出し、増援の陸軍部隊を含む陸海合同の「渾」作戦を発令した。増援の日本艦隊はミンダナオ島のダバオを出撃したが、「米

ヌンホルの米軍には増援部隊として第503降下歩兵連隊も参加したが、低空降下で1割の死傷者を出した。

機動部隊発見！」の報で作戦を中止してしまった。

次第に丘陵地帯に押し上げられた日本軍守備隊は、巨大な東洞窟、西洞窟陣地に立てこもって抵抗を続行した。しかし米軍は爆雷、火焔放射攻撃で洞窟を攻めたて、六月十九日から総攻撃を開始した。部隊の最期を覚悟した葛目大佐は軍旗を奉焼（二十日）し、二十二日の夜、洞窟を脱出して最後の全滅戦に打って出た。約五〇〇名の生存兵は爆雷をかかえて夜襲を繰り返し、日一日、生存兵は数を減らしていった。

七月一日夜、葛目大佐は副官に爾後（じご）の戦闘は遊撃戦に転換するよう命じ、自らは自決して組織的戦闘に終止符を打った。海軍の千田少将はその後も戦い続け、十二月二十五日に戦死した。米軍の捕虜になった日本軍守備隊は八六名という。

ヌンホル島の玉砕

ビアク島を手中にしたマッカーサーは、さらに飛行場をほしがり、クルーガー中将にヌンホル島の攻略を命じた。ヌンホルはビアク島の西約一〇〇キロにある、

ヌンホル島のカミリ飛行場で破壊された日本軍機の残骸。

直径約二〇キロほどの円形をした小島である。島には三つの飛行場があり、飛行場設営隊など約一六〇〇名の日本軍守備隊が配備されていた。そこで一九四四年五月に第三五師団はヌンホル支隊（支隊長・歩兵第二一九連隊長清水季貞大佐）を編成、五月二十四日に戦闘部隊一四〇〇名を進出させた。

米軍のヌンホル攻撃は、その一カ月後の六月二十日からの空爆で開始された。空爆は連日続き、米軍の記録によれば七月一日までに八〇〇〇トンの爆弾を投下したという。日本軍は施設や大型火器の大半をこの空爆で破壊されてしまった。そして翌二日、米軍は猛烈な艦砲射撃の後に上陸を開始してきた。

米軍の上陸部隊はエドウィン・D・パトリック准将の第一五八連隊戦闘団だったが、海岸線での反撃はほとんどなかった。清水大佐は正面からの激突はいたずらに損害を出すだけと考え、夜襲を中心にした反復攻撃に切り替えていたのだ。だが、事前の砲爆撃で多くの兵器・弾薬を失っている守備隊には、抵抗戦にも限度があった。戦闘四日目の七月五日には外部との無線連絡は途絶え、清水大佐のもとには五〇〇名たらずの兵力しかなかった。それも大半が後方要員だった。

上級部隊の第二方面軍からは「玉砕を避け、遊撃持久戦に入れ」と訓電されていたが、生存兵は日を追って少なくなっていった。

そして米軍上陸一カ月半後の八月十八日、清水大佐はわずかになった部下を集め、軍旗を埋葬して自らも自刃した。

サイパン戦の悲惨

住民を巻き込んだ壮絶な戦い

一九四四年六月〜七月

日米両軍が打ち出した太平洋戦線の新作戦構想

開戦以来、快進撃を続けてきた日本軍にかげりが訪れ、各戦場で米軍の攻勢が一段と強まってきた一九四三年（昭和十八）九月二十五日、大本営政府連絡会議は「絶対国防圏」なる新作戦方針を決定した。すなわち千島―小笠原―内南洋（中西部）―西部ニューギニアースンダービルマを結ぶ圏内を絶対確保の要域として、新たに守備態勢を整えようとしたものである。

日本が「絶対国防圏」を決定したころ、アメリカの統合参謀本部も新たな対日作戦計画を立案していた。その結果、マッカーサー大将の南西太平洋方面軍はニューギニア北部の海岸沿いに最西端のフォーゲルコッ

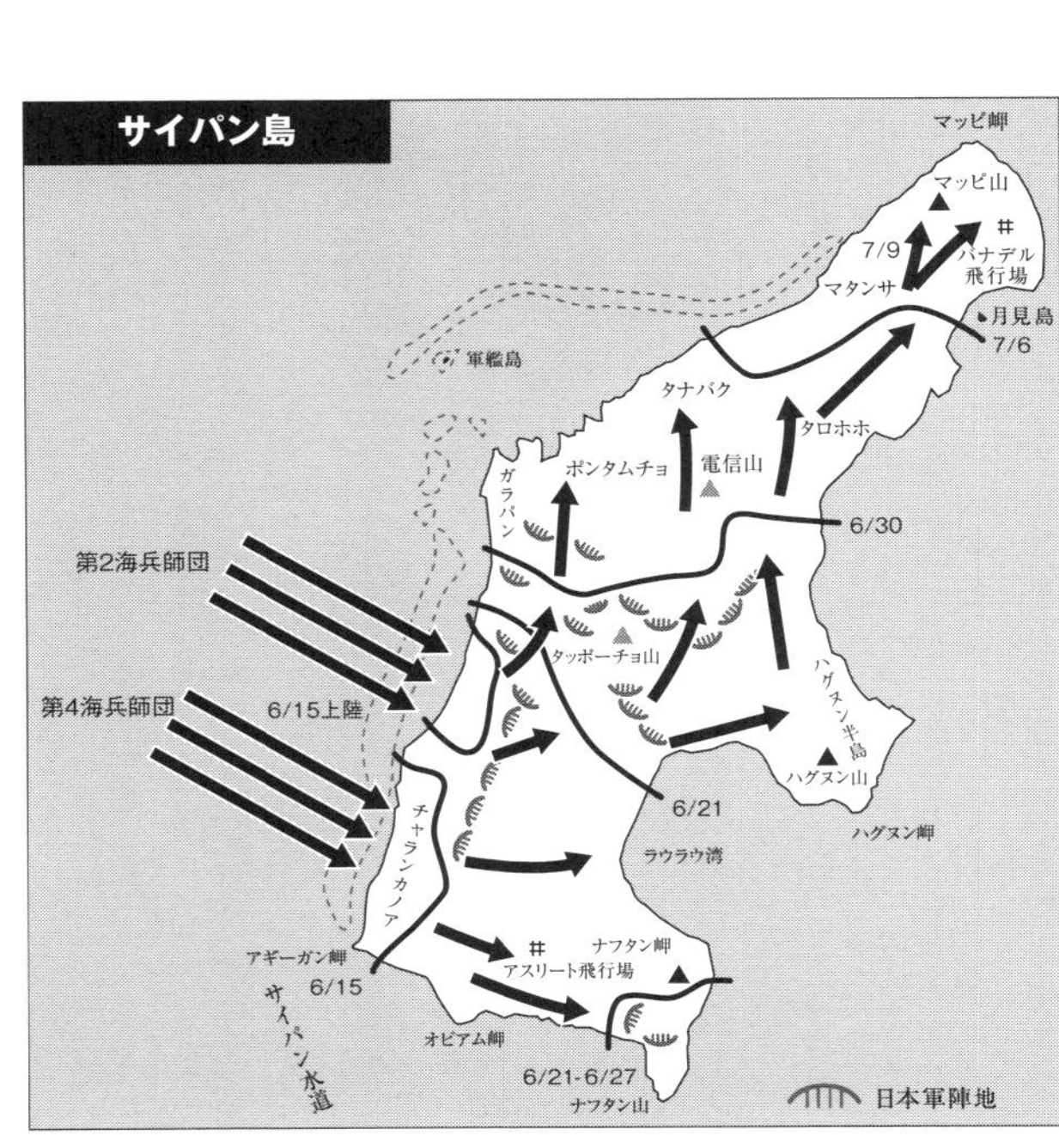

上陸用舟艇が日本軍の臼砲で撃沈され、ずぶぬれで海岸にたどり着いた海兵隊員（6月15日）。

上陸してくる米軍を水際から50メートルの塹壕で迎撃したが、米軍の凄まじい砲撃でなぎ倒された日本軍守備隊（6月15日）。

プ半島をめざして攻め上り、ニミッツ大将の太平洋方面軍はまずギルバート諸島（タラワ、マキン島）を奪還し、続いてマーシャル諸島（クェゼリン環礁など）を攻略、日本海軍の根拠地トラック島を無力化して、一九四四年六月なかばにマリアナ諸島を攻略、九月なかばにフィリピンのミンダナオ島の真東一一〇〇キロにあるパラオ諸島を占領することになった。

そして統合参謀本部は、この太平洋の二正面作戦の中心を、ニミッツ大将が指揮する中部太平洋コースに

米軍の上陸後、潜んでいた洞窟から集められたチャランカノアの邦人婦女子。

置いた。マッカーサーはニミッツ軍に優先順位が与えられたことに不満を現し、大反対したが、統合参謀本部は聞き入れなかった。それは、陸軍航空隊が開発していた〝超空の要塞〟と呼ばれる重爆撃機Ｂ29が大量生産に入っていたからだった。

Ｂ29機は大量の爆弾を搭載して、二八〇〇キロも離れた目標地点まで飛行して帰投できる画期的な爆撃機で、その航続距離は当時就役していたどの爆撃機よりも九〇〇キロも上回っていた。もしマリアナ諸島を手に入れれば、日本の大半の都市はＢ29によってダイレクトに爆撃できるからだ。

一九四四年六月六日、マーシャル諸島に集結したレイモンド・Ａ・スプルーアンス大将（二月四日昇進）指揮のマリアナ攻略部隊である第五艦隊は、高速空母一五隻と新鋭戦艦七隻からなるマーク・ミッチャー中将（三月二十一日昇進）の第五八機動部隊に先導されて出撃した。機動部隊の背後には、リッチモンド・ケリー・ターナー中将（三月七日昇進）が指揮する一二万七〇〇〇名の上陸部隊（第五上陸作戦海軍部隊）を乗せた五三五隻の輸送船と上陸用舟艇がえんえんと続いた。

攻略部隊はサイパン、テニアンを襲撃するホーランド・マッド・スミス海兵中将（三月十四日昇進）指揮の北部攻略部隊（第二、第四海兵師団と予備部隊の第二七歩兵師団）と、グアムを攻略するリチャード・Ｌ・コノリー少将指揮の南部攻略部隊（第三海兵師団、第一臨時海兵旅団）の二手に分けられ、ハワイの第七七歩兵師団は総予備部隊として控えることになっていた。

日本軍の反撃で進撃を阻まれた米師団長解任される

米軍上陸時のサイパン守備隊は、第三一軍（軍司令官・小畑英良（こばたひでよし）中将）麾下（きか）の北部マリアナ地区集団（集団長・第四三師団長斎藤義次（さいとうよしつぐ）中将）の陸軍部隊約二万八〇〇〇名と、海軍の中部太平洋方面艦隊（司令長官・南雲忠一（なぐもちゅういち）中将）麾下の約一万五〇〇〇名、合計約四万三〇〇〇名であった。守備兵力を見るかぎり、決して少ない数ではない。しかし、戦闘の中心となった第四

米マリアナ攻略部隊の基本編成

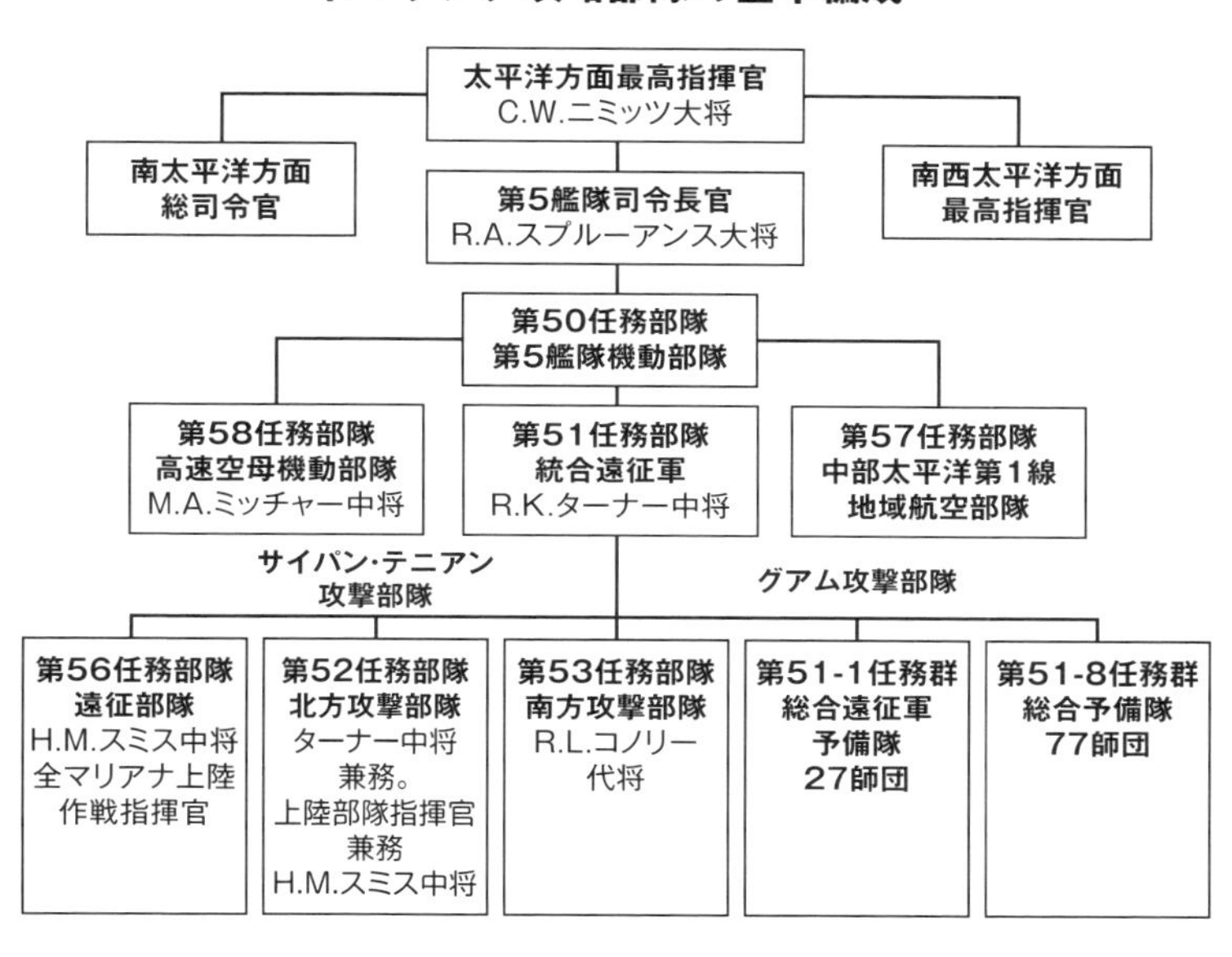

三師団がサイパンに派遣されたのは米軍上陸一カ月前の五月中旬であり、防御陣地の構築も、各種砲台の建設も未完成のままだった。加えて第四三師団が名古屋で編成されたのは一九四三年（昭和十八）七月で、本格的な戦闘訓練も行われていない師団だった。

米軍の攻撃は六月十一日の空母搭載の艦上機による大空襲で始まった。空襲は翌十二日も続き、十三日からは艦砲射撃も開始された。海岸線の街並みはことごとく灰燼（かいじん）と化し、水際に設けられた日本軍の陣地もまた壊滅状態に追い込まれていた。そして十五日は、まだ夜も明けきらない早暁（そうぎょう）から艦砲射撃が始まり、午前八時四十分過ぎ、海兵隊を満載した上陸用舟艇群が一斉に海岸線に突進してきた。

米軍が上陸地点に選んだのはサイパン島南西のチャランカノアの市街を挟んだ北と南の遠浅の海岸で、第二、第四海兵師団の将兵は水陸両用戦車を先頭に海岸へ迫った。海岸線に設置されていた日本軍火砲の多くは破壊されていたが、健在の火砲もあり、中央山岳地帯の火砲も加わって日本軍は必死の反撃に出た。命中

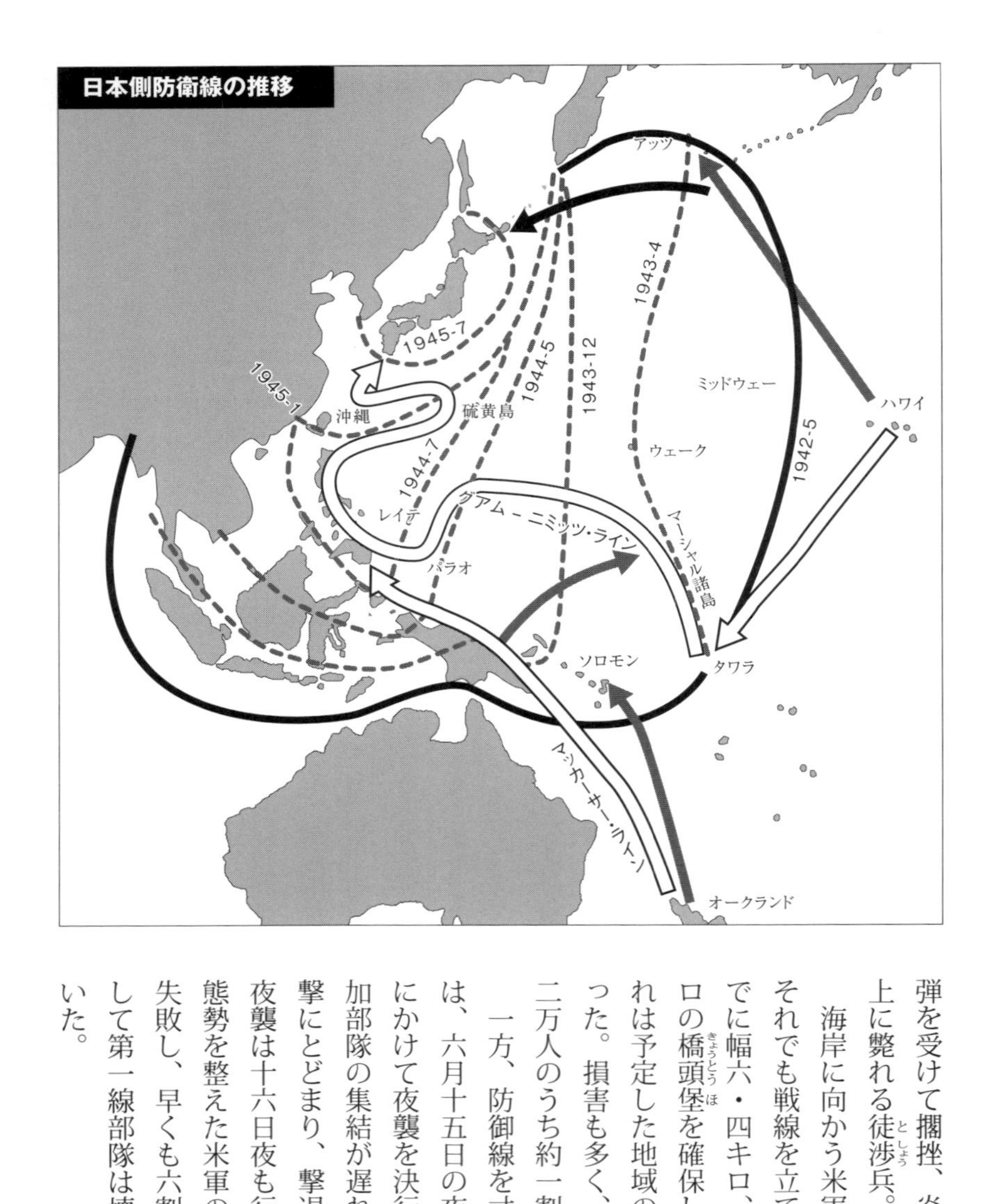

日本側防衛線の推移

弾を受けて擱挫、炎上する戦車。海上に斃れる徒渉兵。

海岸に向かう米軍は騒然となった。それでも戦線を立てなおし、夕方までに幅六・四キロ、奥行き一・六キロの橋頭堡を確保した。しかし、これは予定した地域の半分にすぎなかった。損害も多く、この日上陸した二万人のうち約一割が死傷した。

一方、防御線を寸断された日本軍は、六月十五日の夜から十六日未明にかけて夜襲を決行した。しかし参加部隊の集結が遅れたため局地的攻撃にとどまり、撃退されてしまった。夜襲は十六日夜も行われたが、攻撃態勢を整えた米軍の前にことごとく失敗し、早くも六割以上の損害を出して第一線部隊は壊滅状態に陥っていた。

タッポーチョ山を背にしてアギーガン岬方面に攻め入る海兵隊（6月17日）。

米軍は初日に予想外の損害を被ったため、予備の第二七歩兵師団を投入した。第二海兵師団はヒナシス山の日本軍を攻め、第四海兵師団と増援の歩兵第二七師団は東海岸のラウラウ湾をめざし、ほとんど無傷でアスリート飛行場を占領した。

パラオ諸島の視察に出たまま戻れない小畑軍司令官に代わって指揮を執っていた第三一軍参謀長の井桁敬治少将は、六月十八日に全部隊に対してタッポーチョ山麓まで後退し、新たに防御線を敷くことを命じた。こうして日米の戦闘はサイパンの中央にそびえるタッポーチョ山（標高四七三メートル）に移った。

タッポーチョ山は第一線から下がってきた将兵や、多くの一般邦人でごったがえしていた。米軍も全兵力をタッポーチョ山麓一帯に集結し、激しい砲爆撃を展開してきた。日本軍も島の北部にあった歩兵第一三五連隊を中核部隊にして頑強な抵抗を続けた。このため米軍の攻撃は頓挫し、彼等が「死の谷」と呼んだ地点を攻める第二七歩兵師団は三日間、一歩も進むことができなかった。

7月7日のバンザイ突撃。タナパク港近くまで進撃したものの全員が撃ち殺され、海岸に横たわるるいるいたる日本兵の屍。はるか上方左手に「バンザイクリフ」が見える。

地上戦の指揮を執っていたホーランド・スミス海兵中将は業を煮やし、第二七師団長のラルフ・スミス陸軍少将を「攻撃精神の欠如」を理由に解任してしまった。日本軍の抵抗は、米軍の海兵中将が陸軍の師団長を解任するという前代未聞の大事件を惹起するほど激しかったのである。

祖国と軍から見放された邦人たちの悲劇の最期

米軍のサイパン攻撃を受けて、連合艦隊司令長官豊田副武大将は「あ」号作戦を発動し、第一機動艦隊（司令長官・小沢治三郎中将）がフィリピンのギマラスを出撃してマリアナ沖に急行した。そして起こったのが六月十八日から十九日にかけて戦われた「マリアナ沖海戦」である。結果は連合艦隊の惨憺たる敗北で、日本のサイパン奪回の望みは断たれた。

六月二十四日、大本営はサイパン放棄を決定し、翌二十五日、現地の軍司令部に伝えられた。米軍が上陸したとき、サイパンには約二万人前後の一般邦人が残っていたといわれる。これら日本本国から見捨てられた民間人たちも、将兵とともにタッポーチョ山に立てこもっていたが、そのタッポーチョ山も二十六日の夕方、米軍に占領されてしまった。すでに日本軍の指揮系統は崩壊し、敗残の各部隊は北へ北へと敗走していた。タッポーチョ山の洞窟に避難していた民間人も、これら敗残部隊に従うしか方法はない。

島の北部に追いつめられた日本軍に残された道は、そのまま抵抗を続けるか、それとも最後の総攻撃、すなわち〝玉砕戦〟を挑むか、二つに一つしかない。陸海軍合同司令部は「総攻撃」を選び、七月五日、東京の参謀次長宛に「訣別電」を発し、サイパン守備隊は玉砕することを大本営に告げた。

最後の総攻撃、世にいう「バンザイ突撃」は七月七日午前三時三十分を期して行われた。日本軍の前面にいた米軍は、師団長を解任された第二七歩兵師団だった。このとき生き残っていた日本軍は約三〇〇〇名で、約一〇〇名が一隊になって喚声(かんせい)を上げながら敵陣に突撃していった。そして二、三分置いて次の隊が走り出

北部のマッピ岬に追いつめられた邦人たち。サトウキビをかじる少女（中央）、一升ビンを吊っている少年（右方）の姿が戦闘の悲惨さを物語っている。

標高249メートルのマッピ岬。米軍に追いつめられた日本兵と一般邦人は、この切り立った断崖から飛び降り、自ら命を絶っていった。いまだに「バンザイクリフ」とも「スーサイドクリフ（自殺の崖）」とも呼ばれているゆえんだ。

し、さらに第三隊が走り込む……。

米軍の前線は恐慌状態に陥った。だが、それも時間の問題で、日本の総攻撃は態勢を立てなおした米軍の反撃によって七日午後、おびただしい屍を残して終止符を打った。

この総攻撃が行われているとき、南雲中将、辻村武久少将（海軍第五根拠地隊司令官）、斎藤中将、井桁少将など陸海軍首脳はそれぞれ自決していた。こうして本国からも、現地の部隊からも見放された民間人たちは、最北端のマッピ岬で自ら最後の決断を迫られた。

投降か、それとも死か……。

ある米軍兵士は戦後に記している。

「こうして最後に身震いしないではいられないような恐怖が起こったのである。何百という非戦闘員は彼等の最期の時が来たと思い込み、戦慄すべき自己殺戮の地獄絵を展開した。ある親達は子供達を断崖絶壁から突き落としておいて、自分達もその後を追った。幼児をかかえて絶壁から身をおどらせる母親もあった。ある者は海の中へ投身した。その他、目を覆わないではいられないような恐ろしい自殺手段がとられた」（『特集文藝春秋』一九五六年六月号「死の島・サイパン攻略戦」）。

このとき自殺した邦人は八〇〇〇人とも一万二〇〇〇人ともいわれ、マッピ岬付近の海岸は日本人の死体で埋めつくされたという。これらの場所は、今では「バンザイクリフ」や「スーサイドクリフ（自殺の崖）」の名で観光名所の一つになっている。こうして日本の「絶対国防圏」の一角はもろくも崩れさり、七月十八日、東條英機内閣は責任をとって総辞職した。

テニアン島の玉砕

テニアン守備隊十日間の死闘

一九四四年七月

テニアン島守備隊の壊滅

　サイパン島を制圧したホーランド・スミス海兵中将指揮の米北部攻略部隊は一九四四年（昭和十九）七月二十四日、隣のテニアン島攻略を開始した。

　このときテニアンには緒方敬志(おがたけいし)大佐（歩兵第五〇連隊長）を守備隊長とする陸軍が四〇〇〇名、第一航空艦隊司令長官角田寛治(つのだひろはる)中将を最高指揮官とする海軍が四一〇〇余名、総計八一〇〇余名の部隊と、一般邦人約一万三〇〇〇名、それに約二七〇〇名の朝鮮人がいた。

　すでにテニアン島も一九四四年二月の米軍のマリアナ空襲以来の空爆で多くの航空機を失っており、さらにサイパン上陸にあたっての空襲、艦砲射撃で第一航空艦隊の所属機はすべて破壊されていた。テニアンの海軍部隊の大半は、この飛行機を失った航空隊関係者であったから、地上戦闘に対しては素人も同然であった。いきおい守備の中心は四〇

米軍は西海岸で陽動作戦を行う一方、北西海岸に奇襲上陸を行い、日本軍をまたたく間に殲滅した。

7月31日夜から８月１日未明にかけて、日本軍はマルポ井戸、第３飛行場などで夜襲を行ったが、米軍の頑強な防御の前に敗退した。写真は夜襲で斃れた日本兵。

〇〇名の陸軍部隊がならざるを得なかった。

守備隊長の緒方大佐は、米軍の上陸地点は西南海岸のテニアン湾正面か東海岸のアシーガ湾と判断、海岸防衛の中心をこの二地区に置いていた。そして予想通り、七月二十四日の午前六時過ぎ、米第二海兵師団の将兵を乗せた上陸用舟艇群がテニアン湾に姿を見せた。日本軍は激しい砲撃を浴びせ、第一陣に続いて第二陣の撃退に成功した。いや、成功したかに見えたのだったが、実はテニアン湾の米軍は陽動部隊で、そのころ上陸部隊の主力である第四海兵師団は島の北西海岸に殺到していたのである。

第一飛行場近くの北西海岸は米軍の激しい砲爆撃で地形が一変し、陸軍の一個中隊と海軍航空隊員で編成されたわずかな守備隊は、この奇襲上陸によって壊滅していた。そして米軍は日没までにはほとんどの部隊が上陸し、がっちりと橋頭堡（きょうとうほ）を築いていた。日本軍は夜襲を決行して敵の撃退をはかったが、夜明けとともに約一二〇〇名の死体を残して撃退されていた。

激闘は翌二十五日も続き、緒方大佐は夜襲を計画し

テニアン島略図

たものの、各部隊への連絡がとれず断念せざるを得なかった。そこで反撃態勢を整えるために、二十六日に連隊本部をマルポの洞窟に移したが、米軍の猛攻はとどまることはなく、翌二十七日、連隊本部はさらに南のカロリナス台地に後退した。そしてサイパンと同じに、ここテニアンでも一般邦人たちは部隊とともに続々と南下していた。

米軍は二十九日にはテニアン唯一の水源地マルポに進攻、三十日には南部の第三飛行場を占領、日本軍の飛行場をすべて奪取した。島の中心のテニアン町も占領され、米軍は八月一日午後六時五十五分、テニアン島の占領を発表した。

緒方大佐以下、残存の守備隊将兵は八月三日、一般邦人の義勇隊も加えた約一〇〇〇名で最後の突撃を行い、緒方大佐、角田司令長官、第一航空艦隊参謀長の三和義勇（みわよしたけ）大佐など、陸海軍首脳も次々戦死、夜明けとともに日本軍の組織的抵抗は終わった。

一方、部隊とともに南端のカロリナス台地に追いつめられた

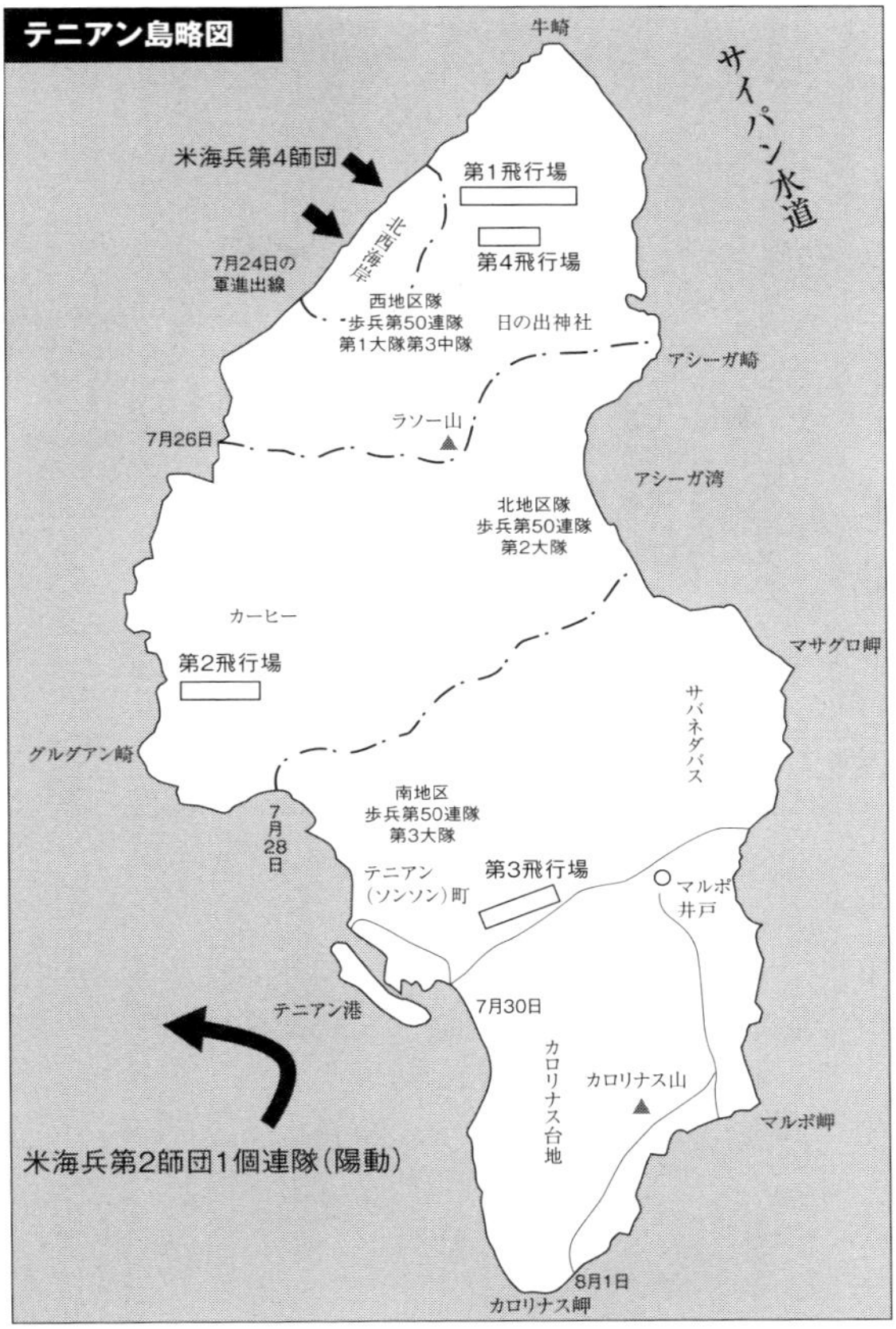

テニアン島の攻防も終末に近づいた7月29日、ジャングルの中にたった一人でいるところを米兵に保護された少女。着ているものがボロボロの少女は、米兵が差し出したコップの水にむしゃぶりついたという。

戦闘終了後、米軍が設置した臨時収容所に入るために列を作る一般邦人。

邦人たちは、サイパンと同じく断崖から身を投じる者、集団で自決する者が相次いだ。一般邦人の犠牲はおよそ三五〇〇名といわれ、カロリナス台地の東には今でも「スーサイドクリフ（自殺の崖）」と呼ばれる断崖がある。

こうして日本が「絶対国防圏」と呼んだマリアナ諸島を占領した米軍は、広大な飛行場を次々と建設し、B29による本格的な日本本土空襲を開始したのである。テニアンの米軍基地は、その日本空襲の中心的存在となる。広島に地球上最初の原爆を投下したB29「エノラゲイ号」も、ここテニアンから飛び立っていった。

グアム島の戦い

戦闘初日に壊滅状態になった日本軍守備隊

一九四四年七月

圧倒的な事前砲爆撃で開始された米軍の敵前上陸作戦

一九四四年（昭和十九）七月九日、米マリアナ攻略軍の総指揮官レイモンド・A・スプルーアンス大将（米第五艦隊司令長官）はサイパン占領を宣言し、続いてグアム島とテニアン島の攻略に着手した。

一九四四年七月二十一日、米軍は午前四時半過ぎから グアム島に対して砲爆撃を開始した。五カ月前の三月四日、満州（中国東北部）の遼陽からこのグアムに転用された関東軍隷下の第二九師団（師団長・高品彪（たかしなたけし）中将。歩兵第三八連隊・奈良、歩兵第一八連隊・豊橋、歩兵第五〇連隊・松本の三連隊主力）の将兵は、地を揺るがす砲爆撃下で息を潜めていた。

夜が白む。グアム島西岸の水平線は米軍の戦艦をはじめとする一〇〇余隻の艦艇と、二〇〇隻を超える輸送船で埋めつくされていた。

午前七時半、グアム攻略部隊の米第三海兵軍団（R・S・ガイガー少将）を中心とする南部マリアナ攻略部隊（R・L・コノリー少将）は、アデラップ〈見晴〉～アサン〈浅間〉岬間の海岸（アサンビーチ）と、アガット（昭和湾・現ニミッツ・ビーチ）の二手に分かれて敵前上陸を開始した。米軍にとっては一九四一年（昭和十六）十二月十日に、日本軍に同島を占領されて以来二年八カ月ぶりの奪還作戦だった。この米軍上陸地点の真正面を守備していたのは、アデラップ～アサン間の海岸が独立混成第四八旅団、アガット湾地区が歩兵第三八連隊であった。

1944年7月21日、グアム島西海岸に殺到する米海兵隊の上陸用舟艇。

「敵ヲ水際ニ於テ撃滅ヲ期ス」

日本軍は作戦どおり上陸用舟艇や水陸両用戦車約七〇隻に分乗して押し寄せた米軍第一陣を海岸近くまで引き寄せ、一斉に砲撃を開始、米軍を〝撃退〟した。幸先のいい戦闘開始と思われた。だが、これは日本軍の火砲の位置を知る米軍のワナだった。米軍は味方が海岸線から撤退するや、爆撃と艦砲射撃を再開し、日本軍の主要重火器の大半を破壊してしまった。

そして現地時間の午前八時半、米軍は本格的上陸作戦を開始した。アサンビーチとアガット湾への同時上陸だった。アガット湾には第六海兵師団を編制する途上にあった第一臨時海兵旅団と、陸軍の第七七歩兵師団所属の第三〇五連隊が殺到した。迎える日本軍の歩兵第三八連隊（連隊長・末長常太郎大佐）は二八九八名、米軍の半数にも満たなかった。

戦闘初日で壊滅した歩兵第三八連隊

米軍上陸地点の真正面に布陣していた第三八連隊の第一大隊と第二大隊は、この緒戦で全滅状態となり、

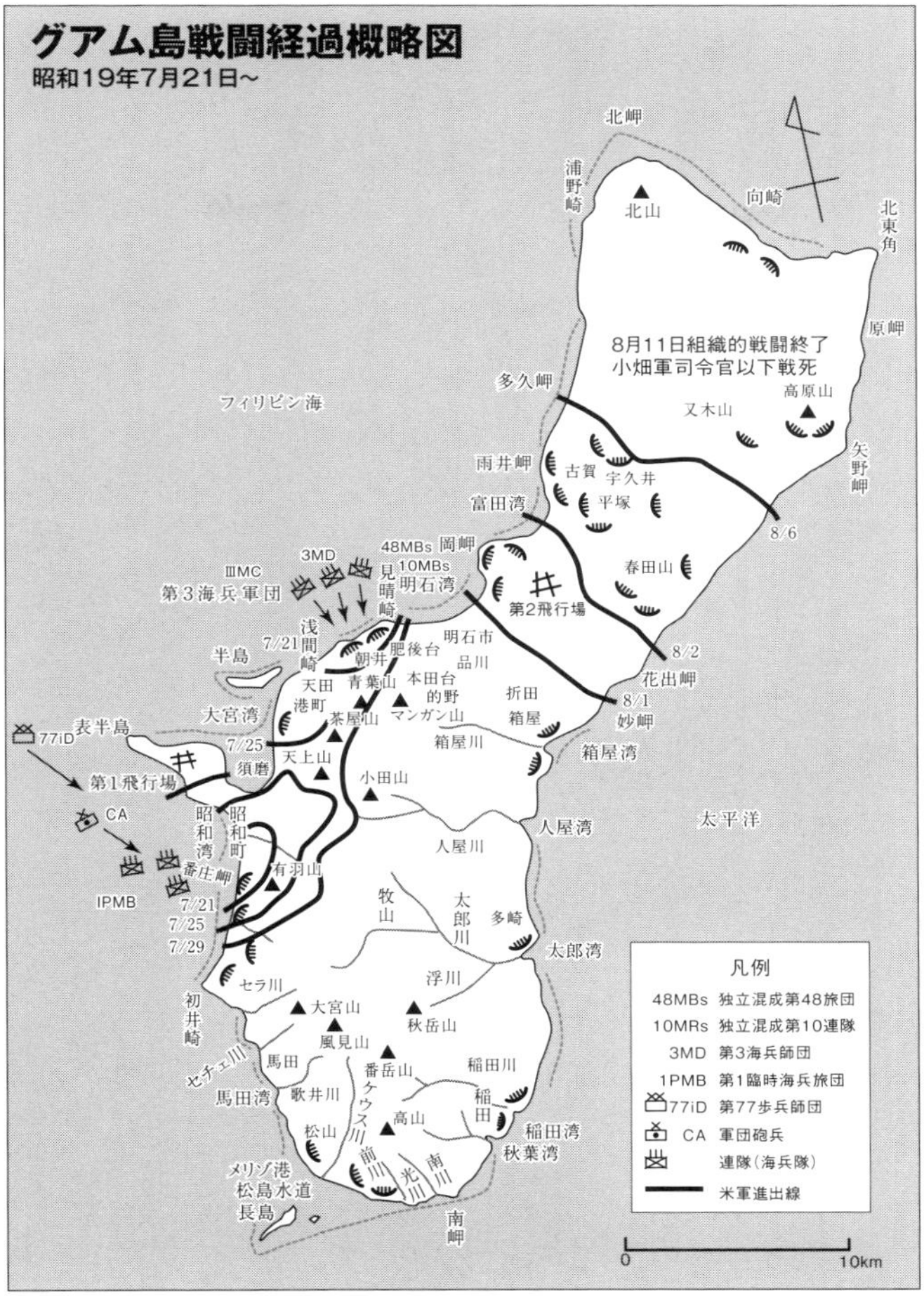

グアム島戦闘経過概略図
昭和19年7月21日〜

残るは第三大隊だけになってしまった。同大隊は米軍上陸地点の南寄り、バンギ〈番庄〉岬とファクピ〈初井〉岬の間に布陣していたため、米軍上陸時の戦闘での損害は軽微だった。しかし、このとき第三大隊第九中隊だけは師団直轄だったため、戦闘集団としては孤立状態に置かれていた。

鶴見信二さんは、その第九中隊にいた。

「ひどいもんじゃったわ。手榴弾を投げたり、銃剣で突き合いをしたりの白兵戦です。第九中隊三八〇名くらいでやったんですが、一日だけで半分くらい戦死ですわ。ここで五日くらい頑張ったですよ。

やがて師団司令部から撤退命令がきました。ところが負傷で撤退できん兵もいる。そういう人は自殺しました。自決もで

アサン海岸にたどり着いたものの、日本軍の反撃で前進できない米海兵隊。

きない重傷者には、まさか自分たち（軽傷者）が鉄砲で撃つわけにもいきませんから、軍医が空注射でも射とうかって言ってました」

グアム島における日米決戦は、この七月二十一日の緒戦ですでに勝敗は決していた。日本軍守備隊二万八一〇名の約八割近くは、この初日に戦死していたのだ。五万四八九一名という倍以上の兵力を擁する米軍を目前に、「生きて虜囚の辱めを受けず」の日本軍に残された戦術は、玉砕戦法以外になかった。その夜、日本軍はイチかバチかの一大夜襲を決行、戦線の挽回を図った。しかし結果は惨敗であった。

第三八連隊の工兵准尉であった山本浅次郎さんは、当夜の模様をこう回想している。

「第一回の夜襲はひどいもんでした。いま考えると敵の電波探知器のせいじゃないかと思う。ちょっとでも音がするとビュンビュン弾が飛んできてねえ。照明弾は上がる、曳光弾は上がるで、もう昼間みたいな明るさだった。突撃する前からバンバン砲撃されて、白兵戦なんてもんじゃなく、こっちだけがやられたような感

海岸線に橋頭堡を築いた米軍は、じりじりと内陸部に攻め込んできた。写真は日本軍の塹壕にダイナマイトを投げ込み、爆破する米海兵隊工兵部隊。

じでしたわ」

この夜襲で末長連隊長をはじめ、残存の歩兵第三八連隊の将兵のほとんどが戦死してしまった。

マンガン山総攻撃に失敗 自決者相次ぐ断末魔の戦場

一方、アデラップ〜アサン岬間に上陸した米軍と激戦を交えていた独混第四八旅団と独混第一〇連隊の守備隊主力も、七月二十一日夜、夜襲を敢行していたが、こちらも戦死続出で戦力は半減していた。

だが、米軍側もこの敵前上陸第一日の損害は少なくない。たとえば第三海兵連隊は上陸二日間で六〇〇名を超える戦死者を数え、連隊長は「手元には一六〇名(無傷の戦闘員)しかいない」と師団長に悲痛な報告をしている。

パラオ出張中に米軍に上陸され、サイパンの軍司令部に帰れず、グアムにたどり着いていた第三一軍司令官の小畑英良中将と第二九師団長高品彪中将は、圧倒的な米軍の火力と兵力の前に、もはや死守は不可能と

米軍の銃撃と火焔放射攻撃で全身を焼かれ、撃たれ、塹壕の入り口で斃れた４人の日本兵。

判断していた。

　そこで小畑中将はグアム島守備隊最後の総攻撃となった、いわゆる「マンガン山攻防戦」の決行を七月二十五日の真夜中、午前零時と決定した。師団司令部の重要書類を焼却し、小畑中将は大本営に訣別の辞を電送した。

　広島の宇品からグアムに向かう途中、乗船する輸送船が米潜水艦に撃沈され、将兵の三分の二を失っている歩兵第一八連隊は、このとき三〇〇名たらずの戦闘員しか残っていなかった。その第一八連隊第三大隊副官だった山下康裕（やましたやすひろ）さん（当時少尉）は、マンガン山攻防戦の数少ない生き残り将校である。

「大隊長は十文字の白ダスキ、ほかの隊長は一本だけの白ダスキを掛けて行ったんだが、敵の照明弾であたりは真昼のような明るさですからタスキが目だってしようがない。それで背中に結び付けて目印にしました」

　富山文吉（とみやまふみきち）さんも、この第三大隊歩兵砲中隊の一員として参加した。

「最後の総攻撃のときは、もう死人の山で歩けなかっ

米海兵隊員に発見され、ホールド・アップして投降する日本兵。シャツを破いたのか、両手には白旗代わりに白い布きれをつかんでいる。

た。ほとんどの兵隊はここでやられちゃってるんだ。だいたい撃つ弾もなく、自分が自決する手榴弾を腰にぶら下げているだけです」

水上正さんの小隊（歩兵第三八連隊）は師団戦車隊付になっていたため、マンガン山攻撃には本隊とは離れて参加している。

「夜襲で白兵戦をやろうということだから、弾薬なしの着剣した銃だけだよ。ところが白兵戦などしたくても近寄ることすらできない。結局、身動きできないまま三日三晩、マンガン山の麓に身を伏せていました。それで、これじゃ死を待つだけだということになり、脱出して折田（オルドット）の近くでやっと友軍に会ったのだが、そこを迫撃砲で攻撃され、戦友が次々やられていった。

砲撃が鎮まるのを待って再び戦車大隊を探して歩き出したんだが、途中の様子はひどいもんだった。そこらじゅうに死体が転がっていて、負傷している兵は七転八倒して苦しんでいる。わしらがそばを通ると『早く楽にしてくれ』とか『頼むから殺してくれ』って手を合わせるんだよ……」

ジャングル内の洞窟からは、ボン、ボンと断続的に爆発音が響く。重傷者が手榴弾で自決をしているのだった。

「子供は海へ投げ捨てろ！」憲兵に強要される邦人の母親たち

マンガン山攻防戦の敗退で、日本軍は組織的戦闘に終止符を打った。七月二十六日早朝、小畑軍司令官は大本営に打電した。

「二十五日夜、全軍をもって本田台およびマンガン山から見晴岬に向かって夜間攻撃を実施した。指揮官以下奮然として敵中に突入し、戦闘は払暁におよんだが、兵員の大部分を失い、所期の目的を完全に達しえず、誠に申し訳けない。戦いに斃(たお)れた将兵遺族の心中を深く推察する」

この総反撃でも日本軍は約三〇〇〇名が戦死、七月二十一日の米軍上陸以来の戦死者を合計すると全兵力の七割近い一万三〇〇〇名を優に超していた（この間の米軍戦死者数は約五三〇〇名・約一割）。

以後、生き残った兵は北へ北へと敗走をつづけ、米軍と遭遇してはその数を減らし、傷ついた兵は次々と自決していく。大本営はサイパン終末の再現を予期してか、七月二十七日、現地の第三一軍司令部宛に「玉砕戦を避け、持久戦を望む」旨、打電している。しかし現地部隊に持久戦などという余裕はとっくになくなっていた。

悲劇は将兵にかぎらなかった。当時、グアム島には一般邦人が三〇〇名近くいた。老人を除き男子は軍属としてすでに戦闘に参加、多くは戦死していた。悲惨だったのは、サイパンと同じように憲兵隊に避難誘導されていた婦女子であった。

戦車第九連隊の中隊長付伝令兵だった水田一(みずたはじめ)さんは、その婦女子を引率中の憲兵隊に出会う。

「そこのリーダーと知り合いだったんで、憲兵隊が引き連れていた三〇〇くらいの女や子供を誘導することになった。ところが高原山（サンタローザ山。グアム島北部のジーゴ付近）の方だったと思うけど、すごい

断崖のとこでやね、まだ戦うことのできる男は残して、憲兵隊は女や子供たちに飛び降り自殺をさせた。飛び降りることもできん人間が三〇人ほど残ったんだけど、憲兵はその人たちの手を数珠（じゅず）つなぎにして、その真ん中に手榴弾を投げた。みじめだったなあ。手榴弾がたくさんあれば、まだ楽だったかもしれないけど、少ししかなくてねえ、すぐに死にきれん人は見ておれなかったです」

終戦1カ月後の9月15日、60名の日本兵がジャングルから姿を現し、米軍に投降した。

また、某憲兵少尉から「赤ん坊が泣くと敵にわかる、子供は海に投げ捨てろ」と言われたが、自らの手ではできず、軍医に「薬で赤ん坊を殺してください」と集団で申し出た母親たちもあった。

グアム島の戦いは終わった。一九四四年八月十一日、小畑英良軍司令官をはじめ、幕僚と主な指揮官たちが北部の又木山（マタグアク山）の戦闘指揮所で自決した。

だが、生き残った兵隊たちは飢餓と戦いながら、ジャングルで生きのびた。戦後二七年目に救出された横井庄一（よこいしょういち）元伍長は別として、敗残兵の〝主力〟が米軍に正式投降したのは終戦一カ月後の一九四五年九月十五日だった。

記録によれば、グアム島の日本軍総兵力は一万九九六二七名。死者一万八三七六名、捕虜（戦後の収容者も含む）一二五〇名と横井庄一元伍長。

ペリリュー島の玉砕戦

一九四四年九月十五日～十一月

米軍を驚嘆させた日本軍守備隊一万名の洞窟戦

水際撃滅戦を捨てた日本軍最初の徹底抗戦

中部太平洋の島々に布陣する日本軍を次々に撃破してきた米軍は、ついにパラオ諸島のペリリュー島にも戦いを挑んできた。米海兵師団司令官は、艦上から島を眺めて「こんなちっぽけな島は三日もあれば占領できるさ」と高をくくっていた。ところが、いざ上陸して銃火を交えた彼とその将兵は驚いた。敵日本兵は全島に掘りめぐらした洞窟に立てこもり、文字通り〝最後の一兵〟まで七十三日間も徹底抗戦を続けたのである。

マキン、タラワでも、そしてサイパン、グアムでも、太平洋上の島嶼戦で玉砕した日本軍の抵抗期間はそう長くはない。それは彼我の戦力の差が質量ともにケタが違い、米軍側が圧倒的優勢を誇っていたことにある。加えて補給を断たれたうえに、水際撃滅を至上の戦法としていた日本軍のお家芸が、より早く最期を早めた。すなわち〝水際撃滅〟に失敗し、敵に橋頭堡を築かれるや、日本軍はあのサイパンに代表される「バンザイ突撃」を敢行し、将棋の駒が倒れるがごとく、兵たちは雪崩をうって敵弾に倒されていった。

水際撃滅戦は、言葉としては聞こえがいい。しかし水際撃滅戦で勝利をおさめるためには、少なくとも上陸を敢行しようとする敵と互角の兵力、互角の支援態

米海兵師団を乗せた水陸両用舟艇は、空爆で黒煙につつまれたペリリュー島西海岸に突進してきた。

勢、互角の武器弾薬がなければ勝利は望むべくもない。局地的な戦闘では、奇策や戦術の妙で勝ちをおさめる場合もあろう。だが、兵力も武器も弾薬も、すべてが敵の半分、いや三分の一以下での作戦遂行では、現代戦の「勝利」はあり得ない。

それでも奇策や戦術の妙を駆使して敗れたのであれば、納得はできる。では、対米英蘭の主要陸戦で、日本軍が見せた奇策や戦術の妙はあっただろうか。日米初の本格的激闘となったガダルカナルは？　ニューギニアでは？　タラワ、マキンでは？　サイパン、テニアン、グアムではどうだったか。特筆すべき奇策や戦術の妙はなに一つ見当たらない。

そもそも現地部隊の戦略戦術を指導する立場にあった大本営陸海軍部の作戦参謀たちには、先の戦争の推移はまったく読めていなかったと言ってもいい。戦局の推移が分からない者に、作戦は立てられない。その証拠に、前記の各戦線で大本営の作戦参謀たちの指導による〝名戦術〟と呼べるものは皆無である。軍の中枢に作戦能力がないのだから、現地軍はその実態も定

やっとペリリュー島の西浜の一角にたどり着き、笑みを見せる米海兵隊員。

かでない敵を目前にして、ただ遮二無二立ち向かわざるをえず、作戦や戦術とは呼べない「バンザイ突撃」を敢行して、きわめて短期間に全滅＝玉砕していったのである。

だが、パラオ諸島のペリリュー島は異なっていた。日本軍守備隊は徹底した複郭陣地戦で挑んだのである。

そこには無益な集団突撃はなかった。その戦術は、これまでの日本軍の戦闘パターンを経験してきた米軍をさえとまどわせる戦術だった。米太平洋艦隊司令長官兼太平洋方面軍司令官だったチェスター・W・ニミッツ元帥は回想している。

「従来は連合軍の水陸両用攻撃に対処する日本軍島嶼指揮官に出されていた命令は『守備隊は水際において攻撃軍を迎え、これを撃滅せよ』というものであった。しかし組立式装備を小舟艇により海岸に運ぶ米式上陸行動や支援方式に対しては、この日本軍の戦法はいたるところで大きな損害を生じたのであった。

日本軍の新計画は慎重に計算された縦深防御法を採用したものであった。水際における消耗兵力は単に米軍の上陸を遅延させる目的で配備されており、主抵抗線は海軍艦砲の破壊力を回避するためずっと内方に構

上陸はしたものの、思わぬ日本軍の反撃に前進を阻まれている米海兵隊。

築されていた。この線は、ここの地形の不規則なあらゆる利点を利用した陣地網によって支援されることになっていたし、人知の考え及ぶかぎりのあらゆる器材によって難攻不落なものとして構築されていた。守備兵力は好機到来に際して反撃のための予備としてできるだけ温存されるはずであった。そこではもはや無益なバンザイ突撃は行うべきではないとされ、守備兵の一人一人がその生命をできるだけ有効に高く相手に買わせることになっていた。（略）

第一海兵師団が海浜めがけて突進したとき、上陸用舟艇の受けた損害や死傷の大部分は、北東にのびる稜線を利用した要塞の背後の傾面に布陣した砲兵陣地からの砲火によって生じたものであった。この山背からの連続射撃や主防御線からの一連の反撃をものともせず、海兵隊員はす早く上陸拠点を固め飛行場に進出した。しかし、北東の山背に突入したとき上陸軍は新しい抵抗線にぶつかった。ここで日本軍は五百個をこえる人工または自然の洞穴の迷路のなかに立て籠ったのであるが、その大部分は内部が交通できるようになっ

米海兵隊員には、瓦礫と化したところから反撃してくる日本兵の存在が信じられなかった。

ていて、鉄扉を持ったものまであり、全部が草木によって巧妙に偽装されるか隠蔽(いんぺい)されていた。」(『ニミッツの太平洋海戦史』恒文社刊)

このペリリュー島でみせた日本軍の長期持久戦法は、絶対国防圏の要衝として大本営が「絶対に大丈夫」と自信を持っていたサイパンが、意外にあっけなく玉砕してしまったことに衝撃を受け、それまでの水際撃滅主義を捨て、新たに発令した「島嶼守備要領」(一九四四年八月十九日示達)、すなわち主抵抗線を「海岸カラ適宜後退シテ選定スル」ことにした最初の戦法であったのである。

フィリピン防衛の〝消耗兵〟

ニミッツ元帥が記しているように、ペリリュー海岸の第一線陣地に配備されている兵は、あくまでも〝消耗兵力〟であり、後方の主抵抗陣地に布陣する決戦要員の負担を少しでも軽くするため、一人でも多く敵を倒す防波堤的役割ということである。

これはペリリュー島を守備する第一四師団麾下(きか)の歩

兵第二連隊を主力とした陸海約一万名のペリリュー地区隊（隊長・歩兵第二連隊長中川州男大佐）に課せられた任務でもあった。

当時の米軍は、中部太平洋の島々に布陣する日本軍を次々と撃破し、日本本土に向けて北上するニミッツ元帥の太平洋方面軍と並行して、あの「アイ・シャル・リターン（私は帰ってくる）」という言葉を残してフ

やっと上陸し、日本軍が造った対戦車用の掩体壕を占領、疲れ切った海兵たち。

ィリピンを追われたマッカーサー元帥の南西太平洋方面軍も、いま再び〝約束の地〟を目前にし、フィリピン総攻撃の態勢にあった。

日本にとってフィリピンを失うことは日本本土が裸になることを意味する。なんとしても死守しなければならない〝外堀〟である。だがフィリピン防衛の準備は完璧とはいえず、大本営にすれば一日でも二日でも多く準備期間が欲しかった。地図を広げて見れば一目瞭然だが、ペリリュー島はフィリピンの真横、脇腹に座するわずか南北九キロ、東西三キロの小島である。だが、この珊瑚の小島には、当時東洋最大ともいわれた飛行場があった。米軍にとってこのペリリュー島を放置することは、フィリピン攻略の味方の頭上にゼロ戦を舞わせることになり、逆にペリリューを手中にすれば、フィリピン爆撃の重要なB29の前進基地になる。すなわちペリリュー守備の日本軍は、フィリピン防衛軍の防波堤であり、消耗兵だったということだ。

しかし、ニミッツ元帥には皮肉な出来事だが、戦いは常に奇跡が生じる。敵前上陸をした米海兵隊の第一

日本兵は「攻撃はすれど姿は見せず」で、洞窟に立てこもってはゲリラ戦術で対抗していた。写真は日本軍の洞窟陣地の入り口。

陣が最初に激戦を交えた日本軍――すなわち、海岸線に布陣していた〝消耗兵〟の隊が、実はペリリュー島日本軍の生き残り兵となっていることである。しかもこれら日本兵たちは、終戦後の一九四七年（昭和二十二）四月まで、洞穴に潜んで抵抗を続けていたのだ。山口永少尉を筆頭とする三四名の陸海軍将兵であった。

開始された米軍の敵前上陸作戦

米軍がペリリュー島に敵前上陸を敢行したのは、一九四四年九月十五日である。当時「あ」号作戦によるマリアナ沖海戦で大敗した日本の連合艦隊には、もはや全海域をカバーするだけの艦船も航空機もなかった。一方、制海・制空権を手中にした米軍は連日のように上陸地、ペリリュー、アンガウル両島上空に偵察機を飛来させては爆撃目標を定め、文字どおりの絨毯爆撃、焦土作戦を繰り広げてきた。

前記の山口永少尉は歩兵第二連隊（水戸）第二大隊第六中隊の小隊長として、米軍上陸予想地点の「西浜陣地」にいたが、そのすさまじい事前砲撃の模様をこう語る。

「敵の上陸一週間前からの爆撃はとくにすごかった。このころは敵の機動艦隊はすでに島のまわりを取り囲んでいて、艦砲射撃と爆撃の毎日です。あの大ジャングルが一週間の攻撃で裸の山になってしまった。戦闘開始以前に裸山になってしまったということは、不利な条件になったということです。もう日本軍の飛行機はなかったから、敵は好きなように爆撃していました」

当時、合衆国艦隊司令長官兼海軍作戦部長であったアーネスト・J・キング元帥は、フォレスタル海軍長官への『作戦報告書』に、このペリリュー・アンガウル両島に動員した第三艦隊（司令長官・ウィリアム・F・ハルゼー大将）の規模を「新編成による諸部隊が太平洋艦隊に配属されたので、マリアナ以上の大部隊

ペリリュー地区隊長・中川州男大佐。

を西カロリン攻撃に差し向けることができた。約八〇〇隻の艦艇が参加した」と記している。

こうして十分過ぎると思われる事前砲爆撃を行い、いよいよ中部太平洋の珊瑚礁にかこまれた静かなペリリュー島に、アメリカ太平洋艦隊麾下の第一海兵師団（師団長・ウィリアム・H・ルパータス少将）は、敵前上陸を開始したのである。一九四四年九月十五日、日の出と同時の午前六時十五分であった。海岸からわずか一〇数キロしか離れないリーフ（珊瑚礁）の外に錨を降ろす約五〇隻の輸送船から、海兵を満載した大型舟艇がつぎつぎと降ろされ、一斉に白波を蹴立てて海岸に舳先（へさき）を向けた。

朝の逆光を受けた大型舟艇群は、海岸から二キロくらいに接近するや、約三〇〇隻を超える小型の上陸用舟艇に兵たちを移乗させて輸送船に向かって引き返して行く。一方、兵を舟腹いっぱいに呑み込んだ小型の舟艇群は、数キロにわたる海岸線に横隊形をとり、やがて呼号して陸地に向かって殺到し始めた。

海岸の陣地でじっと息を殺している日本軍守備隊の

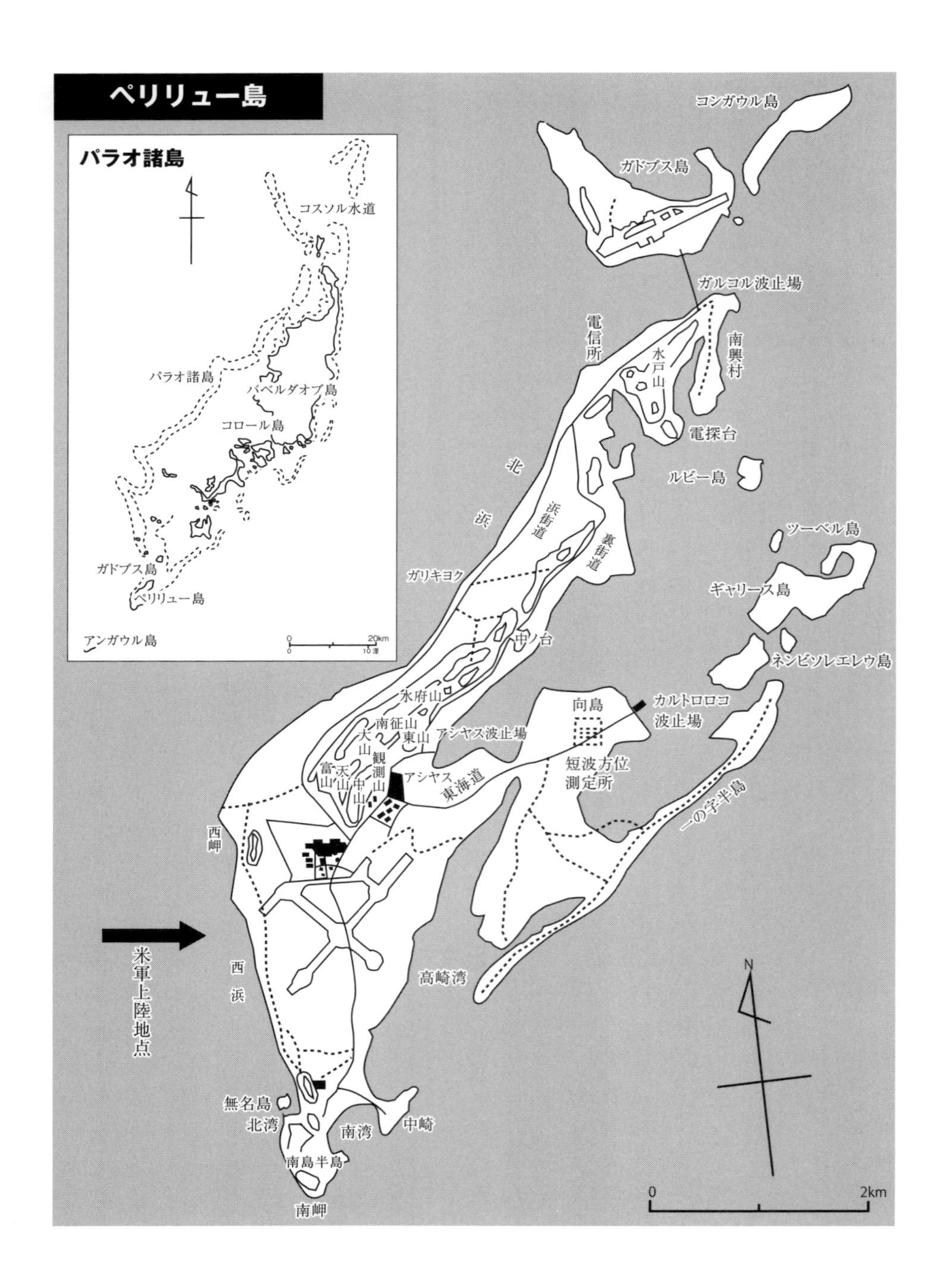
ペリリュー島
パラオ諸島
コスソル水道
パラオ諸島
バベルダオブ島
コロール島
ガドブス島
ペリリュー島
アンガウル島
20km
10浬
コンガウル島
ガドブス島
ガルコル波止場
電信所
水戸山
南興村
電探台
ルビー島
北浜
浜街道
裏街道
ツーベル島
ガリキヨク
ギャリース島
中ノ台
ネンビソレエレウ島
水府山
カルトロロコ
波止場
向島
南征山
大山
東山
アシヤス波止場
富山
天山
中山
観測山
アシヤス
東海道
短波方位
測定所
一の字半島
西岬
米軍上陸地点
西浜
高崎湾
無名島
北湾
南湾
中崎
南島半島
南岬
N
0
2km

進撃態勢を整えた米軍は、水陸両用戦車内に火焰放射器を持ち込んで、地下の洞窟陣地に潜む日本兵をしらみつぶしに攻撃していった。

兵たちにも、いまや敵のエンジン音がはっきりと聞こえる。そのとき、ある兵は「北満のチチハルの白い原野がぼおっと浮かんだ」といい、別の生還者は「日の丸の波に送られた出征の日の故郷が浮かんだ」という。水際から三〇メートルほど離れた塹壕(ざんごう)の中から首を上げると、近づいてくる舟艇群がはっきり見通せる。すでに陽は昇り、時計は七時三十分を回ろうとしていた。

米軍の上陸用舟艇群の先頭部隊が、いよいよ天然の防波堤、リーフに到達しはじめた。と、爆発音とともに高い水柱が数本上り、数隻の舟艇がこなごなに飛び散るのが見える。日本軍が敷設した機雷にふれたのだ。舟艇群はいっせいに停止した。と、後方の戦艦から発煙弾を交えた猛烈な艦砲射撃が海岸に布陣する日本軍をめざして開始された。

米軍が上陸地点に選んだ場所は、日本が「西浜」と呼んでいた地区で、日本軍は北からモミ、イシマツ、イワマツ、クロマツ、アヤメ、レンゲというロマンチックな名前を付けた六つの陣地で防衛していた。モミからクロマツまでの四陣地は歩兵第二連隊第二大隊

米軍上陸初日の9月15日、第14師団戦車隊は歩兵部隊とともに飛行場に突進して反撃に出た。しかし装甲板の薄い95式軽戦車はたちまち米軍の対戦車砲に打ち抜かれ、師団戦車隊は壊滅した。米軍は対戦車砲で擱座させた日本軍戦車に火焔放射を浴びせ、脱出した戦車隊員を焼き殺した。

（大隊長・富田保二少佐）と野砲一個小隊が西地区隊として布陣し、アヤメ、レンゲの南地区隊には増強された高崎の歩兵第一五連隊第三大隊（大隊長・千明武久大尉）がいた。

強力な艦砲射撃の援護を受けた米海兵隊は、リーフの外で上陸用舟艇から水陸両用戦車に乗り換え、一気に海岸めがけて殺到してきた。第二連隊第二大隊第五中隊（工兵第三小隊を含む）と第一五連隊第三大隊の真っ正面である。

波打ち際の白兵戦

鬼沢広吉さんと飯島栄一さんは茨城県旧鹿島郡出身で同郷の上等兵同士であったが、このときも共に米軍の真っ正面、第五中隊にいた。

飯島　前日九月十四日までは富山にいたが、米軍側の動きから上陸は間もないと思っていた。翌朝六時ごろが満潮だから、敵はその時刻を狙ってくるだろうということで、陣地を作ってあった海岸線に行ったんです。敵が上陸してきた十五日の朝は、昨夜からの移動で疲れていたし、そのうえ食いものもなしでタコツボに入っておった。そこへ艦砲射撃を食って、〈終わったなァ〉と思ってタコツボから顔を上げたら、アメリカ兵が目の前に来ていたんだ。

撃ちに撃った。銃身なんか熱くてとてもさわれない。殺しあいだよ。そのとき米軍の艦砲射撃がぴたっと止んだ。海岸では敵味方が入り乱れて闘ってたからですよ。このとき第五中隊は一五〇名くらいいたが、うち三〇名くらい殺られてしまった。

鬼沢　撃ち合いだけじゃなく手榴弾の投げ合いですよ。日本の手榴弾は安全ピンを抜いて叩かないと発火しないが、アメリカのは安全ピンを抜いておいて、それを離すとバーンといく。小高曹長という剣道二段の者が斬り込みに行き、米兵の首を斬って殺し、〈やった！〉と思った瞬間、バーンと逆に殺られてしまった。首を斬られた米兵が手榴弾を握っていた手を開いたからなんだ。

飯島　デング熱でふらふらしていた雲野兵長が出ていったところを殺られたあと、私たちが海岸に向かって突撃するとき、鬼沢さんたちの中隊本部が来たんだ。そのときのことが一番印象に残っている。

「五中隊、現在位置！」

という伝令の声が聞こえた。何万という敵兵の前で、わずか一五〇名ぐらいで闘っていたんですから心細かったですよ。そこへ中隊本部の一〇〇人近くが応援に来てくれたんだ。戦闘中だから姿は見えなかったけれど、声だけは聞こえて、心強かったね。小高曹長が死んだのはその直後だった。

十五日には三回突撃をするわけだけど、一回やるたびに三分の一ずつ減っていった。塗木正見少尉が小隊長だったが、士官学校出身の勇敢な人だった。「俺がひと稼ぎしてくるから」と言って突撃して行き、帰ってきませんでした。突撃するときは死ぬつもりですから小銃に銃剣を付け、弾は五発だけ込めて後は水筒だけを持っていく。海岸までは二、三〇メートルぐらいなのだが、ずらっと生い繁っていた椰子の木はすでに砲爆撃で全部倒されていたから、一〇メートルも突撃すれば、もう殺したり殺されたりの白兵戦です。とにかくどっちに敵がいるのかわからん。ある兵隊など手榴弾を後方に投げて友軍を傷つけたというようなことも起こりました――

程田弘さんも第五中隊の上等兵で、飯島さんや鬼沢さんたちとともに海岸陣地にいた。程田さんは狙撃兵だったが、一発一発狙い撃ちできるほど戦線は悠長ではなかった。

西浜の日本軍守備隊との激闘で斃れた米海兵隊員。

程田　まず十四日の夕方、黒人だけの斥候兵が海岸近くまできて写真を撮ったりスケッチしたりしていた。私が見たのは二、三人。黒人の斥候は引き寄せるだけ引き寄せよ、ということで撃たなかった。

翌朝、米軍が上陸してきたとき私たちは穴の中にいた。弾が続くかぎり撃ちました。と、敵は引いていなくなった。今度はこちらが「突っ込めえ！」と穴を飛び出した。アメリカの第一線は黒人が多いのか、かなり黒人が死んでいて、中には息のある者もいる。

「こんなやつら銃で撃つのはもったいない」

ということで、銃床でぶん殴ったりした。すると起き上がって拳銃を向けてくる者もいた。あるいは傷ついた連中が椰子の木の陰に隠れているのを発見すると、彼らは拳銃を向けてくる。こっちも殺られてはたまらんから次々倒していくうちに海岸へ出てしまった。

日本軍の必死の抵抗に遭って負傷し、戦友に付き添われて戦列を離れる米兵。

海岸では敵味方入り乱れての白兵戦です。軽機関銃でね。ただ夢中で撃つ。やらなければいかん、やっちゃえという気持ちだけです。やらなければ殺られるんですから、武器を持たないときの考えとはまるっきり違いますよ——

撃退された米先遣部隊

米軍は先遣隊がやられればまた次が上陸し、その部隊がやられればまた次がと、まさに潮のごとく押し寄せてきた。しかし、いくら追いつめられても、守備隊員は「第二線陣地では絶対撤退してはいかんという信念を持っていた」(程田さん)から、ここで最後になるまで(死ぬまで)食い止めようという気持ちであった。

どれくらい戦ったのだろうか、南洋特有のスコールがやってきた。激しい雨脚は戦場にしばしの静寂をもたらした。やがてスコールが去り、もうもうたる硝煙と火薬の異臭が洗い流された海岸線には、敵味方双方の死体が累々と陽(ひ)に灼(や)かれ、あるいは白波に洗われていた。そして死体の数は明らかに米軍の迷彩服のほうが多かった。さらに、はるか珊瑚礁の波打ち際には、それ以上に米軍兵士の死体が折り重なり、あるいは岩礁に鈴なり状態で倒れていた。

米軍はこの第一次上陸作戦によって上陸用舟艇六〇余隻、シャーマン戦車三輛、水陸両用戦車二六輛を失い、一〇〇〇名以上の死傷者を出して一時的敗退のやむなきにいたった。

「傍受した米軍の無線電話では、『水陸両用装甲車、すでに艦船にない』『罐に水を入れて送れ』等、その苦戦の状況が判った」と防衛庁戦史室の公刊戦史は記している。

ペリリュー島の戦いは、さらにこれから激戦、激闘を続ける。そして日本軍は玉砕し、このアメリカ軍はフィリピン攻撃を始めるマッカーサーの南西太平洋方面軍を側面から援助することになる。だが、前記のようにアメリカ側の損害もまた大きかったのである。ところが、この玉砕の島で、まさに奇跡的に生きのび、終戦を知らず、さらに二年間も洞窟に立てこもって抵抗を続けていた三四名の日本兵の大半が、実は米軍の上陸地点、この西浜の迎撃戦に参加した歩兵第二連隊第二大隊を中心とした兵士たちだったのである。

日米精鋭師団同士の激突

ペリリュー島上陸作戦に米軍は二個師団、約四万名の海兵・歩兵部隊をつぎ込んだ。そして、幸か不幸か敵前上陸第一陣のクジを引いた米軍部隊は、ガダルカナル上陸作戦以来、つねに〝栄光と精鋭〟という文字を部隊名の前に付けられた第一海兵師団約二万八四〇〇名であった。

だが、負けを知らずに進軍してきたこの歴戦の第一海兵師団にとって、「ペリリュー」はその部隊史に初めて書かなければならない「敗北」となるのである。特に上陸第一陣を担った同師団第一海兵連隊の損害は大きく、将兵の五〇パーセント以上もの死傷者を出すことになる。連隊はペリリュー上陸二週間後の十月二日、「戦力回復」という名のもとにペリリューを去り、他の海兵連隊（第五・第七連隊）も、十月十六日に第一線から退いた。

こうして栄光の第一海兵師団は、各部隊とも三〇パーセントから六〇パーセントという大損害を受け、ついに十月三十日までには全部隊がソロモン群島ラッセル諸島の後方基地へと撤退していく。しかし、上陸一日目のこれらの栄光の兵士たちに、数週間後に訪れる自分たちの運命を予測できるはずはなかった。

守る日本軍は、満州北部のチチハル、ノンジャン、昂昂渓に駐屯していた歩兵第二連隊（水戸）、同第一五連隊（高崎）、同第五九連隊（宇都宮）を基幹とした関東軍の精鋭第一四師団（師団長・井上貞衛中将）で、大本営の南方転用命令によって五カ月前の一九四四年四月二十四日にこのパラオ諸島の土を踏んだ部隊である。大半が二〇代前半の現役兵で固められていた。

そして、ペリリュー島に派遣されたのは、このうちの歩兵第二連隊と第一五連隊第三大隊（大隊長・千明武久大尉）、独立歩兵第三四六大隊（大隊長・引野通広少佐）、それに西カロリン航空隊（司令・大谷龍蔵大佐）を中心とした海軍部隊とその軍属である。しかし、航空隊とはいえ飛行機は一機もなかった。同航空隊所属の戦闘機はすべてサイパン、グアムなどマリアナ戦線の戦闘に参加、パラオの基地に帰還した機は一機もなかったからである。そこで翼を失った航空隊員は急遽〝陸戦隊〟として歩兵第二連隊麾下の各部隊に配属されたのだった。

陸上での戦闘訓練はもとより、中には小銃の実弾射撃は今回が初めてという兵も少なくなく、文字どおりのぶっつけ本番であった。だが米軍が敵前上陸を敢行した西浜での戦いでも、これら海軍部隊は陸軍に劣らず奮戦したのである。

「第一号反撃計画」を下令

米軍の第一回強行上陸をかろうじて阻止した西浜一帯に布陣している第二連隊第二大隊と第一五連隊第三大隊の最前線部隊は、再び米軍の強行上陸部隊を目前にした。第一回目から約一時間が経った午前八時三十分であった。スコールを見舞った空はすっかり晴れあがり、強烈な太陽が戦場を照りつけていた。

敵味方入り乱れての殺し合いが再開された。米軍は多くの死傷者を出しながらも、この二回目の強行上陸で飛行場南西端に約一個連隊の上陸に成功していた。そして夕刻までにはさらに地歩を拡大、戦車をともなって飛行場の南東端近くまで進出してきた。日本軍の抵抗はすさまじく、当時、米軍の西部支援射撃軍指揮官であったジェス・B・オルデンドルフ海軍少将は、後にいまいましく書き記している。

「上陸に備えた砲爆撃は、もっとも完全で、従来のいかなる支援よりも優れていると思っていたのに、日本軍の隠蔽した火砲が我が軍の水陸両用装甲車に射撃を開始したときの私の驚きと残念さがどうであったか、ご想像いただきたい」

米軍に橋頭堡を築かれた後の日本軍の損害は急カーブで上昇し始めていた。状況不利と判断した地区隊長・中川州男大佐は、午後四時三十分に「第一号反撃計画」の実行を命じた。第二連隊本部直轄部隊として待機していた第一大隊の中から「斬り込み決死隊」を編成、さらに海岸陣地で朝から激戦を交えている第二大隊の予備部隊である第七中隊、さらにペリリュー守備の日本軍の唯一の機械化部隊である師団戦車隊（隊長・天野国臣大尉、軽戦車一七輛）を加えての反撃開始であった。

滝沢嘉一さん（茨城県結城市在住）は第二大隊通信隊の上等兵であったが、戦闘に参加したのはこの反撃作戦のときであった。

「夜になって第一線配属になった。それで第二大隊のいる一線陣地に行ったところが、生き残っているのは一五〇名ぐらいしかいない（第二大隊兵員は推定六三五名）。私は通信兵として一線配属になったんだが、もう通信なんてやってる余裕はありません。ただ夢中で小銃の引き金を引き続けるだけです。そのあと、第一線陣地はもうだめだというので、第二線陣地の富山にある壕に後退したわけです。

さらに連隊本部のある後方の天山に引き揚げようということになり、二、三人で偵察に行ったのだが、すでに天山もアメリカ軍に包囲されていて引き揚げるどころじゃない。結局、その富山の壕の中にいたのだが、ここもアメリカ兵に見つかって撃ち合いになり、一二、三人が死んだ。それからは行く当てもなくなって散り散りバラバラになるわけです」

全滅した斬り込み決死隊

虎の子の戦車隊をともなった日本軍の反撃計画も大勢を変えることはできず、前線陣地は混乱をきわめていた。第二大隊本部付だった武山芳次郎上等兵と同大隊に配属されていた海軍航空隊の塚本忠義上等兵は反撃の模様をこう語る。

武山　私たちが海岸に出てちょっと下がったときでした、米軍の戦車が飛行場のほうに向かってきた。そしたら私たちの後方から日本の戦車隊が来たんです。『前に行っては危ない！　米軍の戦車がいるぞォー！』と叫んだんだが、戦車隊員たちは聞き入れずに突っ込んで行ってしまった。一斉に『突っ込めえ！』ということで、わあーッと突っ込んで、それきりです。私たちの目前でバタバタ殺られてしまった。かなり若い少年戦車隊員のような人たちでしたねえ。

塚本　私は山の上から目撃したんだが、上陸してきた敵を程田さんたち（第二大隊第五中隊）が食い止めている。そのときあの豆戦車がどうして海岸に張りついている米軍をやらなかったのか疑問ですね、いまも。

武山　それは戦車は北地区の方にいたから来る途中でかなり殺られている。丸裸になった島の道路を来るんだから、艦砲と空爆のかっこうの目標にさらされるわけですよ。だからせっかく戦車を出撃させながら、半分も威力を発揮しないで全滅しちゃったんじゃないですかね――

たしかに塚本さんが疑問を抱

山岳地帯にある日本軍の司令部や、生き残っている守備隊員が立てこもる洞窟陣地に迫る米軍。

くように、戦車を交えた日本軍の作戦には問題があった。すでに米軍は多量の武器弾薬を揚陸しており、豆戦車といわれた日本の軽戦車に数倍するＭ４戦車も戦闘に参加していたからだ。米軍の記録にも、この日本軍の反撃作戦は時期を失したものであり、上陸した敵にあまりにも時間を与えすぎていたと指摘されている。

　歩兵を満載して飛行場を真一文字に疾駆してくる豆戦車を、米軍は数十台の無反動砲（対戦車砲）とバズーカ砲を一線に並べて待ちかまえていたのだ。そして狙い撃った。五七ミリの鉄甲板を打ち抜く無反動砲は、二〇ミリの厚さしかない日本の豆戦車の装甲板にはいやというほど威力を発揮した。日本軍の虎の子は次々に擱座し、炎上、ある戦車は歩兵を満載したまま木っ端微塵に吹っ飛んだ。

　かろうじて戦車から飛び降りた歩兵たちも、飛行場のど真ん中では身を隠す一片の遮蔽物もない。狙い定めた米軍の自動小銃は、それら日本兵をまるで射撃練習場のマトを倒すかのようになぎ倒していった。それでも銃剣をかざし、米軍陣地に突入していった兵たちも多かった。目撃した生還者たちは「敵の死体の上に味方が倒れ、その上にまた敵の兵隊が倒れてくるといった凄惨な殺し合いだった」と口をそろえる。

　まだ二〇代であった天野国臣大尉に率いられた戦車隊は、こうして初日に壊滅し、同行した市岡英衛大尉の第二連隊第一大隊と坂本要次郎大尉の第二大隊第七中隊もその大半が死傷し、第二号反撃作戦は失敗したのだった。

　期待の増援（反撃作戦）が失敗し、海岸陣地で白兵

戦後の1947年4月22日、米軍や家族の説得で日本の敗戦を信じ、ジャングルから姿を現した日本兵たち。

戦を続ける第二大隊主力と第一五連隊第三大隊は再び孤立状態に陥っていた。その夜、中川大佐は千明武久大尉の第一五連隊第三大隊に対し、正面に橋頭堡を確保している米軍に対する夜襲を命じた。

千明大隊は米軍の指揮所を突破、一時は米軍を混乱に陥れ、夜襲は成功するかに見えた。が、米軍側の応戦は日本軍を完全に圧倒していた。千明大隊長は夜明けの早い南洋の空が白む九月十六日払暁に戦死、作戦は失敗した。米軍上陸以来二十四時間、約七五〇名の大隊員のうち生き残った者は約三〇〇名たらず、大隊兵力の六割を失っていた。

戦闘行動不能ナル者ハ自決セシム

南北約九キロ、東西約三キロ、総面積三〇平方キロに満たないこの小さな隆起珊瑚礁の島で、日米双方五万人をこえる兵隊たちが死闘を展開したペリリュー島の玉砕戦を再現するには、優に一冊の分量は超えてしまう。そこで、本稿では米軍上陸第一日目の戦闘模様のみを記することになってしまった。しかし、ペリリュー島の日本軍の戦いが、日米双方から特記されることになる、徹底抗戦の実態は、この初日の戦いはもちろんのことだが、以後三カ月近くにわたる洞窟戦にある。途中、第一五連隊第二大隊（大隊長・飯田義栄（いいだよしえい）少佐、八四〇名）の敵前逆上陸という増援はあったものの、これも上陸直前に壊滅状態にされ、文字どおり一発の弾丸、一粒の米の補給もなしに守備隊は飢餓と敵を相手に戦い、そして死んでいったのである。

ペリリュー地区隊長中川州男大佐が自決を遂（と）げたのは一九四四年十一月二十四日の夜であるが、その二日前の二十二日、中川隊長はパラオ本島のパラオ地区集団（集団司令官・井上貞衛中将＝第一四師団長）宛にこう打電している。

通信断絶ノ顧慮大トナルヲ以テ最後ノ電報ハ左ノ如ク致シ度承知相成度

左　記

一、軍旗ヲ完全ニ処置シ奉レリ

二、機密書類ハ異常ナク処理セリ

右ノ場合「サクラ」ヲ連送スルニ付報告相成度

ジャングルから姿を現した山口永少尉（日本兵最前列の左端）ら34名の日本兵は、ペリリュー守備隊の米軍司令官に正式に投降した（1947年4月22日）。

この日、十一月二十二日も、米軍は早朝から戦車を交えた約二個連隊の兵力をもって、中川隊長をはじめとする日本軍の残存兵が立てこもる最後の拠点、大山の頂上をめがけて包囲総攻撃をかけてきた。迎える日本軍の戦闘人員は軽傷者を入れても一五〇名たらずだったが、断崖をよじ登って肉薄する米軍を撃退していた。だが、中川隊長は、もはや抵抗の限界を知っていた。そして二十四日も、米軍は大山の頂上をめざして戦車と火焔放射器による猛攻を繰り返していた。中川隊長は決意し、午前十時三十分、パラオ地区集団参謀長多田督知大佐宛に訣別の電報を打ったのである。

一、敵ハ二十二日来我主陣地中枢ニ侵入
　昨二十三日各陣地ニ於テ戦闘シツツアリ
　本二十四日以降特ニ状況切迫、陣地保持ハ困難ニ
　至ル
二、地区隊現有兵力、健在者約五〇名、重傷者七〇名、
　総計一二〇名。兵器小銃ノミ同弾薬約二〇発、手
　榴弾残数糧秣概ネ二十日ヲ以テ欠乏シアリ
三、地区隊ハ本二十四日以降統一アル戦闘ヲ打切リ、

残ル健在者約五〇名ヲ以テ遊撃戦闘ニ移行、飽ク迄持久ニ徹シ米奴撃滅ニ邁進(まいしん)セシム。重軽傷者中戦闘行動不能ナルモノハ自決セシム
四、将兵一同聖寿ノ万歳ヲ三唱、皇運ノ弥栄ヲ祈念シ奉ル。集団ノ益々ノ発展ヲ祈ル

こうして極寒の満州から赤道直下に来て七カ月、精鋭とうたわれた関東軍の一部隊は、サイパン、グアムに次いでまたも玉砕していった。パラオ集団司令部に、ペリリュー島からの最後の電報「サクラ、サクラ」が連送されてきたのは同日の午後四時であった。

ところが、ペリリュー島の戦闘はこの後も続いていたのである。それも敗戦後の一九四七年(昭和二十二)四月二十二日まで。冒頭に記した山口永少尉以下の歩兵第二連隊第二大隊を中心とした、例の西浜に布陣していた陸海軍の生き残り兵たちである。これらの兵士たちは大山の司令部と連絡をとる術(すべ)もなく、また部隊の玉砕を確認する方法もなく、米軍から武器弾薬はもとより、食糧から衣類まで奪っては洞窟に姿を隠し、神出鬼没のゲリラ戦を続けていたのだ。

米軍の指揮官ニミッツ元帥は、その著『太平洋海戦史』の中に、モロタイとペリリューの上陸作戦について記している。

「南西太平洋部隊および中部太平洋部隊による九月中旬のこの同時的な進攻作戦は、対照的な一つの研究問題を提起した。というのは、海浜の天然障害物や妨害を除けば、モロタイ占領は太平洋戦争でももっとも楽なものの一つであったが、一方、ペリリューの複雑きわまる防備に打ち克つには、米国の歴史における他のどんな上陸作戦にも見られなかった最高の戦闘損害比率(約四〇パーセント)を甘受しなければならなかったからである」(実松譲・冨永謙吾共訳より)と。

また、アメリカのドキュメンタリー作家ジョン・トーランドは『大日本帝国の興亡』(原題『THE RISING SUN』)の中でこう書いている。

「ペリリューは、非常な決意をもって防衛されていたため、統計的に言えば一人の日本兵を殺すために千五百八十九発の重軽火器の弾薬を必要とした」と。

アンガウル島の玉砕

一八倍の米軍を迎撃した三三日間の死闘

一九四四年九月～十月

後藤大隊、18対1の迎撃戦

ペリリュー島での死闘が三日目に入った一九四四年(昭和十九)九月十七日、ペリリュー島の隣、パラオ諸島の最南端にあるアンガウル島でも戦闘が開始されていた。ポール・J・ミュウラー少将率いる二万一〇〇〇名を超える米第八一歩兵師団が、敵前上陸を敢行してきたのだ。支援の艦砲群は戦艦一、重巡洋艦二、軽巡洋艦二、そして五隻以上の駆逐艦も参加するという強大なもので、加えて延べ一六〇〇機という航空機が空から爆弾の雨を降らせた。

対する日本軍守備隊は、第一四師団(井上貞衛(いのうえさだえ)中将=パラオ集団長)麾下(きか)の歩兵第五九連隊(宇都宮)第一大隊(大隊長・後藤丑雄(ごとううしお)少佐)を主力とした、総兵力わずか一二〇〇名たらず。支援の艦船、航空機は一隻、一機もなかった。小銃と機関銃類を除けば、日本軍守備隊が持っていた武器といえば、野砲と中迫撃砲がそれぞれ四門だけだった。まさに全滅を前提の迎撃戦だったのである。陸上兵力だけをとっても、実に一八対一という絶望的な戦いであった。

燐鉱石の採掘で知られたここアンガウル島は、パラオ諸島の最南端にあり、ペリリュー島からは一一キロの距離にある。南北約四キロ、東西約三キロ、総面積が約一二平方キロ。ペリリュー島よりもさらに小さな島である。

米軍が上陸する一年前の一九四三年末の調査によれば、同島には二六一八人の住民がいた。内訳は日本人が一三二五人、朝鮮人五三九人、島民七五四人で、朝

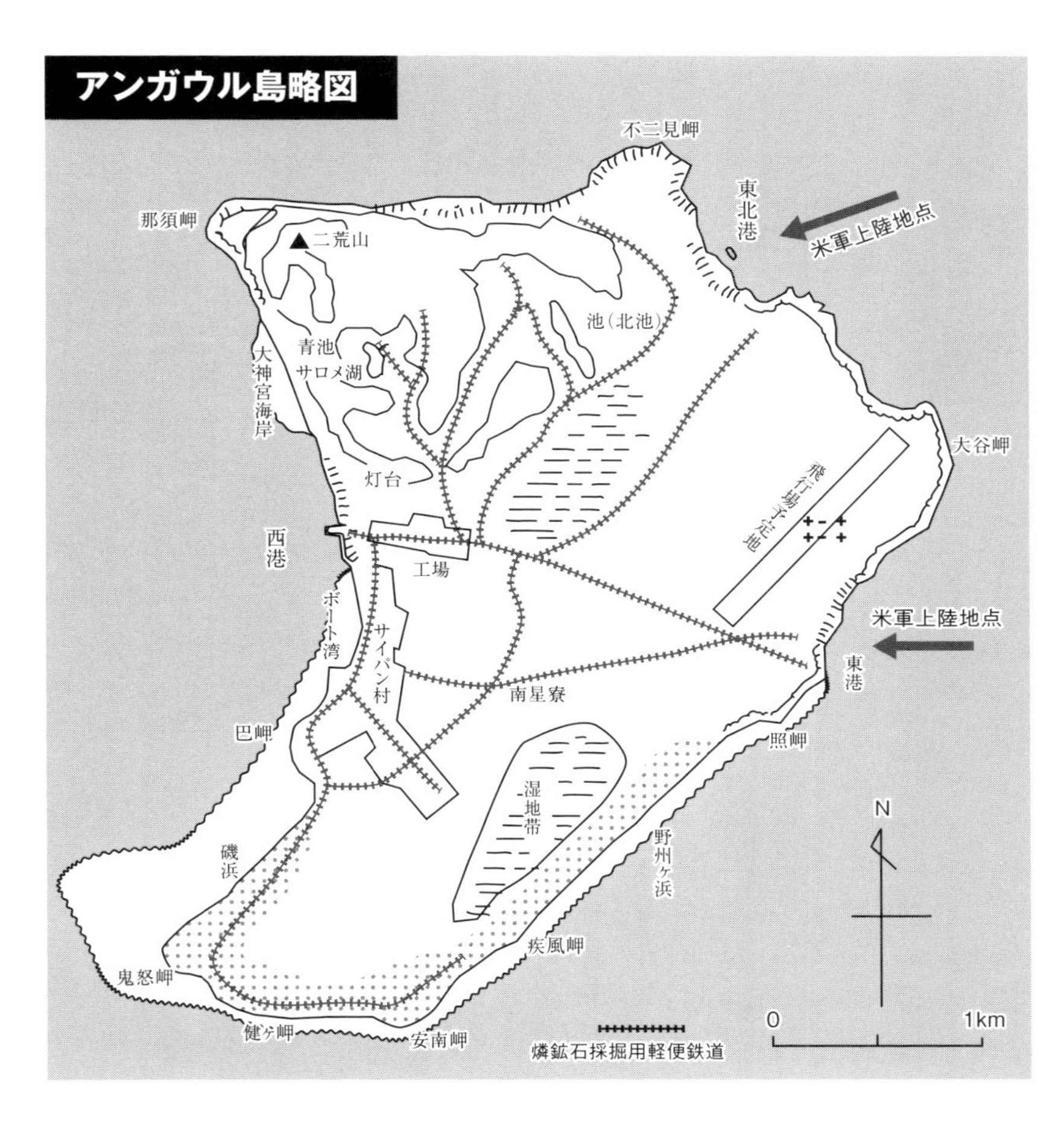

鮮人の大半は燐鉱石採掘のために徴用されてきた人たちだった。

日本軍は当初、主戦場はあくまでも飛行場のあるペリリュー島とバベルダオブ島（パラオ本島）であろうと予測していた。そのためアンガウル島の戦闘計画は、米軍の上陸が予想される「ペリリュー島を容易ならしめる」ものであり、「ペリリュー島に上陸する敵を牽制撹乱するとともに、敵がアンガウル島に上陸を企図する場合は、主力をもって南地区、一部をもって北地区の戦闘に協同する」（第一四師団電報綴『アンガウル地区戦闘計画大要』）というものであった。よもやアンガウル島に米軍は上陸すまいという判断だっ

上陸前の砲爆撃で瓦礫と化したアンガウル島に上陸する米軍。

たのである。

しかし米軍は、アンガウル島を飛行場適地と判断した。米軍は同島を占領するやただちに島の北東部に飛行場の建設にかかったほどだった。そこは当時、日本軍が飛行場建設を予定していた場所にほかならない。日本軍は一二〇〇メートルの滑走路を二本持つ飛行場を南部に一つ、同距離一本の飛行場を北東部に造る予定であったが、硬質の珊瑚石灰岩のために未着工のままだった。

米軍が、日本軍の飛行場建設予定を事前に察知していたかどうかは定かではない。だが、米機動部隊は七月末を皮切りにパラオ本島、ペリリュー島への空爆を行うとともに、アンガウル島に対しても反復銃爆撃を開始している。

アンガウル島の日本軍守備隊は、一九四四年八月二十八日に同島在住の民間日本人と島の住民（主に老人と婦女子）のパラオ本島への最後の引き揚げを行った。しかし、徴用してきた朝鮮人労働者と、住民の中の青壮年男子は軍夫として日本軍への協力を強いられた。

島の住民で軍夫にされたのは約一八〇名である。

また、一般住民の中で島に居残った人たちもいる。八月末以降、米軍の空爆は激しく、周囲の海には潜水艦が徘徊（はいかい）していたから、パラオ本島への疎開が危険になっていたこともある。中には家族ぐるみで残った人たちもおり、珊瑚の洞窟の中で戦火に耐えなければならなかった。

圧倒する米軍の物量戦

はるか北方に延々と昇りつづけているペリリュー島の砲煙を横目に、夜が明けたばかりの九月十七日午前五時半、沖合に停泊している一〇数隻の米艦艇が一斉に砲門を開いた。やがて東部の東港正面と東北港正面に向かって上陸部隊を満載した舟艇群が殺到してきた。そして水陸両用戦車を先頭にした第一陣が、東港と東北港にたどり着いたのは午前八時過ぎであった。

このとき東港正面で上陸する米軍を迎撃したのは、歩兵第五九連隊第一大隊第三中隊（中隊長・島武（しまたけし）中尉）一六五名と、配属の工兵第一小隊（小隊長・星野善次（ほしのぜんじ）

18対1の劣勢をものともせず反撃を繰り返す日本軍に対して、掃討戦に入った米軍。

アンガウル戦で手に入れた日の丸を誇らしげに広げて見せる米兵たち。

郎少尉）五一名であった。

一方、東北港の米軍と対峙したのは同第二中隊（中隊長・佐藤光吉中尉）基幹の二個小隊であったが、戦力の差は歴然で、米軍はたちまちのうちに橋頭堡を築いてしまった。

日本軍守備隊の反撃も激烈だったが、米軍は九月十七日の夕方までに上陸二地点の海岸線をそれぞれ一〇〇〇メートルから一五〇〇メートルにわたって確保し、東北港地区では八〇〇メートル近く内陸部に進出していた。地区隊長の後藤少佐は、上陸した米軍は約二〇〇〇名と判断、戦線を立て直して夜襲を決行、なんとか米軍を撃退せんものと考えた。

夜襲は東港正面の米軍には島中尉が率いる第三中隊基幹が、東北港方面は佐藤中尉の第二中隊基幹が敢行した。東港の第三中隊は野砲、迫撃砲、さらには擲弾筒の支援を得て米軍部隊に肉薄、明け方の五時過ぎにいったん米軍を海岸近くまで押し戻すことに成功した。

だが、米軍はたちどころに中戦車と水陸両用戦車十数輛を動員、艦載機の銃爆撃も加えて反撃に転じた。

爆撃で破壊された日本軍の施設を利用して開設された野戦郵便局で、故郷からの手紙を受け取る米兵たち。

第三中隊は空海から文字通りの集中攻撃を浴び、島中隊長は戦死、残余の兵士も午前十時ごろまでには大部分が斃れ、中隊は全滅したのだった。

　島中尉率いる第三中隊の反撃を受けた米軍は歩兵第三二一連隊第一大隊B中隊だったが、こちらも死傷者が続出していた。大隊長をはじめ、大隊幕僚までが負傷して後送され、同中隊は連隊予備のG中隊と交代しなければならなかった。しかし二万一〇〇〇余の兵力を持つ米第八一師団は、後続部隊を次々と上陸させ、一挙に日本軍守備隊の殲滅戦に出ていた。

　艦砲と空爆に支援されながら、一個大隊の戦車隊（中戦車五〇輛）と二個連隊の歩兵部隊は、東北港と東港の双方から燐鉱鉄道の軌道沿いに攻撃前進し、アンガウルの中心部であるサイパン村に向かった。そして上陸三日目の九月十九日早朝にはサイパン村に突入、占領に成功した。

　対する日本軍守備隊は、米軍の物量にものをいわせた凄まじい攻撃に、日中の行動はほとんど封じられてしまった。そこで後藤少佐は、かねてからの予定にし

アンガウル島を占領直後、第３艦隊司令長官ウィリアム・F・ハルゼー大将（右）を迎えるポール・J・ミュウラー少将（中央）。

たがい、島の北西山地の鍾乳洞を利用して造った複郭陣地内に部隊主力を転進させ、攻撃は小部隊による肉攻斬り込み戦に切り替えた。だが、兵力と火砲で圧倒する米軍は、その鍾乳洞の複郭陣地にも接近、火焔放射器をともなった攻撃を繰り返してきた。日本軍守備隊はじりじりとその教を減らし、十九日の夕刻ごろには一二〇〇余名の日本軍は半数近くになっていた。

飢餓と屍の果てに……

アンガウル島の歩兵第五九連隊第一大隊は、翌月の十月十九日夜、生存者一三〇名を集め、最後の夜襲を決行して後藤大隊長以下全員戦死する。だが、それまでの三十三日間の戦闘は、ペリリュー島の守備隊と同じく、決して無益なバンザイ突撃などは行わず、一人一人の命を米軍兵士の命と引き換えていったのである。食糧も弾薬も補給は望めなかったから、いずれは死が訪れる。しかし、それまでは戦う——死よりも苦しい持久戦がいかに苛酷なものであったかは、米軍に帰順投降した現地住民の軍夫たちの状態がなによりもよく

アンガウル島を占領と同時に米軍は飛行場建設に入り、あっという間に完成させた。

物語っている。

米軍戦史『フィリピンへの接近』によれば、アンガウル島の米軍は、戦況が決した九月二十四日以降、日本兵に投降勧告の放送をはじめていた。そこで「青池北西方（二荒山）鍾乳洞に退避集結中の現地島民は同日二名、十月一日三名、同八日八七名、九日九〇名、合計一八二名が米軍に帰順投降した。そのうち約一五〇名は糧食、飲料、水欠乏のため栄養失調であった」という。戦闘員の日本兵が、これら軍夫の住民より食糧状態が良かったとは思えない。おそらく疲労と栄養失調によって、銃を持つのもやっとではなかっただろうか。

一九七二年（昭和四十七）三月、私は遺族と生還兵によるペリリュー島の遺骨収集団に同行した。そしてジャングル内に散乱した遺骨を拾い集めていたとき、垂直に伸びた木の幹に、蔦でからまれた人骨を発見した。それは腕の骨のようであったが、最初はどうして人骨が木の幹にからまっているのか理解できなかった。「これはきっと、負傷か疲労しきった兵隊が、木に寄

廃墟と化したアンガウル島の燐鉱工場の近くにあったアンガウル神社（大神宮）一帯。

りかかっていて、そのまま死んでしまったんじゃないか」

生還兵だったか遺族の方であったか、今は記憶にないが、誰かがそう説明してくれた。夫をペリリューで失った遺骨収集団員の婦人たちが、流れる涙を拭おうともせず、蔦から骨を外すのを手伝ってくれた。アンガウル島の守備隊員の中にも、あるいは同じような最期を迎えた兵たちがいたに違いない……、そう私には思えてならない。

このアンガウル島から生還した日本兵は、日本側資料によれば五〇名、米陸軍戦史では「捕虜五九名」とあるが、その大半は戦闘中に意識不明となり、米軍側に救出された人たちであった。他は全員戦死である。対する米軍の戦死者は二六〇名と記録されているが、戦傷は日本軍守備隊の総数を上回る一三五四名を数えている。この数字は海上からの事前砲撃と、艦載機による空爆の規模から推してみても、米軍側にしてみれば信じがたいものであったに違いない。

第4部　降伏か本土決戦か

〈概説〉日本の本土攻略をめざす連合国と日本の決断

日米最後の決戦場と目されたフィリピン

「絶対国防圏」の中心であったマリアナ諸島のサイパン島は、一九四四年（昭和十九）七月七日に日本軍首脳が自決して守備隊は玉砕、島は米軍の手に帰した。絶対国防圏の策定者で、圏内の確保・防衛は絶対であると自信を披瀝していた首相・陸相・参謀総長を兼務する東條英機陸軍大将は七月十八日に内閣を総辞職し、二十二日に小磯国昭予備役陸軍大将を首班とする新内閣が発足した。

　東條内閣が倒壊したことで、政府高官および軍上層部は水面下で終戦に向けて動き出した。その一方で、アメリカとの講和交渉になった場合、少しでも有利な条件で停戦するためには、一度、どこかで米軍に大打撃を与えておく必要があると考えた。では、それをどこでやるか？　マリアナ諸島が陥落した後、次に米軍がやって来るのはフィリピンであろうというのが衆目の一致するところだった。

　大本営では米軍の進攻が予想される地域を①フィリピン、②台湾、沖縄、③日本本土、④北海道の四つに分け、それぞれ捷一号～捷四号と名づけて、陸海空の総力を挙げて決戦を挑み、米軍を撃退する構想を立てた。「捷号」とは〝勝利の作戦〟という意である。この四つの構想の中で、最も米軍が進攻してくる公算が高いと思われたのが捷一号、すなわちフィリピンで、政府はフィリピンでの戦いを「日米の天王山」と位置づけていた。

　さらにフィリピンを失うことは、日本が継戦能力を

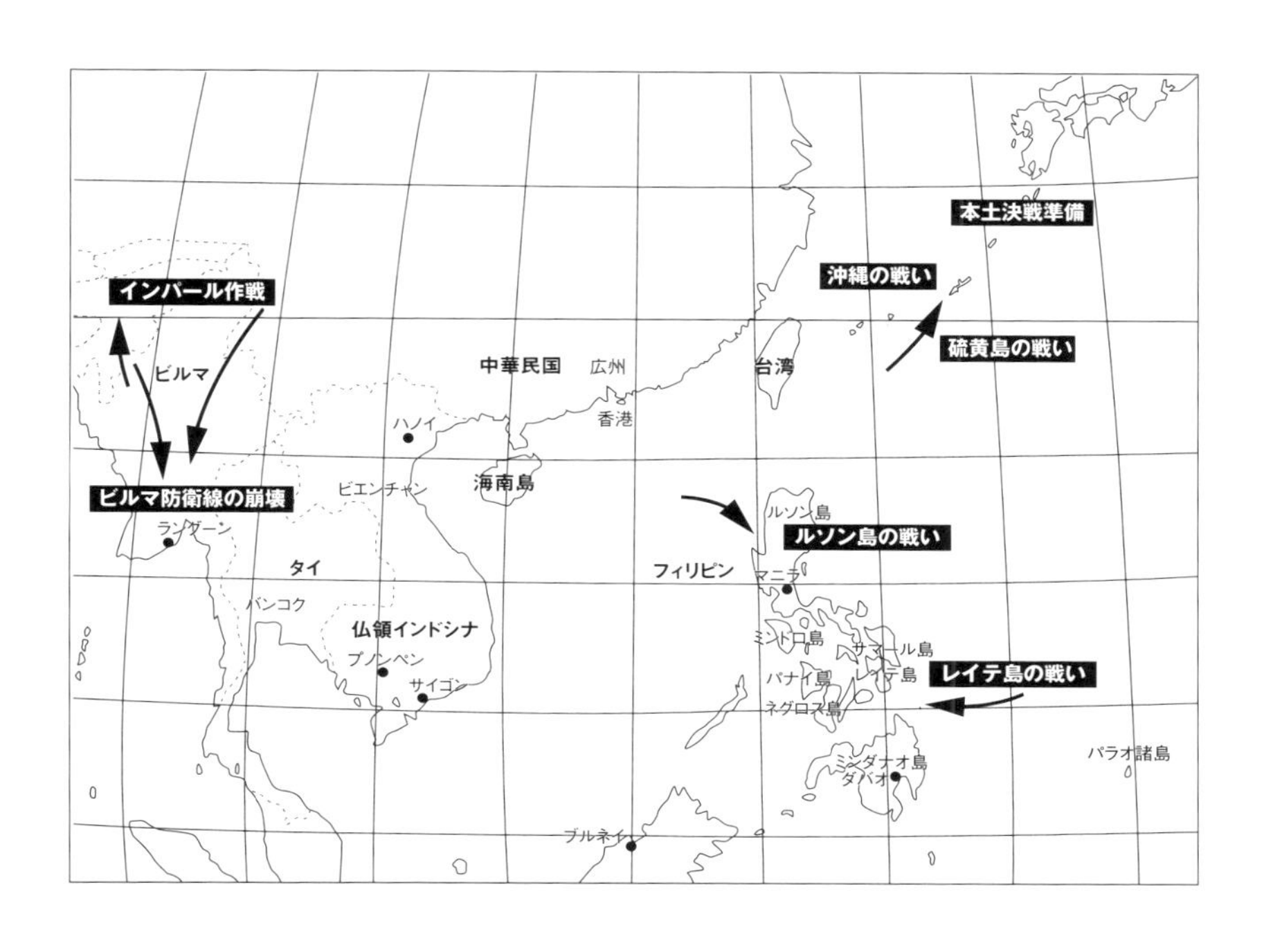

喪失することを意味していた。蘭印（オランダ領東インド。現在のインドネシア）の資源地帯と日本本土を結ぶルートは、日本が西太平洋の制空権、制海権を持っていた頃には複数存在していたが、マリアナ諸島を失い、さらに九月に米軍がパラオ諸島のペリリュー島、アンガウル島に進攻してきたため、フィリピンを失えば日本の生命線ともいえる補給線が分断されてしまうのである。

この頃、一九四四年四月から十一月にかけて、中国大陸の戦場では、四〇万の兵力を投入して北京から漢口を経て仏印（フランス領インドシナ。現在のベトナム、ラオス、カンボジア）に通じるルートを警戒しようとする一号作戦、俗に「大陸打通作戦」と呼ばれる大作戦が行われ、一応、ハノイから北京に通じるルートを確保することができた。ただし、この作戦はB29爆撃機の中国における出撃基地を破壊するのが目的であり、飛行場をすべて占拠して目的を果たしたのだが、米中軍が中国南部から反撃に転じ、やがて日本軍は占領した地域から撤退せざるを得なくなった。

一方、攻める側の米軍では、日本へ進攻するルートについて一騒動(ひとそうどう)あった。

米軍は南太平洋方面での戦いから、日本軍が堅固に守備している地域に進攻していったのでは時間もかかり、損害も大きくなるという教訓を得ていた。そのため、日本軍の防御線を飛び越えて、守備の手薄な地域を占領する作戦を実施していた。日本に向かう進攻についても同様で、米海軍首脳部は、日本軍が防備を固めているであろうフィリピンを素通りして台湾に進攻すべきだと主張していた。

一九四四年七月二十六日、ルーズベルト大統領はハワイに飛び、対日作戦を指揮する海軍のニミッツ大将（米太平洋艦隊司令長官兼米太平洋方面軍司令官）と陸軍のマッカーサー大将（米南西太平洋方面軍司令官）の三人で、以後の対日作戦について検討した。ニミッツ大将は米海軍の意見を代表して台湾への進攻を主張したが、マッカーサー大将はこれに真っ向から反対した。太平洋戦争緒戦に、日本軍からフィリピンを追い出されたマッカーサー大将にとって、フィリピンの奪回は何をおいても成し遂げなければならない信念だった。

マッカーサー大将は戦略、戦術面だけではなく、フィリピン国民に対する「道義的な責任」があると、フィリピン進攻の正当性を大統領に強く訴えた。

結局、ルーズベルト大統領はマッカーサー大将の意見を尊重し、フィリピンへの進攻を決定した。

当初、フィリピン上陸作戦は一九四四年十一月十五日にミンダナオ島、十二月二十日にレイテ島に上陸する予定だったが、上陸前に米機動部隊が各地を空襲した際、反撃の少なさから日本軍の防備が整っていないことを察知した。

そのため、スケジュールが繰り上がって十月二十日にレイテ島へ上陸することになり、日米の実質的な最終決戦がフィリピンで始まることになったのである。

インパール作戦

補給なき戦いを強いられた「白骨街道」の将兵たち

一九四四年三月～七月

アラカン山脈をいかに越えるか

インパールはインド・マニプール州の首都である。ビルマを追われた英印軍がインド防衛を兼ね、ビルマ反攻作戦の拠点としていた地点である。しかし、そこから直接ビルマに進攻するには二～三〇〇〇メートル級の山々が連なるアラカン山脈を越え、さらにチンドウィン河を渡らなければならない。地上部隊だけの進撃では補給が続かないという点では、ビルマからインパールを攻略しようとする日本軍と同じ事情があった。しかし英印軍は、その悪条件を空中輸送という手段に求め、実現させた。一九四三年（昭和十八）二月、約三〇〇〇名のチンディット挺進隊を中部ビルマに進入させた。部隊が携行したのは小火器と当座の弾薬・食糧のみで、必要に応じて空中補給を受けつつの進撃だった。

最も大規模な進攻作戦は一九四四年三月五日、カーサ、インドウ、モール、モガウンなどに降り立ったウィンゲート空挺部隊である。一〇〇機のグライダーと六〇〇機のダゴタ機で、兵員九〇〇〇名、牛馬一一〇〇頭、武器・弾薬・陣地構築資材を降ろしたのである。一個師団が空から舞い降りたのだった。

日本軍のインパール作戦が開始されたのは、ウィンゲート空挺部隊が進入した三日後であった。

アラカン山脈を越える英印軍。彼らは飛行機による補給で峻嶮な山脈越えを可能にしていた。

第一五軍（軍司令官・牟田口廉也中将）の指揮する第三三、第一五、第三一師団は、二、三週間分の食糧を各自が背負い、師団ごとに数千頭の牛を引き連れ、運搬に邪魔な野砲などは残して、チンドウィン河を渡った。ウィンゲート空挺部隊が降り立った地域は、ちょうど第一五師団の一〇〇キロほど東後方に当たるが、その進入部隊をほったらかして、作戦は強行された。

進入してきたのはウィンゲート空挺部隊だけではなかった。北方のフーコン谷地を進撃していたスティルウェル中将指揮の米中軍が、要衝ミイトキーナに迫りつつあった。まさにビルマは、空と地上の両方から攻められつつあった。

作戦を命じられた三名の師団長はいずれも作戦の成り行きに大きな不安を抱いていた。それは間もなく、作戦途中における第三一師団の無断退却や、師団長三人の更迭という奇怪な事件を引き起こしたが、それこそ牟田口軍司令官の偏見と独断に基づいた作戦であったことを如実に物語っている。もちろん、それを押し止められなかったビルマ方面軍や南方軍、さらには大本営の責任は、牟田口中将よりも重いことは当然である。

第三三師団の進撃

作戦は、第三三師団が南方のカレワ、ヤザギョウから進撃してインパールの背後を衝く、第一五師団がその北、タウンダットあたりからアラカン山脈を真横に横切ってインパールの側面に進出する、第三一師団がさらに北方のホマリン、カウンマンあたりから発してコヒマを攻略し、ディマプール〜インパール街道を遮断して補給路を絶つ、という構想のもとに進められた。

三月八日、ひと足先に第三三師団が進撃を開始した。師団は右突進隊（山本支隊）がモーレイク、パレルを経てインパールを目指し、中突進隊（歩兵第二一四連隊基幹）がヤザギョウを経てトンザン経由を、左突進隊（歩兵第二一五連隊基幹）は南方を迂回しながらシンゲル経由のコースをとった。

左、中突進隊が最初にぶつかったのが、ティディムからシンザンにかけて布陣していたインド第一七師団である。英印軍は、適当に抗戦しつつ退却し、インパール平原に誘い込み、日本軍の補給路が延びきったところを徹底的に叩こうとした。中突進隊の攻撃を受けたティディムやトンザンの第一七師団主力は退却を始めた。

ところが、シンザンに先行した左突進隊は、車輛一

インパール作戦参加部隊（昭和19年3月）

第15軍（司令官・牟田口廉也中将）
第31師団「烈」（師団長・佐藤幸徳中将）
　歩兵団（長・宮騎繁三郎少将）
　歩兵第58連隊（長・福永轉大佐）
　歩兵第124連隊（長・宮本薫大佐）
　歩兵第138連隊（長・鳥飼恒男大佐）
　山砲兵第31連隊（長・白石久康大佐）
第15師団「祭」（師団長・山内正文中将）
　歩兵第51連隊（長・尾本喜三郎大佐）
　歩兵第60連隊（長・松村弘大佐）
　歩兵第67連隊（長・柳沢寛次大佐）
　野砲兵第21連隊（長・藤岡勇中佐）
山本支隊（長・山本募少将）
　歩兵第213連隊（長・温井親光大佐）
　戦車第14連隊（長・上田信夫中佐）
　野戦重砲兵第3連隊（長・光井一雄中佐）
第33師団「弓」（師団長・柳田元三中将）
　歩兵第214連隊（長・作間喬宜大佐）
　歩兵第215連隊（長・笹原政彦大佐）
　山砲兵第33連隊（長・福家政男大佐）
　工兵第33連隊（長・八木茂中佐）
　輜重兵第33連隊（仲・松木熊吉中佐）
　野戦重砲兵第18連隊（長・真山勝大佐）
　独立工兵第4連隊（長・田口音吉中佐）

二〇〇輛を含む軍需品の大集積場を発見、一個大隊でこれを激戦の末に占領した。そうしたところへ、トンザンから第一七師団が退却してきた。英印軍からすれば、シンザンの日本軍は退路を塞いでいるようなものである。必死の攻防が繰り広げられ、ついに数においては圧倒する英印軍の前に、大隊は玉砕の覚悟を成すに至る。三月二十五日のことである。

左突進隊指揮官の笠原政彦(かさはらまさひこ)大佐は師団長柳田元三(やないだげんぞう)中将に玉砕の可否を問うた。柳田師団長は敵の退路を開放し、撤退することを命令した。第一七師団は集積場の軍需品を焼き払いつつ、インパール方向に退却した。第一七師団は約一〇〇〇の自動車とともに退却したが、このあたりまではすでに軍用道路が建設されていたのである。

敵の一個師団に対してわずか一個大隊の兵力しか割けなかったことは、分散展開している各部隊を該地へ

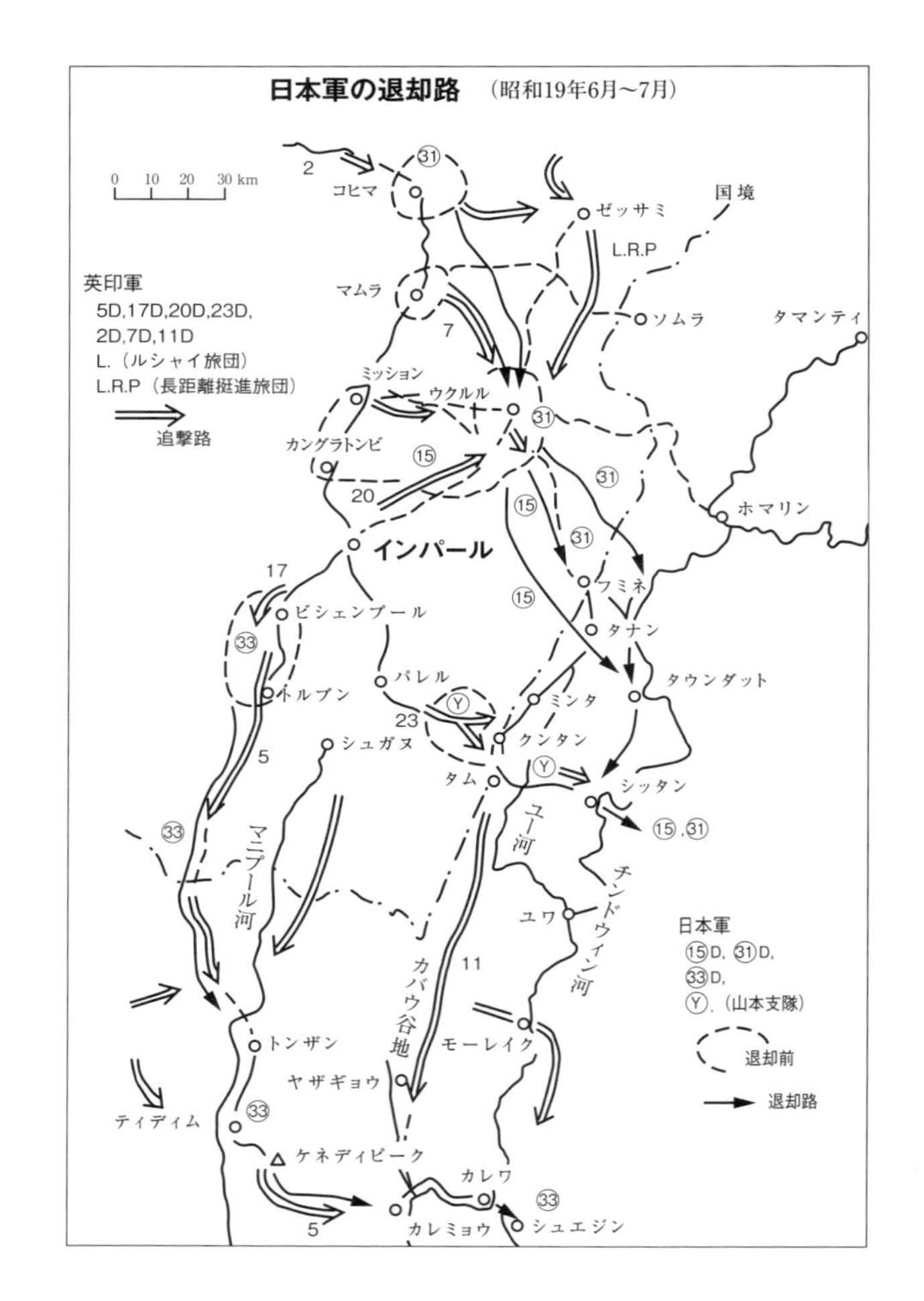

英印軍には空から補給物資が投下されたが、日本軍にはそんな余裕はすでになかった。

集中できるだけの余裕がなかったわけである。

第一に進撃開始以来、二十日近くがたっていたが、すでに食糧が底をついていたこと。

第二に火砲の差が余りにも大きすぎることがはっきりしたこと。

第三に、第一五軍司令部による兵棋(へいぎ)では戦車は出現しないという想定（不思議な想定だった）で実施されたにもかかわらず、左突進隊は戦車部隊の攻撃を受けて大苦戦に陥っていたこと、などがあげられる。

シンゲルにおいて、大隊の玉砕を救うために出された「敵退路開放命令」のあと、柳田師団長は牟田口軍司令官に対して、作戦の中止を申し立てた。以後、同師団長はたびたび同様の意見具申を行って、ついに解任されるのである。

雌雄を決した三つこぶ高地の戦闘

第三三師団は退却する英印軍第一七師団の後を追うようにして進撃を続けた。四月上旬には、師団兵力を半減させるという犠牲を払いながら、ビシェンプール

（インパールまで一〇・八キロ）正面まで達した。

　そこを攻略して一気にインパールへ進撃する作戦を練っている機先を制して、英印軍はその西方のガランジャールに進出、森の高地やアンテナ高地に陣地を構築した。第三三師団は全力をあげてこのビシェンプール外郭陣地を攻撃したが、強力な火砲の前に一蹴され、犠牲者を増やすのみだった。

　五月に入ると英印軍は三つこぶ高地に陣地を張りめぐらし、ビシェンプールへの進出を阻止しつつ、第一線と師団司令部との連絡を遮断した。第三三師団はありったけの大砲（一五センチ榴弾砲一門、一〇センチカノン一門、連隊砲、山砲合わせて計八門）を集中して（約二週間かかったという）、六月六日攻撃を始め、敵を退却させたが、それ以上進むことはできなかった。

　結局、第三三師団はビシェンプール正面で釘付けされたまま、作戦中止命令を受けたのである。

第三一師団の進撃

第三一師団は一九四四年三月十五日、左、中、右突進隊に分かれて三方向から進撃を開始した。めざすはコヒマの占領であり、ディマプール～コヒマ～インパールと通じる、いわゆるインパール街道（完全舗装の四車線）の遮断である。

第15軍司令官・牟田口廉也中将。

　作戦開始にあたり佐藤幸徳師団長は司令部将校を集めて、「奇跡の起こらないかぎり、諸君の生命は、本作戦で捨てることになるだろう。敵弾に斃れるばかりでなく、大部分の者はアラカンの山中に餓死することを覚悟してもらわねばならない」と、訓示した。

　歩兵団長宮崎繁三郎少将の指揮する左突進隊は、ウクルル（第一五軍の補給最前線）近傍のサンジャックで三月十八日から二十六日にかけて約一個大隊の英印軍と激闘を重ねた。柴崎兵一少佐（第一三八連隊第三大隊長）の指揮する右突進隊は、チンドウィン河を渡

ジャングルを切り拓くためにノコギリを持った日本兵。自分の食料は背中に背負っただけだった。

った直後に二〇〇〇名足らずの英軍将校の指揮する現地民部隊と交戦した。この部隊はコヒマの背後に進出しようとした。鳥飼恒男大佐（歩兵第一三八連隊長）が指揮する中突進隊も、チンドウィン河を渡った直後、一〇〇〇名内外の敵襲を受けた。以後は峻険な山間を進撃しつつゼッサミに達したが、アッサム第一連隊の約八〇〇名の部隊と三昼夜にわたる激闘となった。

こうした少なからぬ抵抗にあったものの、第三一師団は四月の初めには概ねコヒマの近くまで進撃した。コヒマの直接攻略を担任した左突進隊の一個大隊がコヒマに突入した。大本営はこれをコヒマ占領として大々的に発表し、天皇も「御嘉賞の詞」を発した。この日からインパール街道は遮断され、当初の目的は達成したが、コヒマそのものが完全に占領されたわけではない。インパール陣地へは早速、空中輸送による補給が開始されたことは言うまでもない。

コヒマをめぐる攻防

コヒマは人口三〇〇〇名ほどの村であるが、ディマ

インパールで日本軍を迎え撃った英軍第14軍司令官スリム中将。

プールとインパールをつなぐ要衝だった。５１２０高地（一五六一メートル）と４７３８高地（一四四五メートル）が敵味方の拠点となった。

５１２０高地は四月六日、中突進隊の第一三八連隊第一大隊が攻略占領した。残るは敵が陣地を敷いている４７３８高地である。それはいくつかの小さな高地が連なっている台地で、日本軍はそれぞれにヤギ、ウマ、ウシ、イヌ、ネコなどと命名した。

四月九日、約七〇〇名の部隊が高地奪取をめざした。台地上から降りしきる銃撃の中を喊声をあげてがむしゃらに突進し、イヌ高地を奪取した。しかし、それもわずか数時間のことであった。味方部隊が完全に退却したことを見届けた英印軍は、一分間に数十発という砲撃を加えてきた。再び敵部隊が攻勢にたち、陣地は奪い返された。

翌十日は、コヒマ全域の日本軍部隊陣地に雨あられとばかりに砲弾が炸裂し、戦闘機と爆撃機の襲撃が絶え間なく続いた。敵の砲兵陣地は一〇数キロ北方のズブサに設けられていた。

その近辺の橋梁爆破のため（不成功）派遣された工兵部隊がかいま見たその砲兵陣地は三カ所。一カ所に七〇門前後の砲が認められた。それからすると、三分の一ずつの砲が三分間交代で射撃したとして一分間に一八〇発、一時間に一万発以上の砲撃が可能だった。事実、その程度の砲弾がコヒマ一帯に炸裂した。

工兵部隊はディマプールからズブサにやってくる車輛も観測していたが、戦車を含めて一日平均一六〇〇輛と砲数一〇門だったという。

これに対して、コヒマに運び込んだ日本軍の砲弾数（山砲が中心。山砲兵第三一連隊も宮崎少将指揮の左突進隊に属していた）は一万発に満たなかった。当初こそ比較的集中して砲撃でき、それが最初の台地占領に大きく貢献したが、のちになると砲一門につき一日数発となった。後方からの補給がまったくなかったからである。砲弾ばかりか食糧の補給もまったくなくなった。

５１２０高地でも争奪戦が展開されていた。五月の初め、その死闘はすでに四〇日にもおよんでいたが、あるときは友軍が奪回したものとばかり思い込んだ英印軍のダグラス輸送機が、食糧を含む大量の補給物資を投下したこともあった。いわゆる思いがけない〝チャーチル給与〟で、コヒマの守備隊は蘇生する思いだったという。

補給なき戦いはそれでも延々と続行されたが、五月十二日、宮崎部隊はコヒマ三叉路付近からアラズラ高地に退却した。

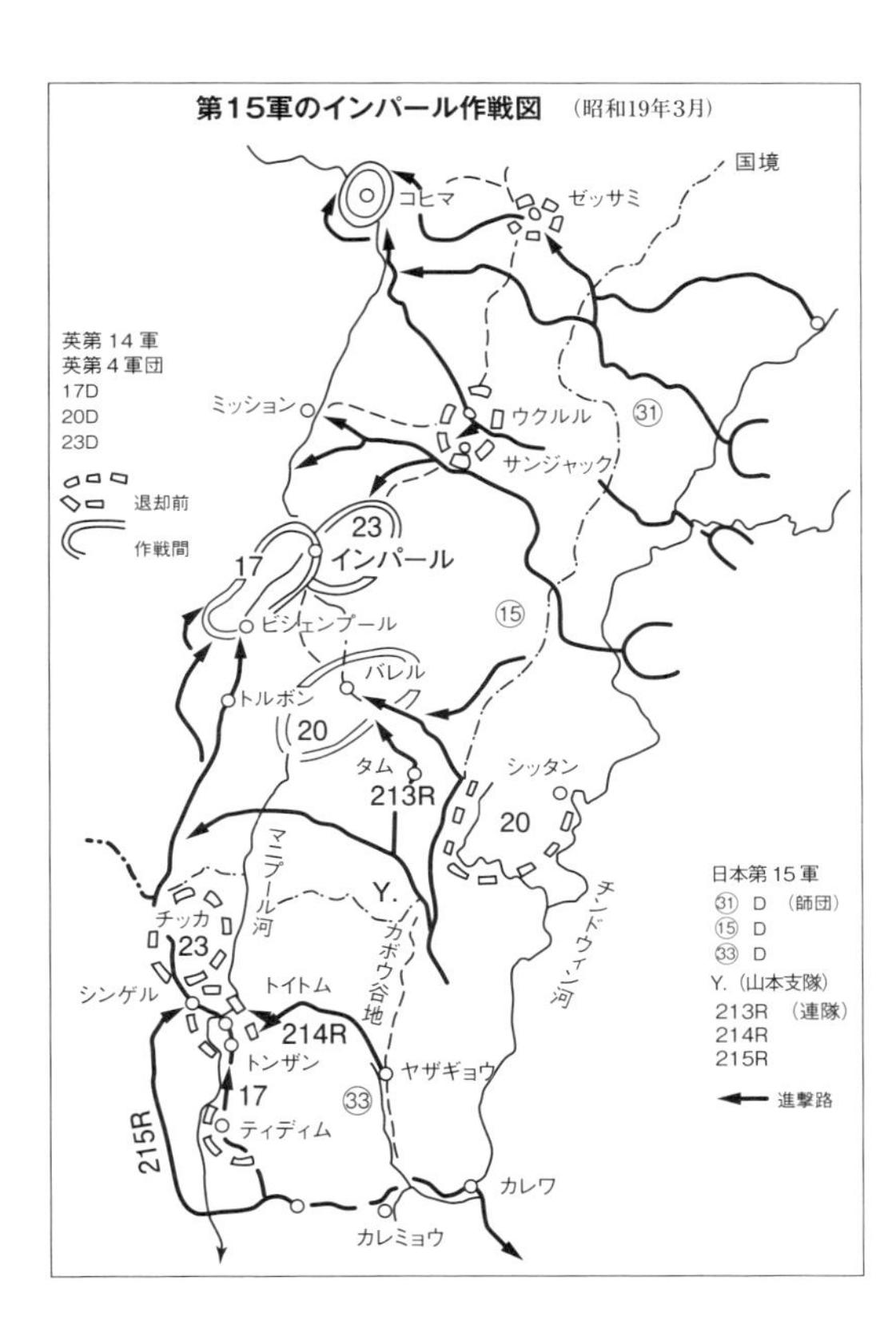

五月二十五日、チャカバの戦闘司令所の佐藤師団長は、軍司令部に対して「師団は今や糧絶え山砲及び歩兵重火器弾薬悉（ことごと）く消耗」したから「遅くも六月一日迄にはコヒマを撤退し補給を受け得る地点まで移動」する旨を通告した。

五月二十九日、最後の拠点である５１２０高地が完全に奪取された。守備隊長の第三一山砲連隊長白石大佐は、五月三十一日午前十時を期して最後の攻撃をかけ玉砕する旨を伝えた。

三十一日午前八時十七分、コヒマ撤退

インパールに向けて進む日本軍。やがてその先には飢餓と死が待っていた。

の師団命令が届き、玉砕は回避された。師団は二日、ウクルルをめざして撤退を開始した。宮崎部隊にはコヒマ付近の敵進出を阻止し、師団撤退を援護する命令が出された。

師団の撤退は、インパールに進撃せよとの軍命令違反であり、無断で陣地を撤収すること自体、明白な抗命だった。佐藤師団長は解任された。

宮崎部隊は一八〇〇名の患者を抱えながら、雨期の最盛期を迎えた泥濘（でいねい）の中を、英印軍の進出を阻止する戦いに没頭した。それは臼砲弾を橋に仕掛け、戦車通過を見計らって電気点火で爆発させたり、爆薬を抱いての戦車に対する肉薄攻撃であったが、戦車と機関砲や機関銃の前には限度があった。

戦いは六月二十日でほぼ終わり、その日の夕刻、数十台の英軍戦車部隊がインパールをめざして通過した。コヒマ〜インパールは開放され、日本の第三一師団の作戦は挫折した。

第一五師団の進撃

第一五師団（山内正文中将）は三月十五日、チンドウィン河を渡った。

大きく分けて本多挺進隊（歩兵第六七連隊第三大隊長・本多喜久郎（ほんだきくろう）大尉指揮）、右突進隊（歩兵第六〇連隊基幹）、左突進隊（歩兵第五一連隊基幹）の三つの兵団がそれぞれのコースを進撃したが、本多挺進隊は三月二十八日、ミッション（インパール北方四五キロ）付近に進出し、翌二十九日に同地の英印軍を駆逐してコヒマ〜インパール街道を遮断した。同日、左突進隊も当初の目的であるセングマイの六キロ東方まで進出した。

四月三日、山内師団長はカメン（インパールから北東一二キロ）の英印軍を攻略した。敵情ははっきりしなかったが、二個中隊による夜襲という戦法は、同師団がよく中国戦線でとっていたやりかたで、それで十分という読みがあった。

期待に反して、夜襲部隊は機関銃や戦車の徹底的な

ミイトキーナの戦場に近い地点で、日本軍攻撃について説明をするスティルウェル司令官（1945年7月18日）。

逆襲を受け、今後戦闘に耐えられる者はわずか二〇名というまで潰滅的打撃を受けた。インパール平原に誘い込んで徹底的に叩（たた）くという戦術に、初めて遭遇したのである。

四月五日、カングラトンビの夜襲に出撃した歩兵第六〇連隊第三大隊の先頭中隊は数輌の戦車部隊にあっというまもなく蹂躙（じゅうりん）され全滅した。

左突進隊主力はインパール北飛行場の攻略を図って３８３３高地に進出したが、英印軍は一〇センチ榴弾砲の集中砲火を浴びせ、空からは二〇機あまりの爆撃機が猛爆を加えた。そこへ戦車部隊を出動させて奪回した。日本軍部隊には対戦車砲はなかった。

英印軍は、小部隊で守っている陣地についてはある程度抗戦して占領を許したが、インパールへの進撃に対しては空軍と砲兵部隊、さらには戦車部隊を挙げて反撃し、日本軍を翻弄（ほんろう）した。

第一五師団がもっともインパールに接近したのはセングマイである。インパールまで一〇数キロという高地で、そこから南方を望めばインパールが見渡せる要

トラックを分解してジャングル内を搬送する日本兵。

衝だった。歩兵第六〇連隊第二大隊がその高地につながる稜線を確保し、四月中ごろセングマイ高地の攻撃を実施したが、機関銃も据えられないような急峻な地形ということもあって、一方的に押しまくられ失敗した。

一週間後、第六〇連隊は再び攻撃を起こした。夜襲であったが、やはり地形に阻まれて進撃速度がにぶり、夜が明けてしまった。

英印軍の逆襲が始まり、擲弾筒や迫撃砲の一斉射撃が開始された。

砲撃の合間に飛行機がやってきて、銃爆撃を繰り返した。さらに戦車部隊が急な坂をものともせずに進撃してきた。これは、はるか後方の３８１３高地から行った砲撃で撃退できたが、結局は英印軍陣地を奪取することはできず、後退した。これを最後に、第一五師団はほとんど防戦一方になった。

やがて部隊全体にマラリアと赤痢が蔓延(まんえん)しはじめた。こうして五月中の戦闘で、師団の進撃はほとんど頓挫した。以後、ある作戦を実施しようとすれば、まず最初にやらなければならないことは、山中の集落にでかけて食糧となる籾を調達することだったという。

惨憺たる退却行

牟田口第一五軍司令官が作戦中止を考えはじめたのは六月二十日前後、実際の中止命令は一九四四年七月十三日、それが前線に達したのは末であった。

ほとんどの将兵が腹を空かせきっていた。アメーバ赤痢に罹っていない者はほとんどいなかった。激しい雨にうたれながら、のろのろとアラカンの山中を彷徨しつつ、チンドウィン河をめざした。大部分の部隊では統制はすでにとれなくなり、元気な者が集落を襲いつつ、わずかばかりの食糧を手に入れ、先を急いだ。

動けなくなった者は、大きな樹木の下に固まっている場合が多かった。一人、二人と腰を降ろしているうちに立てなくなり、そのまま息を引き取っていく。死んだ者は皆同じ方向に頭を並べていた、と記録している人もいる。

ちょっとしたバンガロー風の屋根のある小屋の中にも、多くの兵士が枕を並べ、死んでいった。たまたま元気な将兵がそういう所を通りかかると、自分の所属部隊の者がいないかどうか大声で叫び上げ、名乗りを上げるとわずかばかりの食糧を与えて、尻を蹴飛ばして無理やり歩かせ、先を急がせた。

敗残の日本軍に英印軍は空から容赦なく銃爆撃を加えた。あるいは先回りして落下傘部隊を降下させ、退路を絶った。時には、「アイ・サレンダーと言って両手を挙げて投降せよ」というビラもばらまかれた。ほとんどの将兵がそのビラを無視して退却していった。

英印軍は退却中の日本軍を追撃しつつ、本格的なビルマ奪還作戦に移った。

英印軍の総帥スリム中将は、第三三師団の退却路の一つだったタムという街を通過したときの模様を次のように描いている。

「埋葬されないままの日本兵の死体が五五〇体もあり、その多くは破壊された寺院の塔の石仏の周囲に集まっていた。このような情景はタムの街のみに見られたものではなかった。それはウクルル街道でも他のチンド

スティルウェル司令官率いる英中軍が占領したミイトキーナ飛行場。

ウィン河に達する諸道でも、退却する軍隊の宿命であるかのように、随所に見られた光景であった」（『敗北から勝利へ』）

北ビルマの要衝ミイトキーナもスティルウェル中将指揮の米中軍に占領され、レドから中国に至る補給路が完成に近づいていた。日本軍のビルマ戦線は全面的に崩壊しはじめていたのである。

三個師団の全将兵四万八九〇〇名のうち死没した者一万七〇〇〇名、行方不明や負傷者を含めた損耗率七四パーセントという数字があるが、詳細は不明だ。彼らはチンドウィン河を渡っても、息つく間もなく迫りきた英印軍との戦いに投入されたのである。

牟田口軍司令官は三個師団撤退を完全に見届けないまま罷免され、ラングーンを去った。そして一時、参謀本部付となり、予備役となったが、翌年一月には予備士官学校長に返り咲いた。作戦の失敗について、責任を追及されることは遂になかった。それどころか、牟田口は戦後もこの作戦の正当性を主張してやまなかった。

ビルマ防衛線の崩壊

一九四三年十月〜四五年八月

英印と米中軍に追われ、日本軍ビルマからの敗走

疲れ切ったビルマの日本軍

インパール作戦の完敗と北ビルマ（フーコン谷地と雲南地区）における「断作戦」に敗れた日本軍は、インパール作戦を指導した第一五軍司令部、その上級機関であるビルマ方面軍司令部の大人事異動を実施した。河辺正三方面軍司令官の後任には東京から兵器行政本部長木村兵太郎中将、参謀長には第一八師団（フーコン谷地で米中軍と戦いほとんど全滅寸前になっていた）の師団長田中新一中将が発令された。牟田口廉也第一五軍司令官の後任には在ビルマの第五四師団長片村英治中将、参謀長にはラングーン高射砲隊司令官吉田権八少将がそれぞれ就任した。

「第一五軍の戦力は作戦前に比べると五分の一程度に落ちた」とは、更迭された第一五軍参謀木下大佐の回想だが、ほとんどの部隊が火砲も弾薬も使い果たし、または退却の途中で残置して命からがら引き下がってきたのだから、戦闘部隊という形からはほど遠かった。

二つの大きな作戦（インパール作戦、北ビルマの断作戦）による方面軍の損耗は、控えめにみても死亡・行方不明約五万名、入院患者約五万名、補充三万名と推定されている。南方軍では作戦実施中から逐次将校・兵員の補充を急いだが、多くは計画倒れになったケースが多かった。例えば、インパール作戦を戦った第三

人跡もまばらなジャングルを踏み越えて進む日本軍。

三師団は約二五〇〇名の補充が計画されたが、実際にインパールの戦場に到着した者は五〇名に満たなかったという。同作戦終了後、退却して態勢を立て直し、大攻勢をかけてきた英印軍とマンダレー付近で戦ったころでも、師団全体の兵員は二五〇〇名を大きく下回っていたのである。

そういう状況の中で軍司令官以下ほとんどの幕僚を入れ替えたビルマ方面軍は、ビルマ防衛に関する新しい方針を決めた。第一五軍はイラワジ河畔まで下がって中部ビルマを防衛する。これを「盤作戦」と呼んだ。第三三軍はバーモ、ラシオの線で南下してくる英米中軍を食い止める。これを先の「断作戦」の延長とした。すでに龍陵を占領されたのでレドから進撃した米中軍とサルウィン河を渡って西進してきた雲南遠征軍とはナンカン付近で握手寸前であり、米中連絡線を寸断する作戦は失敗しているのだが、断作戦にこだわった。南ビルマ沿岸地帯は第二八軍の担当で、海上からの進攻に備えた。これを「完作戦」と言った。

英第一四軍団司令官スリム中将は、ビルマの日本軍に再建する余裕を与えないために、一九四四年十二月末に第三三軍（三個師団、一戦車旅団、一歩兵旅団）をマンダレーまで一気に南下させた。すでにイラワジ河畔で防御するという方針のもと退却中であった第一五軍の後を追うように、ほとんど抵抗を受けることなく一九四五年（昭和二十）二月にはマンダレーを占領した。

同時に第四軍（二個インド師団、一個インド戦車旅団、二個旅団）を大きく迂回させてパコックに進撃させ、第一五軍の背後に回ろうとした。

英印軍の作戦は、すでに退却への道を歩みはじめていた日本軍を追撃する形をとっており、怒濤のように押し寄せた。第一五軍の各師団の担任地域は、それぞれ八〇キロから一〇〇キロという広大なもので、疲弊し、武器弾薬が満足に補充されない状況での戦いが長続きするはずがない。師団といっても、インパールの戦場から早々に下がった第三一師団が辛うじて一万名程度で、他は二五〇〇～四五〇〇名程度の兵力だったのだ。

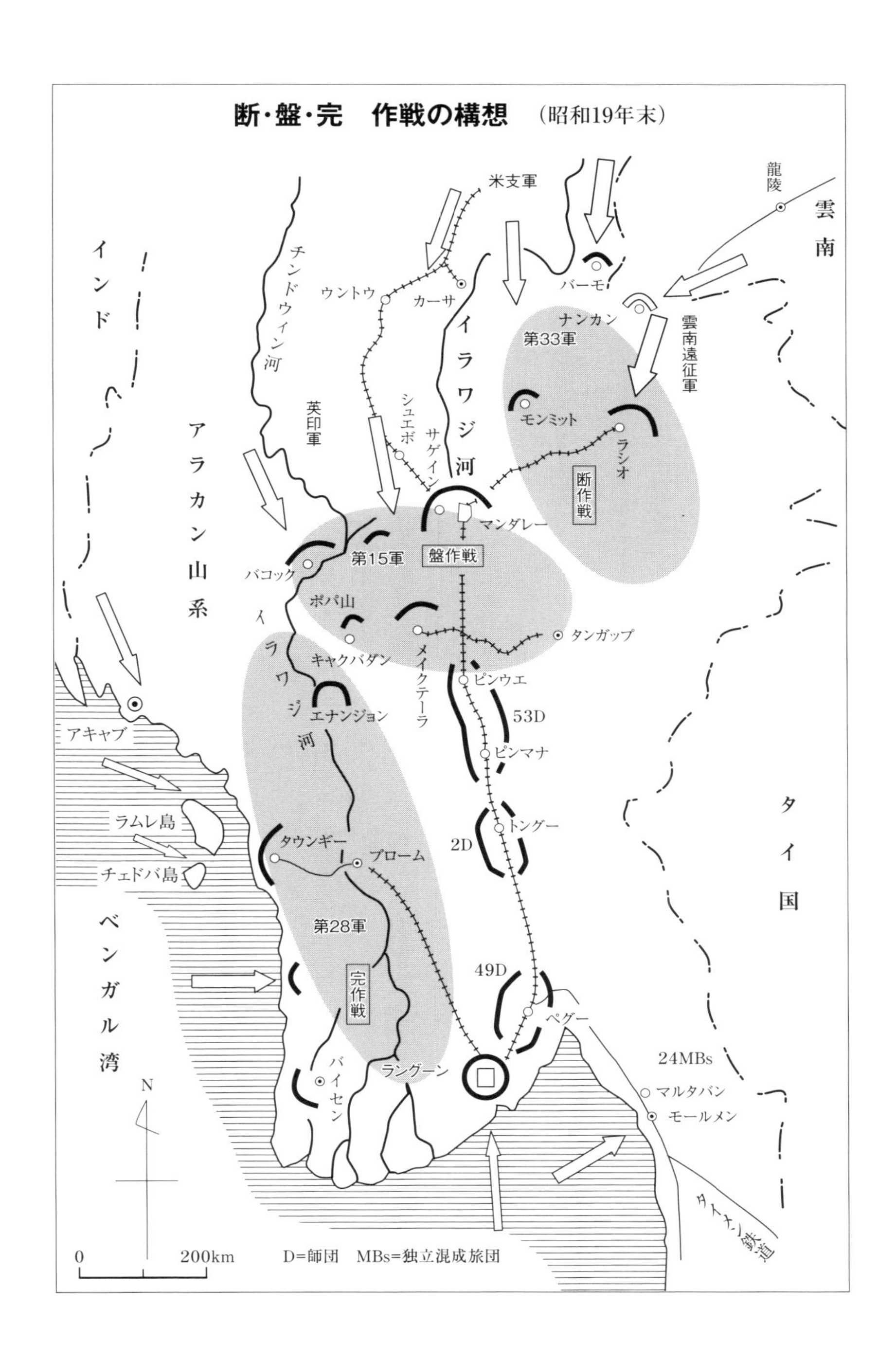
断・盤・完　作戦の構想　（昭和19年末）
米支軍
龍陵
雲南
インド
チンドウィン河
ウントウ
カーサ
バーモ
ナンカン
第33軍
雲南遠征軍
イラワジ河
英印軍
シュエボ
サゲイン
モンミット
ラシオ
断作戦
アラカン山系
マンダレー
第15軍
盤作戦
バコック
ポパ山
タンガップ
イラワジ河
キャクパダン
メイクテーラ
ピンウエ
エナンジョン
53D
アキャブ
ピンマナ
ラムレ島
トングー
2D
タウンギー
プローム
チェドバ島
タイ国
ベンガル湾
第28軍
49D
完作戦
ペグー
バイセン
ラングーン
24MBs
マルタバン
モールメン
N
泰緬鉄道
0
200km
D=師団　MBs=独立混成旅団

第五六師団はシャン高原へ撤退した。第一八、第五三師団もマンダレー街道を一路南下した。その他の師団も十分に戦えないまま、シャン高原方面に撤退しつつあった。基本的には死守というより、戦いつつ撤退するというのが方面軍の基本戦略ではあったのだ。

英印軍は一九四五年二月下旬にはメイクテーラを攻撃した。これに立ち向かったのは第四九師団の一個連隊、第一八師団、第五三師団だったが、戦車を先頭にする攻撃力に、相も変わらぬ肉弾戦法には自ずから限界があった。南ビルマの第二八軍も英第四軍の圧迫を受けて、次第にペグー山中に追い詰められつつあった。

マンダレー、メイクテーラの陥落

マンダレーを簡単に奪回した英印軍は、一九四五年二月十四日にイラワジ河を渡った。戦車第二五五旅団を先頭にメイクテーラをめざしたのだ。そして二月二十六日にメイクテーラ西飛行場を占領、同地に対する空輸補給の根拠地を確保した。

メイクテーラ市街には、二月二十七日に到着したばかりの第四九師団歩兵第一六八連隊(兵力約四〇〇名)と輸送・兵站・衛生関係の後方部隊と飛行場大隊の合計四〇〇〇名(最大限の推定)が守備していた。

英印軍の攻撃は二月二十八日から始まり、激烈な市街戦が演じられたが、三月三日、英印軍は完全に同市を制圧した。

しかし、日本軍はこのメイクテーラの奪還に執念を燃やした。すでにメイミョウから第一八師団が急行し、ペグーからは第四九師団主力が駆けつけてきた。第一八師団はいったんは東飛行場を奪還したが、戦車部隊の反撃にあってこれを放棄した。

第三三軍司令部もメイクテーラ近傍のサジに進出して両師団を指揮しつつ奪還を図った。だが爆弾を抱えて体当たりする肉薄攻撃が中心である。それでも三月十八日までに戦車炎上二〇輛、擱座三二輛の戦果を挙げたが、被害も大きく戦死五八〇名、戦傷四二六名、行方不明五六三名を出していた。

第三三軍司令部はこのままメイクテーラの英印軍を攻撃する戦略上の疑問を抱きはじめていた。それぐら

初めは英印軍を追って川を渡っていた日本軍も、やがて追われて川を渡り、ひたすらモールメンをめざさなければならなくなった。

い損害が大きかったということであり、現実の問題としてメイクテーラを現在の兵力で奪還することは不可能とする空気に支配されはじめていた。同軍の作戦参謀辻政信（つじまさのぶ）大佐は、三月二十八日、敵砲弾が落下し、戦車が走り回る中を縫うようにしてたどりついた田中方面軍参謀長に対して、メイクテーラ撤退を暗に要求した。その要旨は次のようであったという。
「敵戦車一輛を破壊するのに、火砲一門と兵員五〇名の犠牲を必要とする。したがってメイクテーラになお残存する約一〇〇輛の戦車を破壊するためにはさらに八〇門の火砲を補填し、そのうえ五〇〇〇名の損害を覚悟しなければならない。それほどにしても、なおメイクテーラの奪回を強行せねばならぬのかどうか、方面軍の真意を承りたい」

もともと田中参謀長の来訪は攻撃の督促にあったのだが、機関銃攻撃が間近で起こるという天幕内でのこうした応酬の結果、田中参謀長は攻撃の中止を命令した。しかし、撤退ということではない。メイクテーラ付近でそれ以上の進出を阻止し、退却しつつある第一五軍の援護を命じた。

こうして、いわゆるマンダレー、メイクテーラ会戦は終わったが、同地付近で戦わなければならなかった第一八師団と第四九師団はさらに戦力を激減させた。第四九師団を例にとると、四月十三日までの戦死は約四二〇〇名、戦傷は約八〇〇名となり、二個連隊の兵力は約一五〇〇名まで激減したのだった。事情は第一八師団も同様で、各連隊の兵力は多い部隊で九〇〇名、少ない部隊で四〇〇名というのが実情だった。

田中参謀長がメイクテーラ奪還作戦の中止を告げた前日（三月二十七日）、方面軍の命を受けてラングーンから出陣し、メイクテーラ救援に向かっていたビルマ国軍が反乱を起こした。日本側から連合軍側に寝返ったのである。日本軍は謀略の一環だったとはいえ、ビルマ義勇軍から正規の軍隊にまで養成してきただけに激しい衝撃を受けた。ビルマ国軍の反乱は、ビルマ民衆の離反でもあった。

その反乱は、ビルマ国軍の生みの親とも言われ、もっとも信頼されていた高橋八郎大尉でも察知できないほど秘密裡に進められていた。客観的な状況からみると、ビルマ国軍の真の目的であるビルマの独立は、日本側についているかぎり達成できないことは明瞭だった。日本と心中するために戦うのではなく、独立が目的なのだから反乱は当然の判断であった。

マンダレー、メイクテーラが完全に占領され、その奪回作戦も不可能となり、さらにビルマ国軍にも背かれるという事態は、ビルマの日本軍がほぼ崩壊したことを物語っていた。あとはいかに犠牲を少なくしてビルマを離れるかだけだった。それはうまくいったであろうか。

総退却に入った日本軍

ビルマ戦線の帰趨はすでにはっきりした。一九四五年四月二十二日、英印軍はトングーに進出した。それを迎え撃つ日本軍の姿はもはやなかった。

「間もなく戦車群はトングーに進出し、続いて整斉たる隊形のままトングーを通過南進して行った。戦車群の上空には飛行機が現れては低空で飛び去って行く。飛行機の爆音と戦車群の轟音がしばらく続いたあと、次第にそれらの騒音が南方に遠ざかり、やがてもとの静けさに戻った。あたかも観兵式を見ているような壮観であった。その状況はトングーを攻略したのでもなく、突破したのでもなく、ただ整斉と通過していったというべきものであった。

トングー山中東側には第一五師団がおり、やがて第一五軍主力も同地に進出してくるであろうが、英第四軍団の先頭兵団はそれらには目もくれず、ラングーン目指して突進して行った」（戦史叢書『シッタン明号作戦』）

ではそのラングーンではどういう状況だったのか。

その防衛隊は独立混成第一〇五旅団長松井秀治少将を指揮官として約七五〇〇名のさまざまな部隊が布陣していた。野砲や高射砲、重機関銃はあったが、戦車や航空機はなかった。後日、松井少将はラングーン港の重要施設を破壊せよと命令されるが、破壊できるほどの爆薬もなかった。これでは英印軍に反撃することはできない。木村方面軍司令官はラングーン放棄を決めた。モールメンまで下がろうというのである。

ビルマ方面軍司令官に任命された木村兵太郎中将。

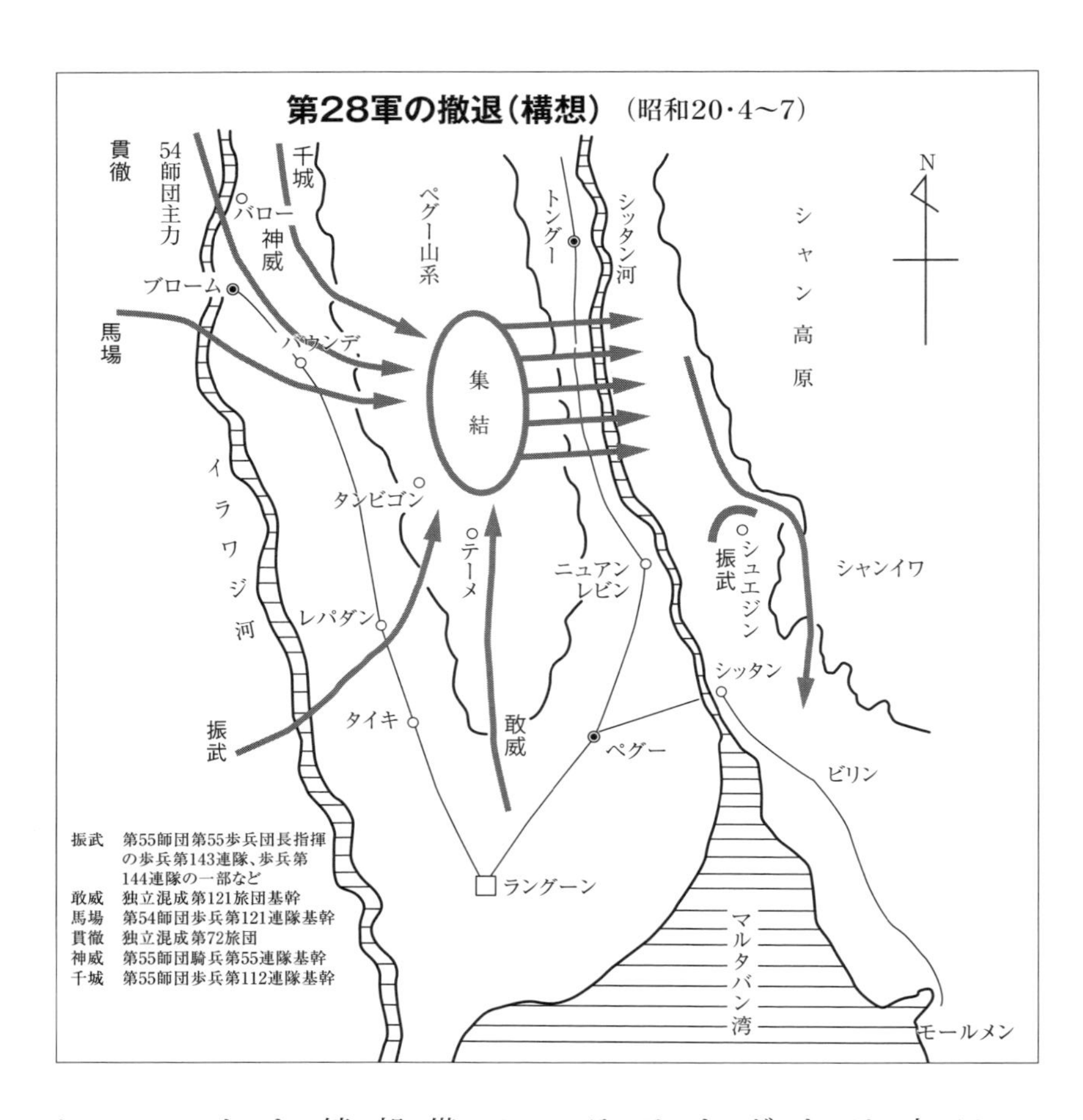

田中参謀長は強硬に反対したが、ほとんどの幕僚が木村軍司令官を支持し、決定された。木村司令官は四月二十三日夕方、ラングーンを脱出した。それは英印軍がトングーを通過した翌日のことである。まことに非常に慌ただしい出発で、ラングーン防衛隊長松井少将さえ、そのことを後で知ったという。

「私は方面軍司令官以下が飛行機で脱出したことを後で知りすぐ警備兵を司令部に派遣したが、司令部の跡は乱雑をきわめており、功績名簿の類もそのまま残されていた。恩賜のタバコも住民が入りこんで勝手に喫っていた」と回想しているぐらいである。

そして、参謀長田中中将の回想によると次のようであった。

「方面軍司令官が出発したのちのラングーンの防衛は思いもよらぬ情景を呈した。ラングーンは方面軍司令部のモールメン撤退後も、あくまで確保するはずであったが、現実にはとんでもないことが始まっていた。まず、衣糧倉庫では住民に対して衣糧品の無償配給が始まっていた。ビルマ人の群衆は嬉々としてその配給を受け、中には牛車をもって配給品を山と積んで行く者もある。略奪も随所で行われている。さらに兵器庫では砲弾や爆弾の類を井戸に投げこんでいた。

要するに、ラングーンを長く確保するという方面軍の方針とはおよそ反対な、むしろラングーン放棄を準備するような措置がいたるところで執られていた。

これらの行為を中止させ、なぜこんなことをするのかと詰問すると、ラングーンは放棄することになったからだと答えた。

ラングーンの防衛に任じる敢威兵団（独立混成第一〇五旅団）およびその指揮下にある蘭諸部隊の防衛態度もきわめてあいまいなものであった。これらの事実によって方面軍司令官のラングーン固守の真意がどんなものであったかハッキリ知る事ができた。方面軍司令部のラングーン撤退が、日本軍のラングーン放棄を意味することはもはや疑う余地はなかった」

どうやら木村軍司令官は参謀長に対して、モールメンへの撤退は方面軍司令部のみで、防衛部隊はそのままにして、いずれはラングーン奪還を図るのだという説明をして承知させたらしい。

ビルマの日本軍を統帥する司令部の司令官と参謀長が、決定的な瞬間にバラバラな考え方で対処していたわけである。田中参謀長はラングーン死守を主張し、在ビルマ日本軍の玉砕を想定していたようだ。

結局、ラングーンはどうなったか。方面軍司令部は第一〇五旅団のペグー付近への出撃命令によりラングーンを出た。その後間もなくラングーン守備命令が出されたが、もはや戻ることはできなかった。

五月一日、ラングーン上空に現れた英偵察機は、収容所の屋上に「日本軍は撤退せり」の大文字を認めた。

翌五月二日、英第二二一航空連隊の編隊がラングーン上空を低空飛行して迎撃がないことを確認し、郊外

方面軍参謀長に就任した田中新一中将。

のミンガラドン飛行場に着陸した。連合軍はこうしてラングーンを奪回した。

　このころ最も危険な状況に置かれていたのは、南ビルマの第二八軍だった。この部隊はイラワジ河両岸地区で第七インド師団、第二〇インド師団と交戦し、さらに敵前上陸してきた英第一五軍団と戦っていた。戦うのはいいが、マンダレー～ラングーン間が完全に遮断される前に撤退しないと完全に孤立し、文字通り玉砕しかねなかった。すでに方面軍司令部のラングーン脱出が伝えられており、目前の敵と戦いつつも将兵一同の足はモールメンをめざしていたという。

　四月下旬、第二八軍は配下の部隊にイラワジ河を渡ってペグー山中への集結を命じた。そして生存兵約三万四〇〇〇名が集結を終わったのは六月中旬である。七月二十日出撃を開始して、各部隊が一気にシッタン河渡河を目指した。すでに雨期に入っており、シッタン平地は大沼沢地となり、シッタン河そのものも濁流轟々たるものがあった。第三三軍はトングー以南に配置されている三個インド師団への攻撃を実施して、第二八軍の脱出を援護した。

　第二八軍の終戦後の生還者は約一万二〇〇〇名に過ぎなかった。ペグー山中に集結した三万四〇〇〇名のうち、シッタン河を渡っての退却作戦でいかに多くの犠牲を払わされたかを物語っている。

　ビルマ方面軍はその後、モールメンを中心とするテナセリウム地区（ここもビルマである）の防衛を命令されたが、間もなく終戦を迎えた。

　太平洋戦争期間中にビルマの戦場に赴いた将兵は三二万八四九八名、そのうち一九万九〇〇名が生還できなかった。ほとんどの部隊が六割から八割の戦没者を出している。第一八師団は補充に次ぐ補充で延兵員数は三万名を超えたが、そのうち二万名以上が戦死した。

レイテ島の戦い

誤算で敗北したフィリピン防衛の天王山

一九四四年十月〜四五年一月

誤報を信じてレイテ決戦を強行

日本軍は最初、フィリピンの防衛はルソン島だけに限定し、その他の地域での決戦は行わない方針だった。ところが、米軍のフィリピン奪還作戦の直前に起こった台湾沖航空戦で、日本軍は米軍の空母一一隻を撃沈、八隻を大破させるという〝未曾有の大戦果〟を挙げた。そうした中、一九四四年（昭和十九）十月二十日に米軍がレイテ島に上陸してきたのである。

日本軍はこの上陸部隊を台湾沖航空戦で生き残った「敗残兵」と判断し、当初のルソン決戦を突然転換、レイテ島で米軍と雌雄を決する方針を打ち出した。これにはフィリピン防衛を担当する第一四方面軍（司令官・山下奉文（やましたともゆき）大将）が反対した。すでにルソン決戦で作戦準備が進められていたし、いまさらレイテ島に兵力を送る時間もなければ輸送船もない。それに、山下大将は台湾沖航空戦の大戦果にも疑問を持っていたといわれる。しかし、南方軍（総司令官・寺内寿一（てらうちひさいち）元帥）はレイテ決戦を強要し、山下大将もこの命令には従わざるを得なかった。

だが、山下大将の危惧（きぐ）は当たっていた。台湾沖航空戦で日本軍は米空母を一隻も撃沈しておらず、逆に三〇〇機以上の航空機を失っていた。レイテ島に上陸してきた部隊は「敗残兵」などではなく、兵員一〇万名（最終的には二〇万名）、輸送船四二〇隻、戦闘艦艇一五七隻に加えて補給物資一〇万トン以上を擁し、開戦劈頭（へきとう）、フィリピンを追われたダグラス・マッカーサー大将が率いる大部隊だった。

レイテ島タクロバンに上陸したマッカーサー元帥と米軍部隊。上陸に際してマッカーサーは自ら海に入り、幕僚を従えて「アイ・シャル・リターン（私は必ず帰ってくる）」を演出したかったのだと言われている。

十月二十日、レイテ島西岸のタクロバン地区に第一〇軍団（騎兵第一師団、第二四歩兵師団基幹。総兵力約五万三〇〇〇名）が、ドラグ地区に第二四軍団（第七歩兵師団、第九六歩兵師団基幹。総兵力約五万一五〇〇名）がそれぞれ上陸した。この直後に行われた比島沖海戦（十月二十三日〜二十六日）で米軍は圧勝し、日本軍は制海権、制空権を失った。

約八万名の命を奪ったレイテ決戦

米軍上陸時、レイテ島にはわずかに第一六師団（長・牧野四郎中将）が常駐しているだけだった。増援部隊の第一陣として満州（中国東北部）から転用された第一師団（長・片岡董中将）は十一月一日、奇跡的に無傷でレイテ島東岸のオルモックに上陸したが、十一月九日に上陸した第二六師団（長・山県栗花生中将）主力は上陸中に米軍の空襲を受けて重装備、軍需品の大部分を失い、また、台湾から増派された独立混成第六八旅団（長・栗栖猛夫少将。十二月九日上陸）も、空襲で兵力、物資の大部分を失っている。

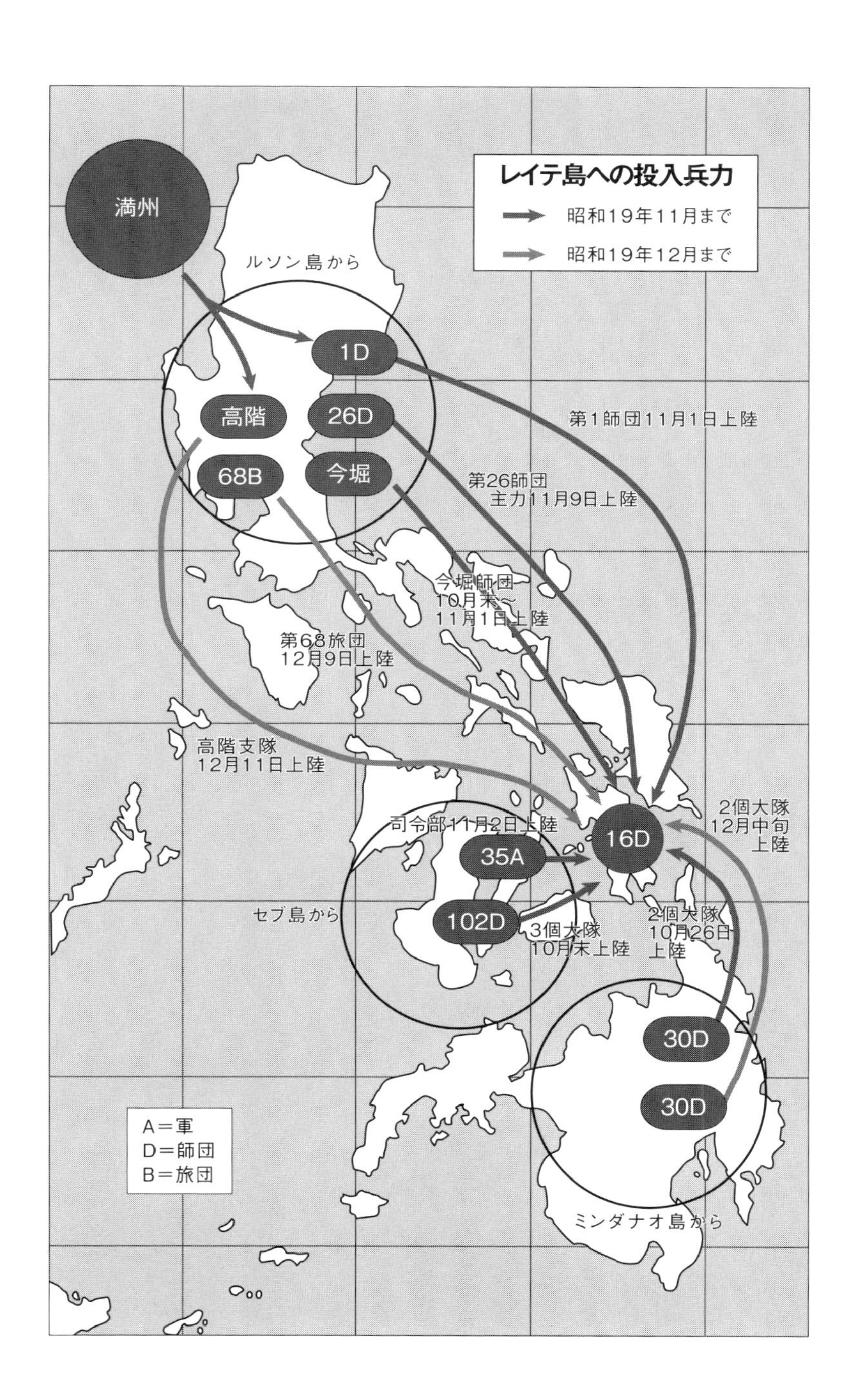
レイテ島への投入兵力
昭和19年11月まで
昭和19年12月まで
満州
ルソン島から
1D
高階
26D
68B
今堀
第1師団11月1日上陸
第26師団
主力11月9日上陸
今堀師団
10月末～
11月1日上陸
第68旅団
12月9日上陸
高階支隊
12月11日上陸
司令部11月2日上陸
16D
35A
2個大隊
12月中旬
上陸
セブ島から
102D
3個大隊
10月末上陸
2個大隊
10月26日
上陸
30D
30D
A＝軍
D＝師団
B＝旅団
ミンダナオ島から

レイテ島東部を占領後の1944年10月29日、マッカーサーはタクロバンの議事堂前で演説を行い、その中で「私は帰ってきた」と宣言した。

最終的にレイテ島の日本軍兵力は、第一〇二師団の一部、第三〇師団の一部、今堀支隊（第二六師団先遣隊）、高階支隊（第八師団の一部）など、合わせて兵員七万五〇〇〇名にものぼったが、武器弾薬、食糧などの八割を失っていた。

さて、第一師団はオルモックからカリガラを経てタクロバンに向かう途中、十一月五日にリモン峠で米第一〇軍団と遭遇した。このリモン峠の戦闘は五〇日にもおよぶ激戦となった。第一師団は強大な米軍を相手に善戦し、初期のころはむしろ日本軍の方が優勢だった。だが、補給線を断たれた日本軍では弾薬、食糧が欠乏しはじめ、次第に米軍に圧倒されていった。

こうした状況を打開するため、第一四方面軍はドラグ、ブラウエンなどレイテ島東部の飛行場に対して、空挺部隊による斬り込み作戦（和号作戦）を強行した。

十一月二十六日、薫（かおる）空挺隊がドラグ飛行場に突入したが、米軍によってまたたくまに撃ち倒された。翌十二月六日にはブラウエン飛行場に高千穂空挺団が強行着陸し、さらに地上から第二六師団主力、第一六師団の残存部隊が突入し、米軍は大混乱に陥った。

同じころ、第二六師団の斉藤支隊（独歩一三連隊ほか）もオルモック南方のダラムアンで米第七師団相手に激戦を展開していた。

しかし、この和号作戦も十二月七日早朝に米第七七師団が日本軍の補給基地であるイピル（オルモック湾岸）に上陸してきたため、飛行場奪還作戦どころでは

レイテ島攻防戦　日米両軍編成表

日本軍
第14方面軍（司令官＝山下奉文大将）
　第35軍（鈴木宗作中将）
　　第16師団（牧野四郎中将）
　　　歩兵第9、第20、第33連隊
　　第102師団（福栄真平中将）
　　　独立歩兵第171、第169大隊
　　第30師団（両角業作中将）
　　　歩兵第41、第77連隊
　　第26師団（山県栗花生中将）
　　　独立歩兵第12連隊（今堀支隊）、第13連隊
　　第１師団（片岡董中将）
　　　歩兵第1、第49、第57連隊
　　第68旅団（栗栖猛夫少将）
　　　歩兵第5連隊

米軍
南西太平洋方面軍総司令部
　（司令官＝ダグラス・マッカーサー大将）
　第６軍（W・クルーガー中将）
　　第24軍団（J・R・ホッジ少将）
　　　第7歩兵師団、第96歩兵師団基幹
　　第10軍団（F・C・シバート少将）
　　　第１騎兵師団、第24歩兵師団基幹

ブラウエンの日本軍機関銃座を攻撃する米軍（10月23日）。

山中に退却していく日本軍を追って、雨期の山岳地帯を行く米軍。これからオルモックの日本軍と戦うことになる。

なくなってしまった。独混六八旅団、歩兵第七七連隊（第三〇師団）などが米軍のオルモック湾上陸と前後してレイテ島に投入されたが、もはやレイテ島の戦局を覆すことはできなかった。

十二月十一日、米軍によって日本軍は各所で分断されていた。さらに、十五日には米軍が大挙してミンドロ島（マニラ南方）に上陸して、ついにルソン島にまで戦火がおよぶようになってきたため、レイテ決戦を強行する意味がなくなってしまった。

十二月二十五日、山下大将は第三五軍に対して「自活自戦、永久抗戦」を命じた。日本軍の残存兵力はレイテ島北西のカンギポット山に集結し、終戦まで持久戦を続けた。第一師団はレイテ島からセブ島へ脱出することになったが、レイテ上陸時の一万余の兵力はわずか八〇〇名に減っていた。

このレイテ決戦で日本軍は約八万名もの将兵を失い、第三五軍の鈴木中将もミンダナオ島へ脱出する途中、米軍機の空襲を受けて戦死している。

ルソン島の戦い

飢餓と空爆にさらされた日本軍の持久作戦

一九四五年

二八万七〇〇〇名の死闘

米軍はマッカーサー大将の強い要請を受け入れて、彼の公約である「アイ・シャル・リターン」の実現を許した。まずレイテ島に上陸して、マニラ奪回の必要にして十分な足がかりを建設した。そして一九四四年（昭和十九年）十二月十五日には、ルソン島のすぐ南にあるミンドロ島サンホセ（マニラ南方一五〇キロ）に上陸、ルソン島を直接うかがう根拠地建設を始めた。

ちょうどその日、大本営から新たな作戦命令を携えた宮崎周一作戦部長がマニラの第一四方面軍司令部（司令官・山下奉文大将）を訪れた。それは、あくまでもレイテ島における決戦の続行を命令していた。武藤章軍参謀長は、その命令書を見て、次のように〝解

ルソン島のリンガエン湾に上陸する米軍部隊。

クラークフィールドに突入する米軍部隊。

釈〟してみせたそうだ。

この命令書は、ルソン島防備をあまりにも強固に固めると、先のラバウルのように米軍は素通りして、別のところに上陸するかもしれないという懸念をもって作成されたに違いない。しかし、米軍のミンドロ島上陸という新事態を迎えたいま、次にはルソン島に上陸すると予想するのが自然である。しかし、米軍がルソン島を素通りするとすれば、そのときこそ挙げてレイテ島やミンドロ島の米軍に決戦を挑むチャンスである——と。

宮崎作戦部長この〝解釈〟を〈なるほど〉と受け入れ、ここで初めてルソン島決戦案が具体的に作成された。

とはいえ「捷(しょう)一号」作戦のもとにスタートしたレイテ決戦が、徹底的な敗北に終わった現在、ルソン島でなら「勝てる」という見通しは全くなかった。そこで中心に据えられたのが、持久戦狙いの作戦であった。

第一四方面軍は二八万七〇〇〇名のルソン島駐屯の部隊を三つの集団に分け、次のように配置した。

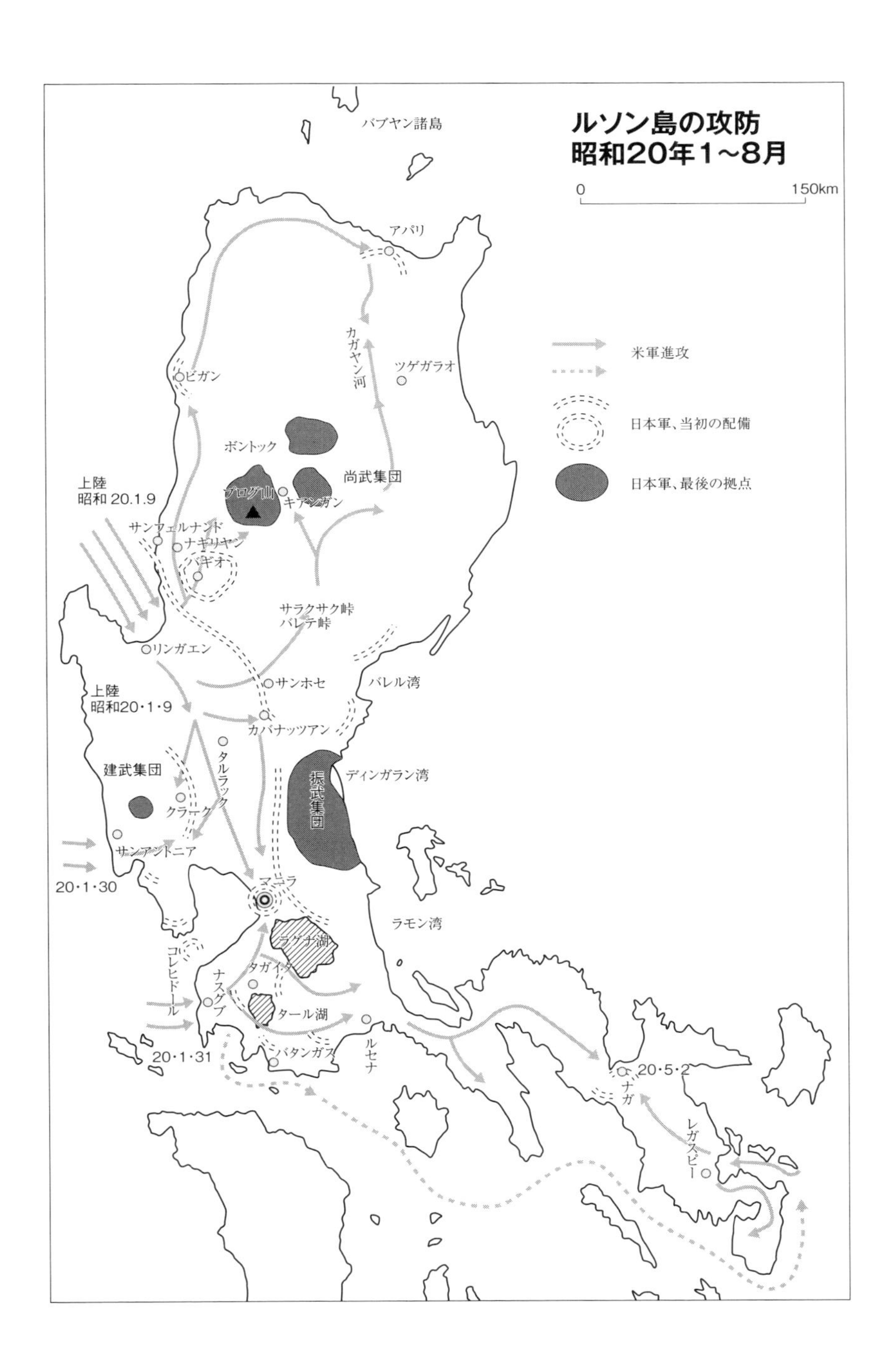
ルソン島の攻防
昭和20年1～8月
0
150km
バブヤン諸島
アパリ
カガヤン河
ツゲガラオ
ビガン
米軍進攻
日本軍、当初の配備
日本軍、最後の拠点
ボントック
尚武集団
上陸
昭和 20.1.9
プログ山
キアンガン
サンフェルナンド
ナギリヤン
バギオ
サラクサク峠
バレテ峠
リンガエン
サンホセ
バレル湾
上陸
昭和20・1・9
カバナッツアン
タルラック
ディンガラン湾
建武集団
振武集団
クラーク
サンアントニア
20・1・30
マニラ
ラモン湾
ラグナ湖
コレヒドール
タガイタイ
ナスグブ
タール湖
ルセナ
バタンガス
20・1・31
20・5・2
ナガ
レガスピー

尚武集団（北方拠点・司令部バギオ）
一五万二〇〇〇名　山下奉文大将直率
第一〇師団（主力サンホセ地区）
第一九師団（北サンフェルナンド地区）
第二三師団（リンガエン湾東側地区）
第一〇三師団（アパリおよびルソン西北岸地区）
第一〇五師団の一部
戦車第二師団（主力カバナッツアン地区）
独立混成第五八旅団（リンガエン湾地区）
独立混成第六一旅団（バタン諸島）
第四航空軍地上部隊（カガヤン河谷）
軍直轄および兵站部隊（バヨンボン、バギオ）
振武集団（中南部ルソン）
一〇万五〇〇〇名　第八師団長横山静雄中将指揮
第八師団の一部（マニラ東方拠点）
野口兵団（第一〇五師団第八一旅団）（同上）
河嶋兵団（第一〇五師団第八二旅団）（同上）
マニラ防衛隊
藤重支隊（第八師団歩兵第一七連隊基幹）
木暮支隊（海上挺進部隊）（バタンガス東部地区）
マニラ海軍防衛部隊（マニラ市）
湾口防衛部隊（コレヒドール島等）
建武集団（クラーク西方地区）三万名
第一挺進集団長塚田理喜智中将指揮
第一挺進集団
永吉支隊（第一〇師団歩兵第三九連隊）
陸海軍航空部隊

米軍第七艦隊は一九四五年（昭和二十）一月六日から砲撃を始め、九日、第六軍の約一九万が一斉にリンガエン湾に上陸した。第一軍団が尚武集団を攻撃し、第一四軍団がマニラへ向かった。マニラ突入は二月三日、マニラ防衛部隊との激しい市街戦の末、フィリピンの首都マニラは三月三日、米軍に奪還された。

鉄と肉の戦い

小さな孤島と違ってルソン島の日本軍は十分な武器

米軍に破壊された日本軍の97式中戦車。

弾薬を用意して、上陸してきた米軍と互角に戦ったのではないかと思いがちである。なにしろフィリピンは一九四二年（昭和十七）一月以来占領しており、南方諸部隊への一大兵站基地となっていたからだ。

ところが事実は大いに違っていた。第一四方面軍の参謀自身、それは要するに「鉄と肉の戦い」だったと記録しているように、兵器も弾薬も決定的に不足していた。なによりも航空部隊がゼロに等しかった。上陸軍にたいする果敢な特攻が実施され、士気は決して落ちてはいなかったが、精神力だけでは勝てないということを、ルソン島の戦いはレイテ島に続いて改めて教えてくれる結果となった。

量において不足していただけではなく、質においても大きな隔たりがあった。

たとえば、唯一の機甲兵団として戦車二〇〇輛（ほとんどが九七式中戦車）、七五ミリ火砲三三門、自動車約一〇〇〇輛、人員約八〇〇〇名を備えていた戦車第二師団があった。しかし、米軍が揚陸した戦車はM四式重戦車である。その装甲は七五ミリであり、日本

日米のマニラ市街戦でもっとも激しい戦闘が行われたフィリピン総合病院の争奪戦。病院内に突入した米偵察隊員は塹壕にこもる日本兵の掃討に入った（1945年2月）。

の戦車二五ミリの三倍もあった。ある砲手は、思わず、

「隊長、命中しても貫通しません！」

と絶叫したという。

装甲だけではない。搭載砲は七五ミリカノンで眼鏡倍率八倍に対して、日本戦車は四七ミリ砲で眼鏡倍率四倍であった。敵の七五ミリ砲は九七式中戦車を貫徹し、鋼板を溶かし、一瞬にして炎上させた。

米軍上陸当時、重見伊三郎（しげみいさぶろう）旅団長が指揮する戦車第七連隊を基幹とする部隊は、最前線のウルダネタ、サンマヌエルまで進出していたが、昼間は動けなかった。偵察機に発見されたら、砲撃により全滅しかねないからである。だから戦法はもっぱら夜間挺進攻撃であり、さもなくば装甲トーチカとして利用するぐらいのものだったのである。

この部隊は一月二十七日、残存している一三輛の戦車とともに夜間出撃し、玉砕した。もちろん、戦後になって米軍将校が感嘆するほどの勇戦ではあったが、それによって戦局が大きく変化するというものではなかった。

戦車師団は重見部隊の玉砕のあと、ほとんど全兵力を投入して、アグノ河畔に陣地を敷き、米軍の北上を阻止しようとした。それは、在留邦人と追及部隊の北方移動、大量の軍需品をカガヤン河谷へ搬送するのを援助することが最大の目的だったからである。第一四方面軍は、司令部のあるバギオを中心とした北方山岳地帯で徹底持久戦を策していたのである。

山下奉文大将はその目的を達成するため、戦車師団に死守を命じた。戦車を全滅させても、軍需品の移送搬入を重視したのだった。

戦車師団はサンニコラス～タユグ～ウミンガン～ルパオ～サンイシドロ～サンホセ～リサールの線約六〇キロにわたって防御線を張りめぐらせ、約一カ月にわたって米軍の突進を阻止した。

米軍もまた戦車と火砲を繰り出して壮烈な戦いを挑んだ。一日に砲弾二万発を射撃しつつ、突破を図った。夜間移動も牽制された。照明弾を打ち上げ、位置が知れると対戦車砲を浴びせたからである。

サラクサク第2峠に陣取り、迫撃砲で日本軍を攻撃する米軍部隊（3月24日）。

ルソン島攻防戦日米両軍編成表

日本軍

第14方面軍（司令官・山下奉文大将）
- **尚武集団**（山下大将直属）
  - 5個師団、１個戦車師団、２個独混旅団等
- **振武集団**（第８師団長・横山静雄中将）
  - １個師団、２個旅団、１個歩兵連隊、マニラ海軍防衛部隊等
- **建武集団**（第１挺進集団長・塚田理喜智中将）
  - １個挺進集団、歩兵１個連隊、陸海軍航空部隊等

米軍

南西太平洋方面総司令部
（司令官・ダグラス・マッカーサー大将）
- **第６軍**（クルーガー中将）
  - 第5歩兵師団等
- **第８軍**（アイケルバーガー中将）の一部

メトロポリタン劇場と製氷工場付近に砲弾が命中した瞬間。

ついには戦車整備部隊も銃を持って敵戦車への肉薄攻撃を実施しなければならなかった。

戦車師団に撤退命令が出たのは二月上旬である。すでに戦車一八〇輛、火砲二〇四門、車輛三〇〇輛が破壊され、人員二〇〇〇名を失っていたのであり、まずは全滅という判定を下してもおかしくない。

虎の子の機甲兵団を失って、日本軍の持久戦はいよいよ「鉄と肉の戦い」の度合いを深めた。

米軍はサンホセからカガヤン河谷を経て最北端のアパリへの交通を開通させようとした。その要所がバレテ峠でありサラクサク峠だった。バレテ峠に通じる通路は自動車も通れたが、サラクサク峠の方は徒歩でやっと通れる山の尾根や山腹、そして谷間を縫う曲がりくねった小さな道が通じているだけだった。米軍はブルドーザーを先頭に道路を造りながら進撃し、二つの峠で激しい戦いとなった。

バレテ峠では第一〇師団主力が、サラクサク峠ではすでに歩兵部隊となった戦車第二師団と鈴木支隊（第一〇師団捜索第一〇連隊）が守った。

戦闘は三月初めから始まり、約三カ月続いた。米軍はそれぞれ三個連隊を二週間おきに交代させながら突破をはかったが、相次ぐ肉弾戦法、斬り込み戦法に前進を阻まれた。夜間には休息する米軍も日本軍の夜襲に備え、曲射砲を射撃しつづけた。

こうして最初にバレテ峠が突破され、背後から攻撃を受けるようになったサラクサク峠守備隊も、ついに五月末に陣地を明け渡した。

マニラの大蔵省及び農務省ビルから、米第1騎兵師団の将兵に投降してきた日本兵。写真上部のビルが日本のマニラ海軍防衛隊司令部のあった農務省ビル。司令官の岩淵少将はこのビル内で自決した。

マニラ進攻、阻止できず

リンガエン湾正面の陣地を突破した米第一四軍団（第三七、第四〇歩兵師団基幹）が、二手に分かれてマニラに入ったのは二月三日である。マニラを東西から挟むようにして、西側に建武集団の約三万名、東側に振武集団の約一〇万名が待ち構えていた。マニラ市街には岩淵（いわぶち）三次（みつぐ）少将のもとマニラ海軍防衛部隊を中心に約二万名がいた。戦車も装甲車も野砲もなく、小銃も三名に一挺というのが実情だった。

建武集団も振武集団も時には反撃しつつ、持久戦を戦った。その終戦時の存命者が建武集団でわずか一三〇〇名（消耗率九七パーセント）、振武集団の生還者一万二五〇〇名（消耗率八八パーセント）ということを知れば、彼らの奮戦がいかに厳しいものであったかがうかがわれる。

マニラ市街戦は、日本軍部隊が立てこもるビルや家屋ごと米軍砲撃の対象となった。もともと第一四方面軍はマニラを戦場にしないという方針で進めたが、海

終戦後の1945年9月2日、山下大将ら日本軍首脳らは投降した。写真はキアンガンに下山直後の山下奉文大将（右から2人目）。

軍は頑強に市街戦にこだわった。山下軍司令官の意図は、マニラの非武装都市宣言だったが、大本営は認めなかった。

途中で、振武集団はマニラ防衛部隊の救出作戦を試みるが、強硬に反撃されて失敗した。

マニラ市街戦の最大の犠牲者は市民だった。日本軍による〝スパイ狩り〟も実施されたが、最大の犠牲を生んだのは米軍の砲撃だった。日本軍部隊は主として中央郵便局、市役所、国会議事堂、財務省ビルなどに立てこもったが、これらに対する砲撃で多くの市民が巻き添えを食ったのである。米軍は、国会議事堂に立てこもる部隊に対して二〇メートルという至近距離から戦車砲を浴びせるなど、徹底した砲撃戦を実施したのである。

一九四五年二月二十六日、防衛部隊司令部を置いた農商務省ビルで岩淵少将他が自決、以後残存部隊が三々五々と散発的な抵抗を続け、三月三日、ついに銃声が途絶えた。跡には市民約九万名の犠牲者数と、廃墟と化した市街地中心部とが残った。

硫黄島の戦い

地下に潜って抵抗を続けた小笠原兵団

一九四五年二月〜三月

「一人十殺」の誓いを立てて

一九四五年（昭和二十）二月中旬、小笠原諸島の父島の南に位置する硫黄島の周囲を米海軍艦船八〇〇隻が取り囲んだ。その硫黄島には二万余の日本陸海軍将兵が敵上陸部隊と刺し違える覚悟で、洞窟に身を潜めて待ち受けていた。

太平洋戦争開始以来、日本が占領した大小さまざまの島嶼（とうしょ）はすべて奪還された。日本本土に近い島としては、この硫黄島と沖縄群島のみが残された最後の拠点であった。しかし、時の日本軍には、これ以上の増援部隊を送る余裕はなかった。硫黄島守備隊に残された道は、戦って斃（たお）れる以外の運命はなかった。

では、島の二万余の将兵はいかに戦い、いかに斃れていったのであろうか——。

一九四四年（昭和十九）六月十五日、硫黄島はアメリカ軍の艦上機六〇機によって激しい空襲にさらされた。これだけ本格的な空襲を受けるのは初めてだ。この日、アメリカ軍は、日本の〝絶対国防圏〟サイパン島に上陸を開始しており、それに呼応してのことだった。

硫黄島は、サイパンの北方約一四〇〇キロ、その北方の東京までは約一二五〇キロ、ちょうどサイパン〜東京の中間点に浮かぶ面積二〇平方キロの小島である。アメリカ軍はサイパンの次の攻略目標として、この硫黄島を強く求めた。日本空襲の中継基地として、また長距離爆撃機B29に十分な護衛戦闘機をつけるための前進基地としてである。

1945年２月19日、硫黄島南海岸に殺到する米軍の上陸用舟艇群。

日本軍でもこうしたアメリカ軍の戦略は分かりきっていたが、硫黄島攻略を阻止することはもはや不可能な状況だった。同年六月十九日のマリアナ沖海戦で、日本の機動部隊はすでに壊滅している。これで制空権・制海権は完全にアメリカ軍のものとなっていた。硫黄島には約二万名の小笠原兵団（兵団長・栗林忠道中将）が戦意を燃やしていたが、航空隊の支援も援軍もまったく期待できなかったのである。

マリアナ沖海戦直後の一九四四年六月三十日、小笠原兵団の参謀・堀江芳孝少佐は、栗林兵団長にこう力説していた。

「言ってみれば六月十九日が日本の命日で、大局の戦争は終わったわけなのです。しかし、大詔が出ている以上、一死をもって国に殉ずる以外に道はないと思います。問題は一人十殺主義で自分が死んだとき多数を殺しておけば、算術の計算上こちらが勝ったことになります」（堀江芳孝『硫黄島激闘の記録』）

栗林兵団長はこの「一人十殺主義」の作戦をとることになった。それはサイパンやグアムなどのように、

南海岸に上陸した第４海兵師団の米兵。日本軍の激しい攻撃で、海兵たちは砂浜に釘付けになっていた。

無謀な総攻撃を行ってすぐに玉砕しない。ペリリュー島のようにできるだけ長く抵抗を続け、アメリカ軍の出血を少しでも多くするという作戦である。

一方、アメリカ軍は一九四四年七月から毎日のように硫黄島へ激しい空襲を敢行してきた。七月以降十二月まで、延べ一六六九機が空襲にやってきた。「パールハーバー記念日」の一九四四年十二月八日にはB29が六二機、B24爆撃機が約一〇〇機襲いかかり、計八〇〇トンの猛爆を行った。

しかし、これほど徹底した空襲を受けながら、硫黄島守備隊の損害は戦死七五名、重軽傷一一六名にとどまっていた。守備隊は厳しい工事に耐えて地下に複郭陣地を造り、ここに潜っていたからである。それぞれの陣地はトンネルで結ばれており、一九四五年一月末までに洞窟陣地の総延長は一八キロに達していた。

将兵たちの戦意も相変わらず旺盛であった。栗林兵団長は、次のような「敢闘の精神」五カ条を定め、朝な夕な斉唱させていた。

○爆弾ヲ擁(いだ)キテ戦車ニブツカリ之ヲ粉砕セン

○挺身敵中ニ斬込ミ敵ヲ鏖殺（皆殺し）セン
○一発必中ノ射撃ニ依ッテ敵ヲ撃チ斃サン
○各自一〇人ヲ殪サザレバ死ストモ死セズ
○最後ノ一人トナルモ「ゲリラ」ニ依ッテ敵ヲ悩マサン

そして、大多数の将兵が生還を期待せず、この五カ条どおりの戦いをするのである。

米兵を悩ませた地下からの抵抗

一九四五年二月十九日、ついにアメリカ軍のDデー（敵前上陸開始日）がやってきた。

午前六時四十分、硫黄島を取りかこむ米艦船約四五〇隻が一斉に砲門を開いた。八時五分には米機動部隊から一二〇機の攻撃機が発進し、ナパーム弾を含む爆撃を行った。上陸にあたるのは第四、第五海兵師団の約三万一〇〇〇名。九時二分、その第一波が南海岸へたどり着き、続々と上陸を始める。

その時、日本軍は米上陸部隊に対してほとんど沈黙

したままであった。だが、十時四十分、島の守備隊の砲火がうなりをあげた。
「島の北部と南部の摺鉢山（すりばちやま）とから、突如として隠れていた日本軍は野砲と巨大な迫撃砲の砲弾を、海辺の橋頭堡でごった返している海兵部隊を目がけて浴びせかけてきたのだ。多数のアメリカ軍の戦車群は右往左往して混乱に陥ったが、とうてい逃れる術もなく、この日本軍の砲火の容易な目標となった」（ロバート・シャーロッド『地獄の島硫黄島・沖縄』）

硫黄島で指揮を執る栗林忠道中将（栗林家提供）。

「十分引きつけてから叩く」という作戦は功を奏した。一部に先走った中隊もあるが、その中隊長・玉田猛（たまだたけし）は銃撃開始の瞬間を次のように伝えている。
「……『中隊長殿！』はずんだ声だった。若い砲技手であった。たまらなく嬉しそうに笑っている。（中略）私は激しい興奮におののきながら、ただ『撃て！』『撃て！』と、号令ともつかず、激励ともつかず、連呼するだけであった。（中略）一人でも多く、一隻でも多く、撃滅すること以外に念じることはなかった」（『今日の話題』一九五七年五月号）
正午までに米上陸部隊の第一波は、二〇～二五パーセントが死傷した。初日に上陸した第四、第五海兵師団全体では、死傷者は約八パーセントにのぼった。
翌二十日からアメリカ軍は、最大の日本軍陣地・摺鉢山（標高一六九メートル）とそのふもとにある千鳥飛行場を制圧するために全力を傾ける。二十一日には全体が岩でできている摺鉢山に、艦砲射撃、艦載機による爆撃を雨のように浴びせかけた。そして、第四海兵師団の歩兵部隊がじりじりと前進していった。日本軍の守備隊は地下の陣地に潜んでいた。そしてアメリカ兵が近づくと不意に飛び出し、肉薄攻撃をしかける。不利になってくると走り帰り、また地下壕にもぐり込む。兵士たちはこの戦法をくり返した。

おかげでアメリカ兵たちは、この三日間の戦闘で日本兵の姿をあまり見かけなかったという。そうした守備隊のネチネチした抵抗に、アメリカ軍は次第に苛立っていった。戦死者・戦傷者はすでに相当な数にのぼっていたからだ。

二月二十二日、米太平洋方面軍司令官も兼務する米太平洋艦隊司令長官のニミッツ元帥は、記者会見で次のように発表している。

「二月二十一日午後六時現在、米軍の死者六四四名、負傷者四一〇名、行方不明五六〇名」

これを聞いたアメリカ国民の間からは、大きな非難の声が沸き起こった。この犠牲者数は、タラワの激戦やノルマンディー上陸作戦のときを上回るものだったからである。米マスコミは「上陸部隊の直接の指揮官・スミス中将を辞めさせるべきだ」と騒ぎ立てるありさまだった。

摺鉢山の頂上に星条旗を掲げる米兵たち。

何のために戦い続けたのか

とはいえ、日本軍が頑強な抵抗をいつまでも続けられるはずはない。兵力の差があまりにも大きすぎたからである。摺鉢山の日本軍守備隊は一個大隊にすぎないが、ここにアメリカ軍は戦車部隊と一個連隊の歩兵部隊を送り込んでいる。日米とも一個連隊は三個から四個大隊で編成されていたから、摺鉢山地区の米軍は日本軍の三倍から四倍はいたことになる。たとえ武器・装備が同じレベルであっても、勝てる見込みはなかったと言っていい。

二月二十二日、摺鉢山付近の戦闘は早くもアメリカ軍による〝残敵掃討〟に近いものとなっていた。このころには、隠していた洞窟への入り口七カ所がすべてアメリカ軍に発見されていた。ここから戦車が猛烈な火焔放射を浴びせ、さらに洞窟内の日本兵を窒息死させるための黄燐が放り込まれる。こうした地獄のような攻撃で、多くの日本兵が戦死していった。

二月二十三日、摺鉢山の山頂に星条旗がひらめいた。アメリカ国民は、このニュースを数日後に知らされ、熱狂的な喜びを表した。だが、これで日本軍守備隊との戦いが終わったわけではない。二十四日には元山飛

洞窟陣地に立てこもる日本兵に火焔放射攻撃をする米兵。

米軍に火焔放射器で焼かれた日本軍の洞窟陣地の入り口。壁面が真っ黒く焼けただれているのがわかる。

行場をめぐって壮烈な白兵戦が展開されている。守備隊は、一時アメリカ軍を撃退する善戦を見せた。アメリカ軍は予備の第三海兵師団を上陸させ、兵力を増強しなければならなかった。

だが、二月二十七日に元山飛行場もついにアメリカ軍によって制圧されてしまった。このころにはアメリカ軍の死傷者は約八〇〇〇名。日本軍守備隊は全兵力の約半数、一万名が死傷して第一線兵力は当初の五分の一に低下していた。これはほとんど〝全滅〟と呼んでもいい状況であった。

硫黄島攻防戦日米両軍編成表

日本軍
- 小笠原兵団（指揮・栗林忠道中将）
  - 小笠原兵団直轄部隊
    - 東地区隊、北地区隊、師団工兵隊
  - 混成第２旅団（千田貞季少将）
    - 西地区隊、南地区隊、中地区隊、摺鉢山地区隊、混成第２旅団砲兵団、混成第２旅団直轄部隊
  - 海軍部隊（市丸利之助少将）

米軍
- 総司令官・レイモンド・A・スプルーアンス海軍大将
  - 統合派遣軍司令官＝R・K・ターナー海軍中将
    - 派遣軍司令官＝ホーランド・M・スミス海兵中将
      - 硫黄島上陸軍司令官＝H・シュミット海兵少将
        - 第３海兵師団、第４海兵師団、第５海兵師団、陸軍派遣部隊

しかし、小笠原兵団の残存将兵は最後の力をふりしぼり、ゲリラ的な抵抗を続けていく。

三月三日の時点で、硫黄島のほぼ三分の二がアメリカ軍に占領されたが、米従軍記者リチャード・ホイーラーが書いているように「まだまだ米人がまったく安全だと安心できる地点はこの島に一つもなかった」「戦線の後方にいた米国人がずっと昼間は狙撃され、夜は斬り込みをやられた」（『地獄の戦場』）のである。

3月25日、日本軍の「総攻撃」が行われたが、翌朝、米兵たちは陽光にさらされる無惨な日本兵の死体を目にしなければならなかった。

では小笠原兵団の将兵たちは、どうして勝利を望めない戦いを続けていたのだろうか。ある中尉が残した硫黄島での日記にはこう書かれている。

「死とは一体何だ！　確実に死ぬということがわかっていても我々は勇敢に戦うんだ。我々は死というものに抵抗するんだ。正義を貫けばかすかなりとはいえ勝利は心の中で認識できる」(小谷秀二郎『硫黄島の死闘』より)

アメリカ軍に勝つということは、最初から不可能だと分かっていた。彼らは〝こころの勝利〟をもとめて戦っていたのだろうか……。

三月二十五日夜半、約四〇〇名による〝総突撃〟が敢行された。すでに三月十七日、兵団司令部は大本営に訣別電報を送っていた。これで硫黄島の組織的な抵抗は、終わりを告げた。

しかし、島にはまだ日本兵は残っていた。それら生存兵はゲリラとなって戦いつづける。そして八月十五日の終戦日を迎えても、なお抵抗を続けていたのである。

沖縄の戦い

県民一〇万余の犠牲を強いられた沖縄の死闘

一九四五年四月〜六月

エープリルフールの米軍上陸

一九四四年（昭和十九）十一月初旬、沖縄防衛にあたる第三二軍（司令官・牛島満中将）司令部に、大本営から電報が舞い込んだ。それは、「第三二軍より一兵団を抽出して、台湾方面に転用したい」という重大な変更を迫るものだった。

牛島軍司令官はこれに対して、強硬な反対意見書を送り返す。

「沖縄本島および宮古島を確実に保持するつもりなら兵力の抽出を行うべきではない、もしどうしても抽出するというなら、沖縄本島か宮古島のどちらかを放棄するか、あるいは第一〇方面軍（第三二軍の直属上級司令部）の作戦全体をもう一度検討すべきである」

というものである。

しかし、大本営は牛島軍司令官の反対を握りつぶした。結局、第三二軍から精鋭の第九師団を引き抜いて台湾に送り込んだ。そして、第三二軍には兵力補充の計画も示されなかったのである。

これによって、同年八月の赴任以来、牛島軍司令官が描いていた「沖縄防衛計画」は、根底から覆されてしまった。

一方、硫黄島攻略を終えた米軍は、大本営の予測に反して台湾には向かわなかった。その総力をあげて、沖縄に襲いかかったのである。

一九四五年（昭和二十）三月二十三日、沖縄本島西側の沖合に、米海軍の八個の機動部隊を中心とする大艦船団が迫る。

沖縄本島へ艦砲射撃を行う米艦隊。

首里城頂上の観測所にいた清水徹也少尉（第五砲兵司令部付）は、双眼鏡で海上一面に黒い固まりを発見した。さらに照準を合わせると、それは一三〇〇隻におよぶ米軍の大小艦船群だとわかった。このとき、清水少尉の胸はドキンと大きな音を立てた。

「これで自分たちの運命は決まったのだ……」

米艦隊が艦砲射撃を開始するのはこの二日後、二十五日だった。また、沿岸の機雷を除去するため「前代未聞の大掃海作戦」を行う。機雷掃海隊が活動した海域は四八〇〇平方キロにおよんだ。言うまでもなく、艦隊がより陸に近づいて砲撃を行うためである。

そうして二十九日以降、米軍の艦砲射撃は本格的なものになる。第五二機動部隊だけでも、三十一日正午までに二万八〇〇〇発以上を撃ち込んだ。機動部隊からは延べ三〇九五機が発進し、艦砲射撃の届かない地域に爆撃を加えた。

こうした米軍の予備砲撃を食らいつつ、日本軍陣地はいっさい反撃を行わなかった。第三二軍の将兵八万六〇〇〇名は地下のコンクリート陣地、天然の洞窟、

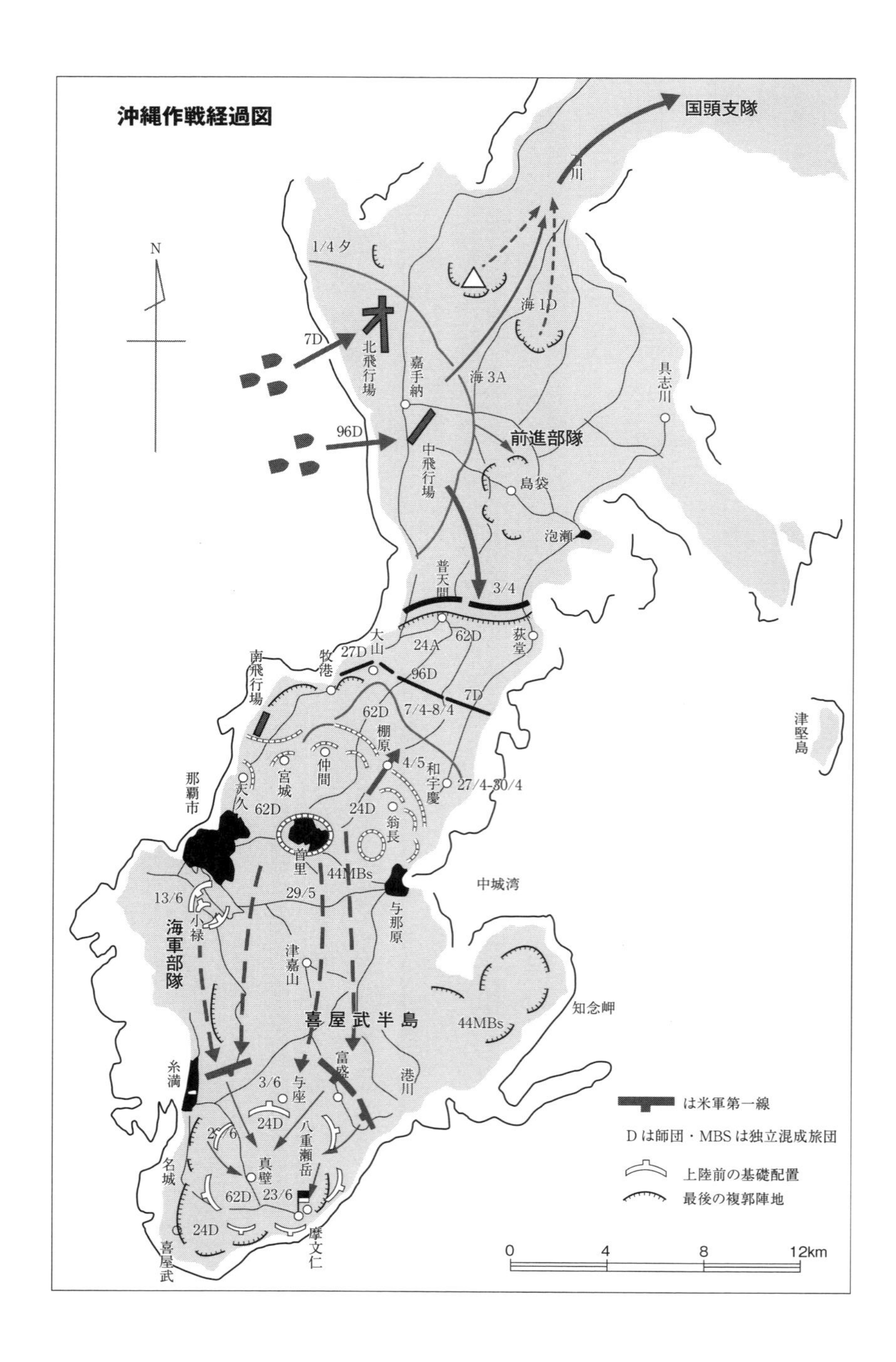
沖縄作戦経過図
国頭支隊
1/4夕
海1D
7D
北飛行場
嘉手納
海3A
具志川
96D
前進部隊
中飛行場
島袋
泡瀬
普天間
3/4
大山
62D
24A
荻堂
南飛行場
牧港
27D
96D
7D
62D
7/4-8/4
棚原
宮城
仲間
4/5
和宇慶
27/4-30/4
那覇市
天久
62D
24D
翁長
首里
44MBs
中城湾
13/6
29/5
小禄
与那原
海軍部隊
津嘉山
喜屋武半島
知念岬
44MBs
糸満
富盛
港川
3/6
与座
24D
八重瀬岳
27/6
名城
真壁
62D
23/6
24D
摩文仁
喜屋武
は米軍第一線
Dは師団・MBSは独立混成旅団
上陸前の基礎配置
最後の複郭陣地
0
4
8
12km

4月1日の事前の砲爆撃で灰燼に帰した那覇市街。

また沖縄特有のガマ（一族の墓。内部が洞窟のように広い）に身を隠して、じっと耐えているだけだった。

四月一日午前四時六分、統合派遣司令官・ターナー海軍中将は「上陸開始！」を告げる。

五時三十分、米艦船一七七隻の砲門が一斉に開かれた。この上陸前の艦砲射撃は「天地に鳴動する砲音と地軸を揺さぶる大炸裂音は、やがて沖縄島を海底に埋没させるのではないかと怪しまれ」るほどであった。わずか二時間あまりで、五インチ砲以上四万四八〇〇発、ロケット弾二万三〇〇〇発、臼砲弾二万二五〇〇発をたたき込む。

八時ちょうど、水陸両用戦車とトラック、上陸部隊を満載した上陸用舟艇が陸地をめざして発進した。八時三十分、第一陣が海岸にたどりつき、後続部隊も続々と砂浜に足を踏み入れる。

アメリカ兵はこれまでまったく反撃をみせなかった日本軍が、猛烈にお返ししてくるだろうと緊張し身構えていた。

だが、海岸は不気味に沈黙しているのみだ。一分、

米軍は日本軍の狙撃兵が潜んでいる民家を焼き払いながら進撃していった。

二分、いや一時間経っても、日本軍の陣地から一発の銃声も聞こえなかった。やがて上陸部隊は、

「エープリルフールだから化かされたのか」

などと、言いだし、あたかも大演習をしているかのような気分に浸りはじめた。

守備隊の一部に、応戦した部隊もみられたが、米軍にとっては散発的な抵抗に過ぎなかった。上陸部隊はさっそく進撃をはじめ、上陸地点から二キロに満たない距離にある読谷飛行場、嘉手納飛行場を正午には完全に占領した。夕方までに六万以上の将兵、戦車部隊が上陸を完了し、当面の補給物資を揚陸した。その橋頭堡は正面一三キロ、奥行き四・五キロに達するものであった。

「戦略持久」で猛撃に耐える

一方、日本の第三二軍の司令部は首里城の地下陣地（深さ三〇メートル、奥行き一〇〇〇メートル）に置かれた。主力部隊もその付近に重点的に配置するという布陣をとっていた。

第三二軍の作戦は、

「米軍が首里付近に向かって進撃してくる。これを小部隊ずつ飛び出して反撃する。そして首里付近まで誘い込み、ここで主力部隊が一気に攻勢をかける」

というものである。この狙いはただひとつ、少しでも長く戦いつづけて米軍の出血を増やすことだ。そうして来るべき〝本土決戦〟を一日でも遅らせなければならない。沖縄防衛に当たりながら、やすやすと敵に上陸を許し、ここまで一発も砲撃を加えなかったのはこのためである。

第32軍司令官の牛島満中将。

翌二日、米軍は早朝からまたもや猛烈な艦砲射撃を開始した。このときの状況を、首里城頂上で望見していた清水少尉は次のように書いている。

「沖に見える巡洋艦らしきものが数隻横一面に並んでこの城壁観測所を撃ってくる。北正面の陸上からは、陣地は判明せぬが、一五サンチ程度のものが降ってくる。よくも弾が続くものだと思う。

その合間に急降下爆撃を受ける。コルセアがロケット砲を撃ち込む。そしてこれらが去ると、今度は機銃掃射となる。地上に在るということは、死を意味した。ひたすら耐えて攻撃の終わるのを待つのみである。

二日間で首里の山は一変した。大きな樹木はほとんどなぎ倒され、観測所周辺の退避壕はほとんどつぶされた。（中略）

（第六十四旅団の）守備地域と思われる全面に、間断なく砲撃を受けている。那覇地区全面に土煙がドドッと上がるが、その煙が消えないうちに次の煙が上がる。あの砲撃の下では鼠一匹生きてはいられまい、と思われた」（「第五砲兵司令部の一員として」「丸」別冊『最後の戦闘―沖縄・硫黄島戦記―』）

米軍は、砲撃をくり返しつつ、戦車を先頭に押し立てて、確実に前進していった。この日（四月二日）、第六二師団の賀谷支隊は、最前線で孤軍奮闘をつづけ

軍参謀長の長勇中将。

ていた。第六三旅団長はこれを援護するため軍砲兵隊の射撃開始を要請したが、牛島軍司令官は「時期尚早である」と応じなかった。

翌三日、米軍の第二四軍はいよいよ首里方面に向かって進撃をはじめる。この日も主として賀谷支隊が反撃を試みていた。そして作戦どおり、戦いながら後退をつづけていった。軍司令部は上陸三日目も軍砲兵隊への射撃命令は出さない。あくまでも「戦略持久」の姿勢を崩さなかったのだ。

だが、こうした〝音無し〟の第三二軍に対して、第一〇方面軍（在台湾）が積極的反撃を強く指示してきた。とくに、あえなく占領された読谷飛行場、嘉手納飛行場の奪還が期待された。そこで、もともと〝攻勢論者〟である長勇参謀長が幕僚会議をリードして、攻勢に転じることを決定する。

牛島軍司令官は、

「七日夜を期して北方に向かい攻勢に転じる」

と、命令を下したのである。

揺れ動いた第三二軍司令部

ところが、四月五日夜半、第三二軍が〝総攻撃〟の準備に入っていたころ、

「那覇南方一五〇キロに空母三、輸送船五〇の部隊発見！」

という情報がもたらされた。これに接した長参謀長が、

「この新来の敵は、軍主力が出撃するころに戦場に到達する。もし万一、わが腹背、とくに南飛行場（那覇北部）に上陸されれば一大事である。高級参謀（八原博道大佐）！　攻撃は中止しよう」

と、弱々しくつぶやいた。これを受けて、七日の総攻撃は取り消された。しかし、第一〇方面軍からまたも強い要求があり、「八日夜に総攻撃」と再決定する。

そして、これまた「戦艦三、輸送船九〇、那覇南方に発見」との報で取り消しになる。こうした、「持久か、攻勢か」をめぐる軍司令部の方針変更は、沖縄戦で終始みられたものである。

一方、この間も最前線では守備部隊が必死の抵抗を続け、米軍の進撃を阻んでいた。約十日間の戦闘で日本軍は二二七九名の死傷者を出し、米軍の死傷者は二六〇〇名とあまり差がない。ただ戦死者だけに限ってみると、日本軍一七一四名、米軍四七五名と日本軍のほうが多かった。

四月十二日、長参謀長が押し切って、ついに夜間の総攻撃が実施される。この日の薄暮、軍砲兵隊は初めて射撃を行った。だが、この夜襲はさんざんなものであった。

第二四師団の一個連隊の一部は、進撃路が分からずにうろうろしていた。そこに照明弾が撃ち込まれ集中

沖縄特有の亀甲墓を捜索する米兵。住民がこれらの墓の中に避難しているところに日本兵が現れ、住民を追い出して自分たちが隠れていたケースもあった。

沖縄の戦い日米両軍編成表

日本軍（本島のみ）
陸軍
　第32軍（司令官＝牛島満陸軍中将）
　　第24師団（雨宮巽陸軍中将）
　　　歩兵第22、第32、第89連隊
　第62師団（藤岡武雄陸軍中将）
　　歩兵第63、第64旅団
　独立混成第44旅団（鈴木繁二陸軍少将）
　　独立混成第15連隊ほか
海軍
　沖縄方面根拠地隊（司令官＝大田実海軍少将）

米軍
第10軍（指揮官＝S・B・バックナー陸軍中将）
　第24軍団（指揮官＝I・R・ホッジ陸軍少将）
　　第7歩兵師団（A・V・アーノルド陸軍少将）
　　第96歩兵師団（J・C・ブラッドレー陸軍少将）
　第３海兵軍団（指揮官＝R・S・ガイガー海兵少将）
　　第１海兵師団（P・A・デルベール海兵少将）
　　第６海兵師団（L・C・シェファード海兵少将）
　軍直轄部隊・第27、第77歩兵師団、第２海兵師団

砲火を浴びてしまう。ほかの部隊も同じように返り討ちにあい、大損害をこうむった。こうして、第三二軍は、また「持久」の態勢にもどることになった。

刻々とせまる沖縄敗北の日

首里から一〇数キロの最前線では、相変わらず激闘がつづけられた。第六二師団は嘉数、棚原などの最前線陣地で、何とか米軍を押しとどめていた。

これに対し、米軍の前線部隊は、四月十四日からの四日間、なかば攻撃を休止する。兵力と武器弾薬の集中に専念したのである。しかしその間にも、空と海からの砲撃はいっそう強められた。艦載機九〇五機が四八二トンの爆弾、三四〇〇発のロケット弾、七〇万発の機関銃砲をたたき込んだ。

米軍は、四月十九日から総攻撃を開始する。二七個の砲兵大隊をつぎ込み、七五ミリから二〇〇ミリにいたる三二四門の大砲で、嵐のような砲撃を行った。四〇分間に計一万九〇〇〇発が撃ち込まれたのである。この日、沖縄戦で初めて火焔放射器も使われている。

対する日本軍は、文字どおり捨て身の戦法で立ち向かうほかなかった。嘉数の陣地では、米軍は三〇輛の戦車を連ねて押し出してくる。日本兵は爆薬箱を抱えて戦車に体当たりを敢行。二二台を擱座させたのだった。また和宇慶という陣地でも、一個中隊（約二〇〇名）の全滅と引き換えに、戦車五輛で進出した米軍を撃退している。

しかし、こうした〝玉砕戦法〟によって、敵米軍と対等に戦い続けられるはずはない。日本軍は兵力・武器弾薬の補充もなく、じりじりと後退していった。そ

バズーカを構えて前線を警戒する海兵隊員。

して四月末ごろには、第六二師団の兵力は半減してしまった。

　五月四日、第三二軍は、これまでの「持久」作戦をかなぐり捨て、総攻撃をかける。「死中に活を求め、まだ攻勢の余力がある間に、敵に痛撃を与えて運命の打開をはかる」というのである。

自然壕に避難していて米兵に保護される母子。

無謀なことだった。米軍は〈待ってました〉とばかりに砲撃を集中し、自動小銃を乱射した。日本軍が越えようとした地点には「弾丸の河」をつくる。そして、優勢な戦車部隊が縦横無尽に暴れまわった。

　日本軍は攻略をめざした米軍陣地にたどりつけず、全滅する部隊が続出した。初めて本格的に出撃した戦車第二七連隊（長・村上乙中佐）も、多数の戦車が米軍に破壊された。

　午後六時、牛島軍司令官はやむなく総攻撃の中止を命じる。この日の戦闘によって、地上で米軍と正面から戦うのはもはや不可能なことがはっきりしたのである。

　第三二軍の戦力は、沖縄戦開始時と比べて、第六二師団が四分の一、第二四師団が五分の三、独立混成第四四旅団が五分の四にまで低下した。軍司令部は組織的な戦闘を行うのは、今後二週間程度が限度と判断を下す。

　五月七日、ヨーロッパ戦線ではドイツが降伏した。米軍はますます勢いに乗って、日本軍を追い詰めてい

戦いは終わった。何週間ぶりかで壕から出て、米軍が開設した臨時収容所に向かう一家。

った。軍司令部の置かれている首里は、ついに三方から包囲される。まだ五万の将兵が残っていたが、その大部分は傷ついており、まともな武器弾薬は残されていなかった。

日本軍は五月二十九日、各部隊は豪雨の中を摩文仁へと撤退を開始した。このとき、数万人の沖縄県民が日本軍と行動をともにしている。米軍はその群れに容赦なく追撃をかけた。また、〝集団自決〟で数千人が命をおとすなど、無残な悲劇も起きていた。

一九四五年六月十八日、すでに各部隊との連絡もほとんど絶たれ、牛島軍司令官は、自らの指揮を放棄した。そして二十三日未明、長参謀長とともに摩文仁の洞窟で自刃して果てる。辞世の一つは、

「矢弾尽き天地染めて散るとても魂還りつつ皇国護らん」

という、悲壮なものである。

沖縄戦を通じての戦死者は、第三二軍が約六万五〇〇〇名、県民は一〇万名以上が死亡した。米軍の戦死者も一万二二八一名にのぼっている。

「終戦」をめぐる重臣と東條首相の暗闘
ポツダム宣言に対する「黙殺」発言で、原爆投下とソ連参戦に口実を与えてしまった日本政府

新たに策定された米軍の対日反攻作戦計画

アメリカの統合参謀本部が対日反攻作戦「ウォッチタワー」(暗号名)の開始を決定したのは一九四二年(昭和十七)七月二日だった。当面の作戦目標は地上航空基地の確保だった。米軍はミッドウェー海戦の折、ミッドウェー島の地上基地を発進した爆撃機が有効な働きをしたのを知った。そこで南西太平洋でも徐々に地上航空基地を北上させて、日本軍の息の根を止めようというのが狙いだった。こうして起こったのがガダルカナル戦であり、東部ニューギニアの反攻作戦であった。

そのニューギニア東部とガダルカナルなどソロモン諸島中部の予想外の進展で、米軍は「ウォッチタワー」作戦の見直しをはじめた。すなわち、同作戦の最終目標である日本の前進航空基地ラバウル攻略を中止して無力化するにとどめ、代わってチェスター・W・ニミッツ海軍大将(米太平洋艦隊司令長官兼太平洋方面軍司令官)を総指揮官に、中部太平洋から日本本土を直接狙おうというのである。

チェスター・W・ニミッツ元帥。

だが、この中部太平洋進攻コースにはダグラス・マッカーサー陸軍大将（南西太平洋方面軍司令官）が猛烈に反対し、逆にニミッツの海軍部隊も自分の指揮下に入れ、全戦力でソロモンからフィリピンに進撃するコースをとるべきであると具申してきた。もちろん海軍が納得するはずはなく、結局、統合参謀本部は陸海軍双方の主張を取り入れる形で、一九四三年（昭和十八）七月二十日に次のような二つの対日進攻作戦を決定した。

①ニミッツ軍はギルバート諸島、マーシャル諸島攻略を行う（中部太平洋コース）。

②マッカーサー軍はラバウル周辺のビスマルク諸島を占領してラバウルを無力化させ、西部ニューギニアの進攻と呼応してフィリピン奪回の作戦を促進させる（ニューギニア↓フィリピンコース）。

こうして陸海軍の協定がなり、アメリカ軍は一斉に対日反攻作戦を開始したのである。

劣勢の日本軍が立てた危うい「絶対国防圏」

マッカーサーの陸軍とニミッツの海軍が、日本攻略の戦略策定でしのぎをけずっていた一九四三年春ごろ、日本の大本営でも以後の作戦方針をめぐって陸海が激しく対立していた。いわゆる「絶対国防圏」の設定である。

ガダルカナルで敗退し、東部ニューギニアも絶望、そして四月十八日には山本五十六（やまもといそろく）連合艦隊司令長官がブーゲンビル島上空で乗機が撃墜されて戦死し、五月二十九日には北海のアリューシャン列島でアッツ島守備隊が全滅した……。

参謀本部では戦線の縮小に意見が傾いていた。だが、前進基地での決戦主義を捨てきれない海軍の反対で、作戦方針の転換ができないでいた。大本営陸軍部と海軍部の激論は九月に入っても続けられていたが、やっと陸軍が妥協する形でまとまりをみせた。妥協案は「今後採ルヘキ戦争指導ノ大綱」として成案をみる。一般に「絶対国防圏」と称される新作戦方針であるが、公式名称ではない。

今後採ルヘキ戦争指導ノ大綱

方　針（原文は片仮名交じり）

一、帝国は今明年内に戦局の大勢を決するを目途とし、敵米英に対しその攻勢企図を破摧しつつ速やかに必勝の戦略態勢を確立すると共に、決戦戦力、特に航空戦力を急速増強し、主動的に対米英戦を遂行す。

（二、三略）

ダグラス・マッカーサー元帥。

要　領

一、万難を排し概ね昭和十九年中期を目途とし米英の進攻に対応すべき戦略態勢を確立しつつ随時敵の反攻戦力を捕捉破摧す。

帝国戦争遂行上太平洋及印度方面に於て絶対確保すべき要域を千島、小笠原、内南洋（中西部）及西部ニューギニア、スンダ、ビルマを含む圏域とす

戦争の終始を通し圏内海上交通を確保す

（以下略）

新作戦方針は一九四三年九月三十日の御前会議で決定された。しかし、前線の指揮官たちは冷ややかに受け止めた。「第二六航空戦隊司令官意見」は、新作戦方針に対してこう記している。

「積極的に作戦してもすぐ兵力が無くなる。消極的にやってもいずれは無くなる。結局補給を続けて呉れなければ自滅の外なし。損耗補充戦、補充の早い方が勝つ」

実際、南東方面の航空隊は悲惨な状況に追い込まれていた。このころトラック島からラバウルなどの前線を回っていた大本営海軍部の源田実参謀は報告している。

「南東方面航空戦力。実働三分の一、病人多く最近は四十五〜五十％の罹病率、過労に起因す。中尉級優秀

首相兼陸相兼参謀総長の東條英機陸軍大将。

の士官は前線に出て殆んど全部戦死す。搭乗員の交代を必要とす」

新作戦方針の策定も、現地司令官の悲痛な叫びのように、すでに時機を失していたのである。

絶対国防圏構想は決定されたが、では、いかに守るのか。国内には防衛線に注ぎ込む新たな兵力はない。そこで大本営が考え出したのが、関東軍の精鋭を満州から南方各地に転用しようというものだった。

マリアナ諸島（グアム、サイパン、テニアン、ロタ）への遼陽に本拠を置く第二九師団、西カロリン群島(ヤップ、パラオ諸島）への第一四師団の派遣は、関東軍からの本格的転用第一陣であった。だが、これら両師団に正式な動員令が下ったのは一九四四年(昭和十九)二月で、出発は三月に入ってからだった。絶対国防圏が決定されてから半年も過ぎている。戦局を無視したあまりにもスローモーな対応であった。

すでに連合軍は日本が絶対国防圏を決定する直前にニューギニアのラエ、サラモアを奪還し、九月二十二日にはフィンシュハーフェンに上陸、十月にはラバウルの空襲を強化して十一月一日にはブーゲンビル島のタロキナに上陸を敢行するなど、早くも日本の「絶対国防圏」内に攻め入っていたのである。

東條の憲兵独裁内閣を倒せ！

軍と政府を牛耳る東條一派が、「絶対国防圏」という机上の防衛線を確定したころ、東條内閣の戦争指導に対する不満が噴き出しはじめた。重臣たちの間にも東條内閣を倒し、事態を打開しようという動きが表面化してきた。すなわち、戦争続行一点張りの東條を退陣させ、なんとか戦争終結の方法を探ろうという動きである。

重臣とは主に首相経験者を指し、政変が起きると内大臣が重臣を集めて首班候補者を協議して、天皇に推薦する慣わしだった。二・二六事件（一九三六年二月二十六日に発生）で青年将校らに襲われ、危うく一命をとりとめた元首相の岡田啓介海軍大将もその重臣の一人だった。

当時の岡田は、重臣の中では戦局の推移を的確につかんでいる一人だった。岡田の情報源は海軍軍令部一部一課の作戦参謀だった長男と、二・二六事件で反乱軍に殺害された岡田の義弟で秘書官だった松尾伝蔵大佐の娘婿で、参謀本部勤務の瀬島龍三陸軍中佐、それに終戦時の鈴木貫太郎内閣の書記官長迫水久常の三人だった。迫水夫人は岡田の娘さんである。岡田は彼ら三人を毎月一度自宅に呼んで食事をともにした。

東條内閣打倒の先頭に立った岡田啓介元首相。

「そんなときに、詳しい戦争の進行状態が手にとるようにわかるんだ。政府が高官にまで隠している損害もわかってしまう」（『岡田啓介回顧録』）

三人の話を聞いているうちに、岡田はじっとしていられなくなった。このままでは日本は無惨な滅び方をしてしまう、どうすれば戦争を終結させられるか……。

「しかし終戦ということは、戦争をはじめた内閣には出来ないことだ。しかも東條のやり方を見ていると、口では戦争の終結を考えなければならんといいながら、まるで策を立てようとせず、戦争一本やりでつっ走っているばかりだ。戦争をやめる方向へもっていくには、まずこの東條内閣を倒すのが第一歩だ、ということに思い当たって、わたしは決心を固めた」（前出回顧録）

それにはどうするか——東條が面目をそこなわずに首相の地位を去り、参謀総長に転出するようとりはかることだと考えた。一九四四年二月に、東條は自らその参謀総長をも兼務し、「東條の副官」と陰口をたたかれている海相の嶋田繁太郎にも軍令部総長を兼任させて独裁色をますます強めるのだが、このときはまだ首相兼陸相だけだった。

岡田は娘婿の迫水を使って、東條の推薦者である内大臣の木戸幸一の考えを探らせた。すると木戸は言った。

「もし世論が東條内閣に反対だということになったら、そのときは陛下におとりつぎする。自分はあくまでも東條内閣を支持するつもりはない」

迫水は「世論とはどんなものを言うんでしょう？　新聞は検閲があるし、議会は翼賛政治で反政府的言動は出せないが……」と突っ込んだ。すると、岡田の表現を借りれば、木戸はなかなか味のある言葉を出したという。

「世論というのは、そういう形の上のものばかりでもあるまい。たとえば重臣たちが、一致してあることを考えたとする、それも一つの世論ではないか」

岡田は「これだ！」と膝をたたいた。

行動を起こした重臣と東條の反撃

岡田は「一席を設けて東條を招き、彼の戦局に対する考えを聞いてみてはどうか」と重臣の近衛文麿、平沼騏一郎に話を持ちかけた。

当時、軽井沢の近衛の別荘には鳩山一郎、宇垣一成らも出入りし、反東條運動の根拠地とみられていた。これら反東條派を応援する形で元駐英大使の吉田茂、第三次近衛内閣の書記官長富田健治、皇道派の小畑敏四郎陸軍中将、戦史通で知られる酒井鎬次陸軍中将、政治評論家の岩淵辰雄、東方会の代議士中野正剛といった面々が動いていた。

岡田の呼びかけに、これら反東條派の中心的存在の近衛と平沼は賛同し、三人の連名で東條に招待状を出した。重臣の若槻礼次郎などは東條追及に手ぐすねを引いていたが、重臣たちの魂胆を察したのか、東條は大本営政府連絡会議のメンバー同伴ならご招待にあずかると言ってきた。

こうして華族会館で開かれた最初の東條と重臣たちとの懇談会は、おざなりのしらけたものになってしまった。これ以後、政府側と重臣側は交互に招待しあい、毎月開かれるようになった。そして五回目の一九四四年二月、重臣側の招待に東條は初めて一人でやってきた。例会になってきたために、警戒心が薄れたに違いない。すでに重臣たちは意見や情報を交換して、東條に委せておいては国の前途は危ういという意見で一致していたから、好機到来と「みんなであいくちを東條に突きつけた」(『岡田啓介回顧録』)。

若槻が一番痛烈で、理路整然と追及した。

「政府は口では必勝をとなえているようだが、戦線の事実はこれと相反している。今は引き分けという形で戦争がすめば、むしろいいほうではないか、ところがそれもあぶない。こうなれば一刻も早く平和を考えなければならんはずだが、むやみに強がりばかりいって、戦争終結の策を立てようともしない。どうするつもりか」(前出回顧録より)

苦い顔して聞いていた東條は「そんな手だてはない」と答えるのが精一杯だった。

懇談会の模様が外部に漏れると、議会でも反東條機運は一気に盛り上がった。近衛は一座のやりとりを会う人ごとに吹聴した。しかし東條は反撃に出た。東條が参謀総長も兼務して独裁を強めたのはこの直後で、同時に反対派の抹殺も強化してきた。

東條が特高(特別高等警察)と憲兵(軍の警官)を手兵扱いして反対勢力を弾圧していたのは知られている。その知られた例に松前事件がある。

戦後は東海大学総長や衆議院議員として活躍した松前重義は、逓信省工務局長の現職にあったとき、東條の政策が間違っていることを指摘したことで睨まれ、一九四四年七月に二等兵として懲罰召集され、フィリピンに送られた。このとき四三歳だった。驚いた周囲が松前の召集解除に奔走したが、最後は陸軍次官の冨永恭次中将の「東條総理の直接の命令であるから、解除はできない」という回答に突き当たったという。

東京日日新聞(現毎日新聞)の新名丈夫記者は「竹槍では間にあわぬ、飛行機だ、海洋航空機だ」という見出しの記事を書き、東條の逆鱗に触れて松前と同じように召集を受けた。すでにこのとき三八歳だった。新名は海軍記者として知られた存在だったが、その海軍が密かに調べたところ、松前や新名のような懲罰召集者は七二人にも及んでいたという。

こうした東條の暗黒政治を終わらせようと、一九四四年に入るといくつかのグループが東條暗殺計画を練っている。一つは大本営の少壮参謀の津野田知重少佐を中心にしたグループで、毒ガス弾で東條の乗った自動車を襲おうと計画していた。

もう一つはっきりしている動きは、海軍省教育局長だった高木惣吉少将や、その部下だった教育局第一課長の神重徳大佐（のち連合艦隊作戦参謀ほか）なども関係した海軍グループによる暗殺計画である。こちらは自動車を二、三台使って東條同乗の自動車と事故を起こし、さらに確実を期すためにピストルも使って東條を殺そうというものだった。

東條首相の最後のあがきと重臣たちの包囲網

こうした過激な計画が進められるなか、岡田ら重臣は、嶋田海相兼軍令部総長の追い落とし工作に出ていた。嶋田を海相の椅子から降ろすことは、東條の独裁体制を崩すことになるからだ。いや、嶋田を降ろし、海軍側が後任の海軍大臣を推薦しなければ、軍部大臣現役武官制によって東條内閣は瓦解する。

岡田は嶋田を可愛がっている海軍の重鎮・伏見宮殿下を訪ね、「今や海軍の空気を一新すべき時に立ちいたりました」と説明、嶋田更迭の協力をとりつけるとともに、「陛下にもしかるべくお申し上げいただきたい」と頼んだ。さらに岡田は木戸内大臣にも会い、嶋田更迭の考えを伝えた。

こうして東條・嶋田の包囲網を築いた岡田は、今度は直接嶋田のもとに乗り込んだ。米軍が日本の絶対国防圏の砦であるサイパン島に上陸した翌日の一九四四年六月十六日のことだった。

岡田は単刀直入に言った。

「米内と末次信正（海軍大将）を現役に復帰させる。同時に海軍大臣と総長の兼任を解いて、大臣は後任に譲ってはどうだ」

しかし嶋田は「いまは海軍大臣を辞めるのは内閣をつぶす結果になる」と、言を左右にして「うん」とは言わなかった。

だがサイパンが失陥するや、反東條の声は一気に増

東條首相に批判的な記事を書いて懲罰召集をされた新名丈夫記者。写真は戦後、井上成美元海軍大将（右）との対談にて。

大した。東條は憲兵を動員してこうした不穏な動きをキャッチしていた。そして内閣を強化して対抗しようとした。

東條は七月十三日に木戸内大臣を訪ね、内閣の強化策について相談し、力を借りようとした。ところが木戸の言葉は東條の予期に反するものだった。岡田は回顧録で語っている。

「木戸はあべこべに、総長と大臣とを切りはなして統帥を確立させる。海軍大臣を更迭させる、重臣を入閣させて挙国一致内閣をつくる、という三条件を示した。案に相違して東條は『いったいそれはだれの案であるか』と反問したら、木戸は『陛下の御意志によるものだ』と答えたという。東條はそれでもまだ信じなかったのか、あくる日拝謁の際、陛下にうかがってみると、全く陛下はそうお考えになっておられた。東條もこれでどうすることも出来なくなったわけだ」

それでも東條は最後のあがきをみせ、重臣である米内を入閣させて延命を図ろうとしたが、米内に断られるなどして、ついに総辞職に追い込まれたのである（七月十八日)。

東條暗殺計画にも名が見える高木惣吉少将は、その著『自伝的日本海軍始末記』の最後にこう記している。

「明治十八年内閣制度確立いらい、歴代四十内閣中、最悪にして、最大の犠牲を国民に強いた〝東條幕府〟も、二年九カ月にわたり圧政の限りをつくして、ついに倒れた」と。

東條の後任首相には朝鮮総督の退役陸軍大将・小磯(こいそ)国昭(くにあき)が就任したが、現役を離れて久しいこともあって戦況に疎(うと)く、また指導力を発揮できない上に、中国の蔣介石政権との和平交渉、いわゆる「繆斌(みょうひん)工作」に手を染めて退陣に追いこまれた。在任期間八カ月半という短命内閣だった。

次に首相に指名されたのは、侍従長も経験し、昭和天皇の信任が厚かった枢密院議長の海軍大将・鈴木貫(すずきかん)太郎(たろう)だった。しかし鈴木は、「軍人は政治に関与せざるべし」という信念から首相就任をかたくなに固辞した。その鈴木に、昭和天皇は語りかけた。

「鈴木の心境はよくわかる。しかし、この重大なときにあたって、もうほかに人はいない。頼むから、どうか曲げて承知してもらいたい」

天皇直々に頼まれて、断れる人はいない。このとき鈴木は満七七歳二カ月、日本の総理大臣の就任年齢では最高齢で、この記録は今にいたるも破られてはいない。

こうして鈴木内閣――日本の終戦内閣はスタートし、四カ月後の一九四五年(昭和二十)八月十五日の玉音放送の後、内閣総辞職をした。惜しむらくは、この連合国との終戦交渉の最中の一九四五年七月二十八日に、日本に無条件降伏を求める連合国の「ポツダム宣言」に対し、記者会見で感想を求められた鈴木が、「ノーコメント」と答えたところ、同盟通信が「黙殺」と報じたことから、連合国に原爆投下の口実を与えてしまったことがある。

【編者プロフィール】
平塚柾緒（ひらつか・まさお）

1937年、茨城県生まれ。戦史研究家。取材・執筆グループ「太平洋戦争研究会」を主宰し、これまでに数多くの従軍経験者への取材を続けてきた。主な著書に『東京裁判の全貌』『二・二六事件』（以上、河出文庫）、『図説・東京裁判』『図説・山本五十六』（河出書房新社）、『玉砕の島々』『見捨てられた戦場』（洋泉社）、『太平洋戦争大全〔海空戦編〕』『写真で見る「トラ・トラ・トラ」男たちの真珠湾攻撃』『太平洋戦争裏面史　日米諜報戦』『八月十五日の真実』（以上、ビジネス社）、『写真で見るペリリューの戦い』（山川出版社）、『玉砕の島ペリリュー』（PHP）など多数。

【著者プロフィール】
太平洋戦争研究会

日清・日露戦争から太平洋戦争、占領下の日本など近現代史に関する取材・執筆・編集グループ。同会の編著による出版物は多く、『太平洋戦の意外なウラ事情』『日本海軍がよくわかる事典』『日本陸軍がよくわかる事典』（以上、PHP文庫）、『面白いほどよくわかる太平洋戦争』『人物・事件でわかる太平洋戦争』（以上、日本文芸社）などのほか、近著には『フォトドキュメント本土空襲と占領日本』『フォトドキュメント特攻と沖縄戦の真実』（以上、河出書房新社）がある。

【写真提供＆主要出典】

U.S.Navy Photo
U.S.Army Photo
U.S.Marine Corps Photo
U.S.Air Force Photo
アリゾナ記念館
オーストラリア戦争博物館
「写真週報」（内閣情報局）
「大東亜戦争海軍作戦寫眞記録」Ⅰ・Ⅱ
（大本営海軍報道部）
「歴史寫眞」（歴史写真会）
「國際寫眞情報」（国際情報社）
「世界画報」（国際情報社）
近現代フォトライブラリー

太平洋戦争大全〔陸上戦編〕

2018年９月２日　第１刷発行

編　者　平塚柾緒
著　者　太平洋戦争研究会
発行者　唐津　隆
発行所　株式会社ビジネス社
〒162-0805　東京都新宿区矢来町114番地　神楽坂高橋ビル5階
電話03-5227-1602　FAX03-5227-1603
URL　http://www.business-sha.co.jp

〈カバーデザイン〉大谷昌稔
〈本文DTP〉茂呂田剛・畑山栄美子（エムアンドケイ）
〈印刷・製本〉株式会社光邦
〈編集担当〉本田朋子　〈営業担当〉山口健志

ISBN978-4-8284-2050-9